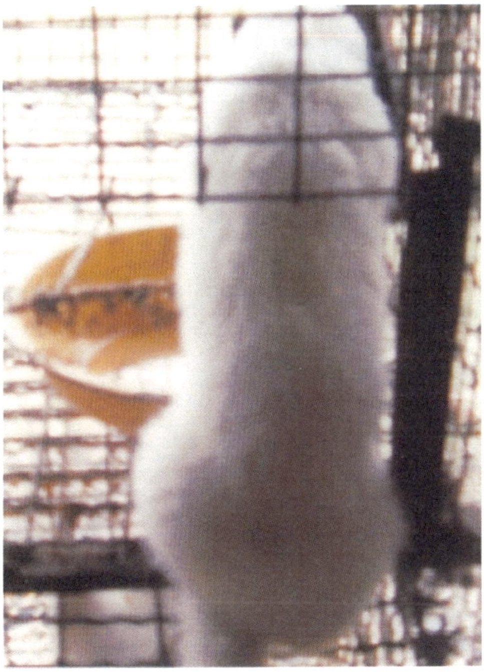

图 1-1　水貂阿留申病

病貂趴在水盒上暴饮

图 1-2　水貂阿留申病

病貂呈麻痹和高度嗜睡状态

图 1-3　水貂阿留申病

脾萎缩，肾出血变性

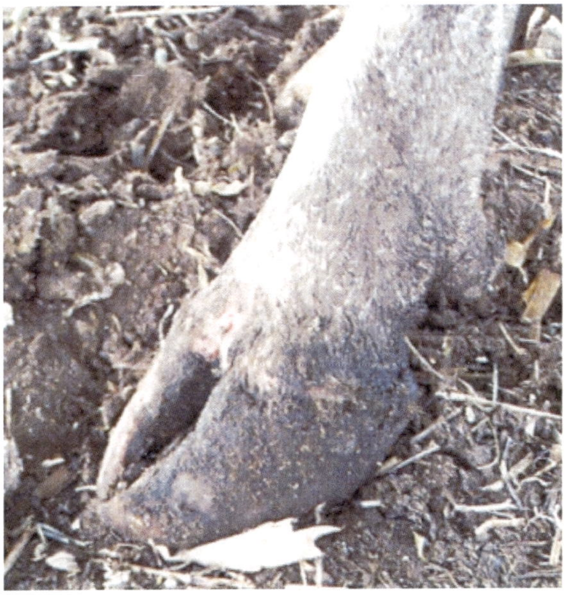

图 1-4　坏死性蹄炎

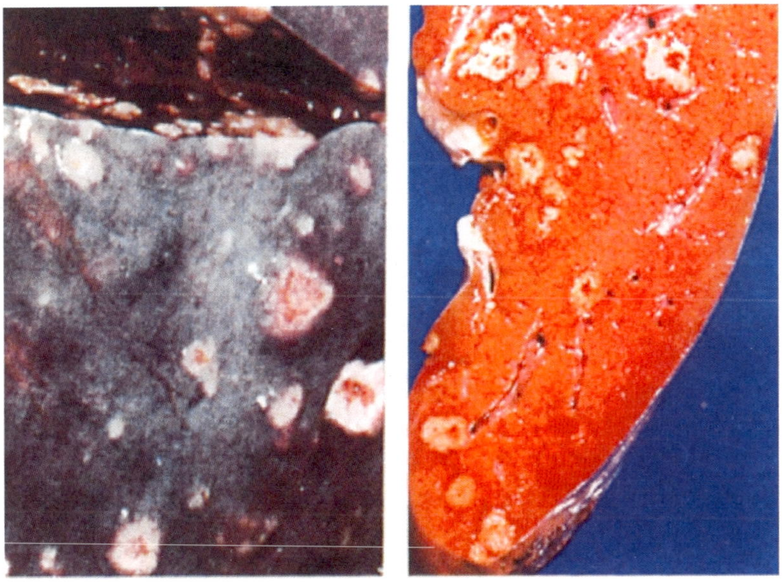

图 1-5　坏死性肝炎

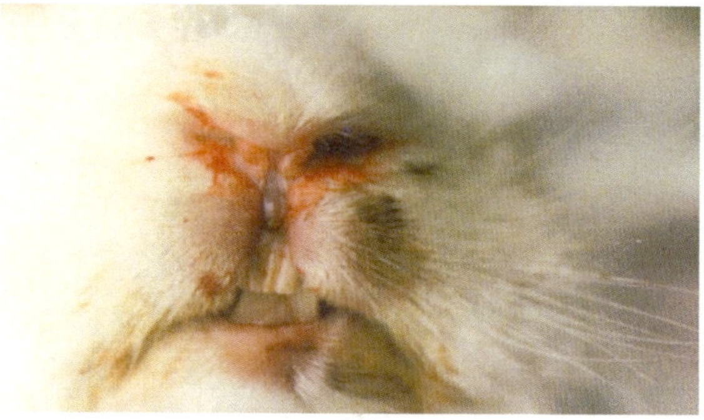

图 1-6　兔鼻孔出血

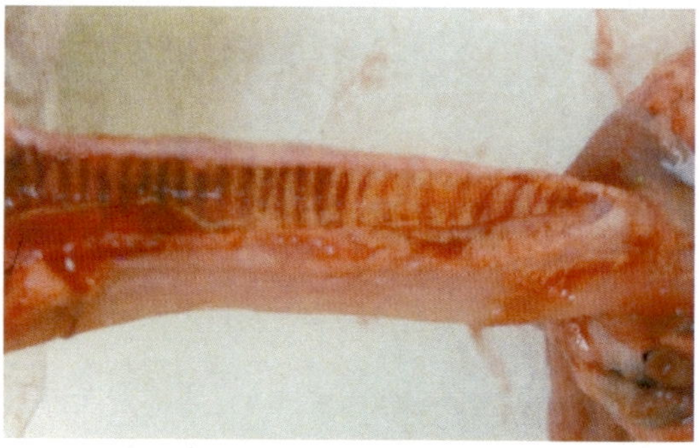

图 1-7　气管出血

气管黏膜出血、潮红

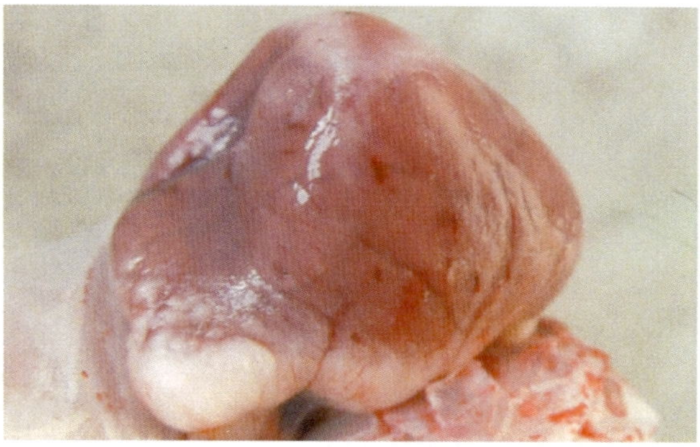

图 1-8　心外膜出血

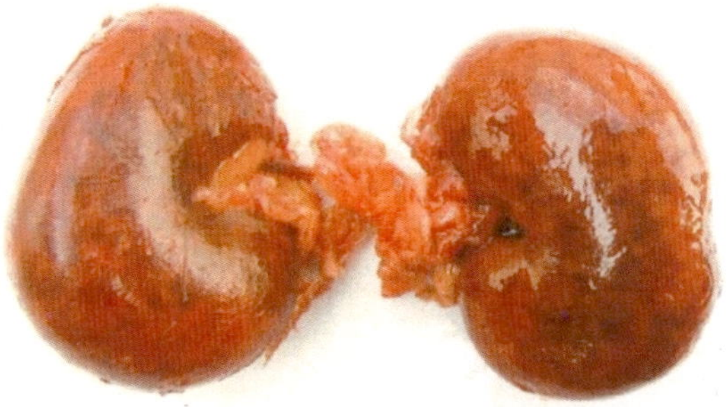

图 1-9　肾出血

肾肿大，密布出血斑点

图 2-1　患鸽头颈后仰、歪头、扭颈、翅膀麻痹

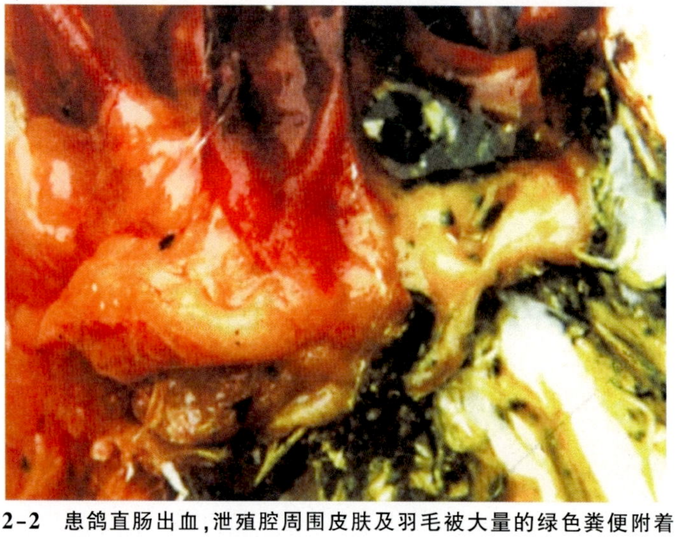

图 2-2　患鸽直肠出血，泄殖腔周围皮肤及羽毛被大量的绿色粪便附着

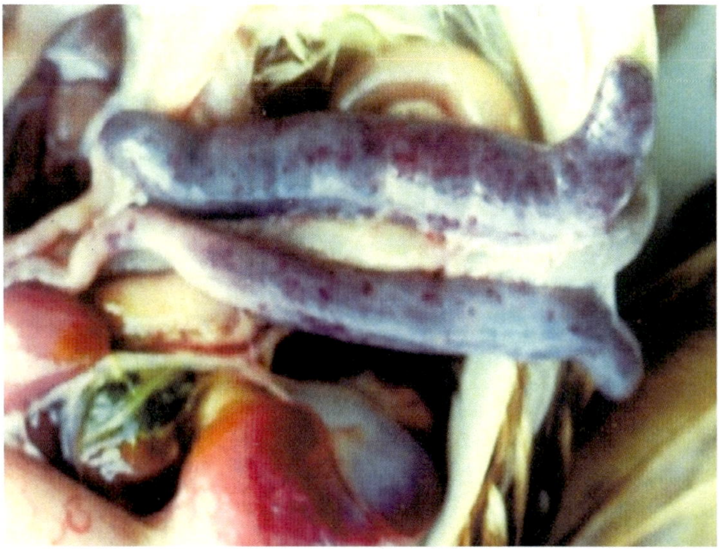

图 2-3　肠管内的血块

盲肠球虫,肠腔内的血液和血凝块

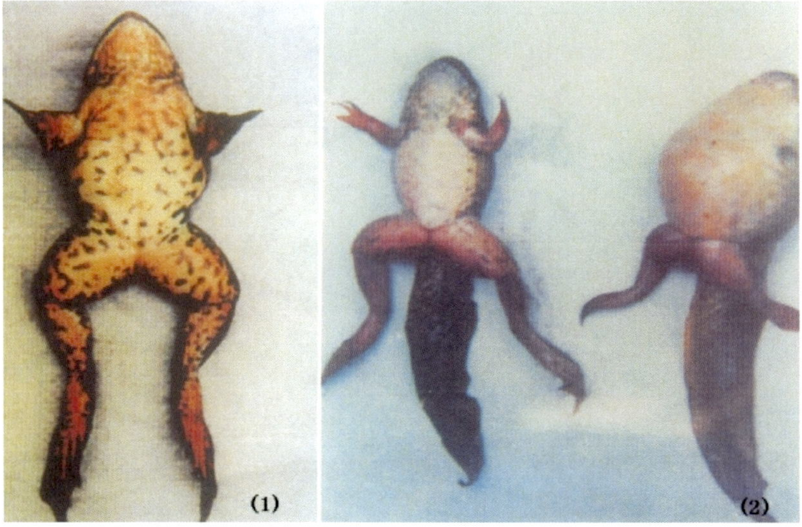

图 3-1　牛蛙红腿病

(1)牛蛙红腿病腹面观,四肢、颈、腹部弥漫性充血　(2)牛蛙蝌蚪红腿病,腹部膨大,四肢充血(汪开毓)

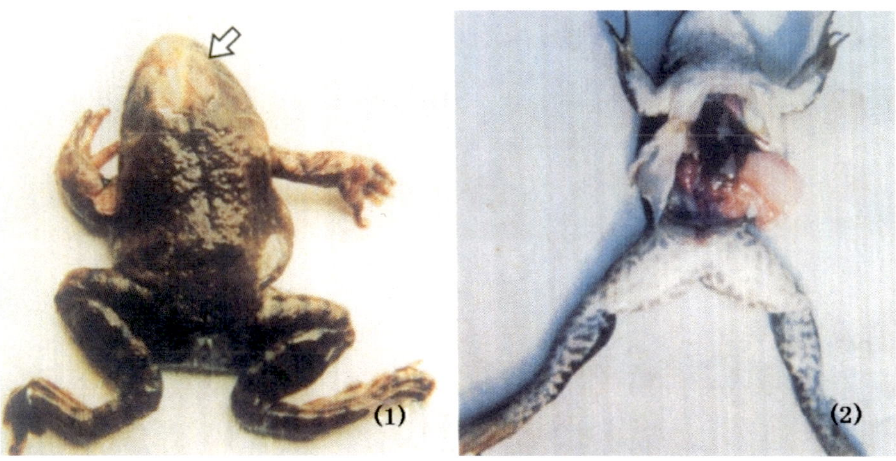

图 3-2　牛蛙腐皮病

(1)病蛙头部、前肢皮肤腐烂,露出头骨或肌肉　(2)病蛙剖腹后,见肝脾肿大、胃轻度充血(仿肖克宇等)

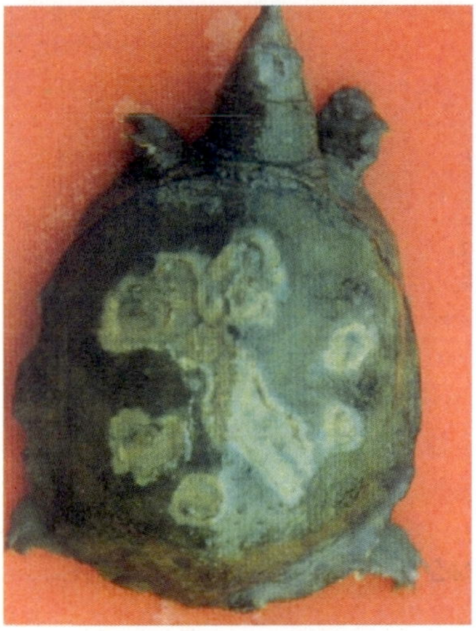

图 3-3　鳖腐皮病

病鳖背甲皮肤发炎、斑块状腐烂、逐渐连接成片

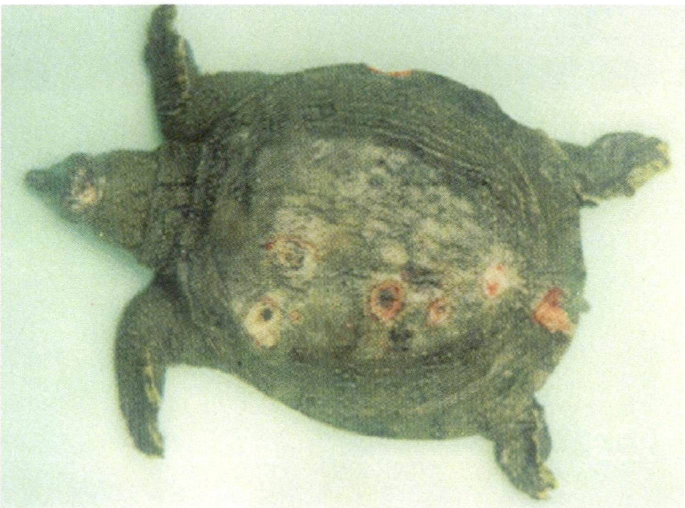

图 3-5　鳖疖疮病

病鳖背甲疖疮开始愈合，留下洞穴(汪开毓)

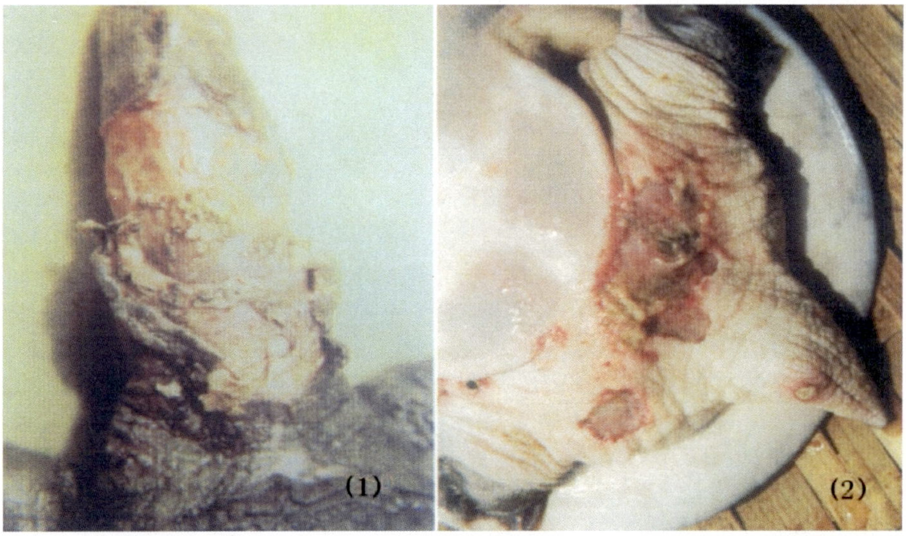

图 3-4　鳖腐皮病

(1)病鳖颈脖皮肤溃烂，露出肌肉　(2)病鳖后肢、尾部溃烂、发炎，露出肌肉

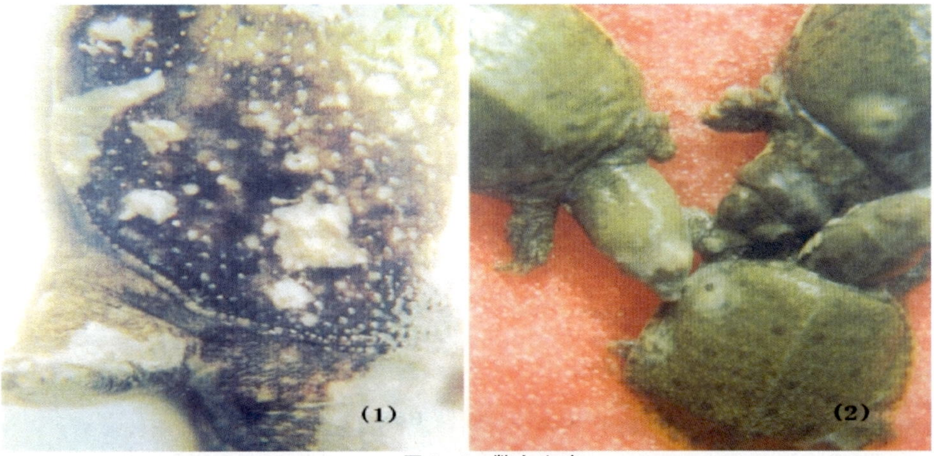

图 3-6　鳖白斑病

(1)幼鳖背甲、裙边白云状斑块　(2)稚鳖眼、嘴、颈脖、背甲上的白斑，病灶出现坏死

“十二五”职业教育国家规划教材
经全国职业教育教材审定委员会审定

特种动物病防治

主　编◎刘　丽　韩晓辉
副主编◎祝玉卿　周　扬
参　编◎杨宝珠　王洪海　李春龙
主　审◎刘　莉

TEZHONG
DONGWUBING
FANGZHI

北京师范大学出版集团
BEIJING NORMAL UNIVERSITY PUBLISHING GROUP
北京师范大学出版社

图书在版编目(CIP)数据

特种动物病防治/刘丽，韩晓辉主编. —2 版. —北京：北京师范大学出版社，2025.7

(“十二五”职业教育国家规划教材)

ISBN 978-7-303-22991-8

Ⅰ. ①特… Ⅱ. ①刘… ②韩… Ⅲ. ①经济动物—动物疾病—防治—职业教育—教材 Ⅳ. ①S858.9

中国版本图书馆 CIP 数据核字(2017)第 259520 号

出版发行：北京师范大学出版社 https://www.bnupg.com
北京市西城区新街口外大街 12-3 号
邮政编码：100088

印　　刷：北京虎彩文化传播有限公司
经　　销：全国新华书店
开　　本：787 mm×1092 mm　1/16
印　　张：14
字　　数：306 千字
版 印 次：2025 年 7 月第 1 版第 5 次印刷
定　　价：32.80 元

策划编辑：周光明　　责任编辑：周光明
美术编辑：焦　丽　　装帧设计：焦　丽
责任校对：陈　民　　责任印制：赵　龙

本书编审委员会

主　编　刘　丽（黑龙江职业学院）

　　　　　韩晓辉（黑龙江职业学院）

副主编　祝玉卿（黑龙江职业学院）

　　　　　周　扬（黑龙江职业学院）

参　编　杨宝珠（黑龙江职业学院）

　　　　　王洪海（黑龙江省大庆市农业农村社会事业服务中心）

　　　　　李春龙（黑龙江北大荒九三农牧发展有限公司）

主　审　刘　莉（黑龙江职业学院）

前　言

本教材是以习近平新时代中国特色社会主义思想为指导，依据《国家职业教育改革实施方案》《国家职业院校教材管理办法》《关于全面提高高等职业教育教学质量的若干意见》等文件精神，在“项目导向、任务驱动、教、学、做一体化”的改革思路引领下而编写。

在编写过程中，全面贯彻落实二十大精神，根据高职高专的培养目标，遵循高等职业教育的教学规律，针对特种动物生产这项特色农业生产及岗位要求，结合“特种动物病防治”的课程改革与教材建设，由学院、企业、行业等专家合作开发，在编写中打破了课程原有的学科体系，打破了理论和实践教学界限，通过岗位能力分析，紧紧围绕特种动物病诊疗及防治的工作过程，以学习性工作任务为载体，按职业成长规律进行重构、整合、序化及设计，并融合知识技能为一体。本书在内容上设计了四个学习情境，每个学习情境由学习任务单、任务资讯单、相关信息单、计划单、决策实施单、作业单、效果检查单和评价反馈单组成；四个学习情境下设八个项目，每个项目包含训练任务、必备知识及拓展知识，而项目的训练任务以实际案例进行引领，以基础知识为支撑，以实例分析为拓展，其实践内容以基本技能为主，又有综合实践项目，使之由简单到复杂，由单一到综合，使每一个项目的工作任务贴近实际工作过程，注重对学生专业素质的培养和综合能力的提高，所有内容均最大限度地保证其科学性、针对性、应用性和实用性，并力求反映当代新知识、新方法和新技术。教材配套网络课程网址：https://mooc1.chaoxing.com/course/250096306.html。

编写人员分工为(按情境顺序排列)：刘丽编写学习情境1的学习任务单、任务资讯单及项目1；杨宝珠编写学习情境1的项目2；祝玉卿、韩晓辉编写学习情境1的项目3；周扬编写学习情境2；刘丽编写学习情境3；祝玉卿编写学习情境4；王洪海为编写提供了案例及资料。全书由韩晓辉统稿，祝玉卿协助了统稿工作并对全书实践部分进行了修改。

本教材由黑龙江职业学院刘莉教授主审，并针对结构体系和内容等方面提出了宝贵意见；学院领导、教务处领导及同事对编写工作给予了大力支持；黑龙江省大庆市农业农村社会事业服务中心王洪海和黑龙江北大荒九三农牧有限公司李春龙提供了大量资料和病例，在此一并表示诚挚的谢意。

由于特种动物养殖及诊疗行业起步较晚，特种动物病的资料较少，加之编者水平所限，书中难免有不足之处，恳请专家和读者赐教指正。

编　者

内容提要

本书依据高职高专"项目导向、任务驱动"的教学改革思路，通过岗位能力分析，提炼典型工作任务，以学习性工作任务为载体，学生职业能力培养为核心，岗位实际工作过程为导向，根据特种动物本身特点，将原来的学科体系课程的知识点、技能点，按职业成长规律进行重构、整合、序化，设计了特种兽畜病防治、特种珍禽病防治、特种水产病防治及特种昆虫病防治四个学习情境，每个学习情境由学习任务单、任务资讯单、相关信息单、计划单、决策实施单、作业单、效果检查单和评价反馈单组成；四个学习情境下设八个项目，每个项目包含训练任务、必备知识及拓展知识等，设计中考虑学生能力培养的递进关系，结合教学规律和学生认知规律，采取由简单到复杂，由单一到综合，使每个项目的工作任务贴近实际工作过程，同时将理论知识融入工作过程之中，提高学生的职业能力和职业素质，注重学生专业技能训练，体现学生在"做中学、学中做、边学边做"的育人理念。

本书可作为动物医学、畜牧兽医、宠物医疗技术、兽医医药、动物防疫与检疫、特种动物养殖等专业的教学用书，也可作为生产一线专业技术人员的参考书。

本书资源

目 录

学习情境1

特种兽畜病防治

学习任务单

学习情境1	特种兽畜病防治			学　时	24
布置任务					
学习目标	1. 明确特种毛皮动物、特种药用动物、特种肉药兼用型动物病的种类及其特征； 2. 能够明确说出各种病的主要流行特点、典型的临床症状和病理变化； 3. 能够运用流行病学调查、临床症状观察、病理剖检检查及此类疾病的类症鉴别等方法，进行疾病的现场诊断； 4. 能够正确运用疾病临床诊断技术、实验室诊断技术(如血清学试验方法、常规的病原鉴定方法)，对特种兽畜普通病、传染病及寄生虫病做出正确诊断； 5. 能够对诊断出的特种兽畜病予以合理治疗； 6. 能够根据养殖场的具体情况，制定防治措施； 7. 能够组织、实施防治措施； 8. 具有发展特色养殖、助力乡村振兴的意识				
任务描述	对养殖场常发的特种兽畜病做出正确诊断，予以治疗，制定出切实可行的防治措施并予以实施，具体任务： 1. 根据流行病学调查、临床症状、病理剖检变化、类症疾病鉴别等方法，对病例的解析、推断，进行特种兽畜疾病的现场诊断； 2. 依据现场诊断结果，设计实验室检验方案，进行传染病、寄生虫病及普通病的实验室诊断，做出疾病的正确诊断； 3. 对确诊疾病设计出治疗方案予以合理治疗； 4. 对疫病进行疫情处理； 5. 制定养殖场防治措施并予以实施； 6. 免疫接种； 7. 免疫监测				
学时分配	资讯：8学时	计划：1学时	决策：1学时	实施：12学时	考核：1学时	评价：1学时
提供资料	1. 信息单； 2. 参考书； 3. 相关网站				
对学生要求	1. 以小组为单位完成学习任务，充分发挥团队集体智慧和协作精神； 2. 按任务资讯单内容，认真准备资讯问题； 3. 按各项工作任务的具体要求，认真设计及实施工作方案； 4. 严格遵守特种动物养殖场各项规章制度，遵守劳动纪律； 5. 严格遵守动物剖检、检验等技术的操作规程，避免散播病原； 6. 严格遵守养殖场消毒卫生制度，防止传播疾病； 7. 严格遵守相关实验室管理制度，避免安全事故发生				

任务资讯单

学习情境 1	特种兽畜病防治
资讯方式	阅读信息单及参考书；进入相关网站，观看 PPT 课件、视频；图书馆查询；向指导教师咨询
资讯问题	1. 水貂阿留申病的病原是什么？其有何主要生物学特征？ 2. 目前我国水貂阿留申病的流行有哪些特点？ 3. 分析水貂阿留申病毒感染的原因。 4. 水貂阿留申病毒的临床症状及剖检变化是什么？ 5. 怎样进行水貂阿留申病的实验室诊断？ 6. 一旦发生水貂阿留申病应采取哪些措施？ 7. 水貂(狐、貉)犬瘟热的临床特征是什么？其病原是什么？ 8. 水貂细小病毒性肠炎与水貂冠状病毒性肠炎如何进行类症鉴别？ 9. 狐阴道加德纳氏菌病的临床特征有哪些？ 10. 如何预防狐阴道加德纳氏菌病的发生？ 11. 鹿坏死杆菌病病原是什么？其有何生物学特性？ 12. 鹿坏死杆菌病发病的原因是什么？ 13. 鹿坏死杆菌病有哪些流行特点？ 14. 鹿坏死杆菌病的临床表现和剖检变化是什么？ 15. 如何进行鹿坏死杆菌实验室诊断？ 16. 发生鹿坏死杆菌病后怎样治疗？治疗时应注意什么？ 17. 鹿坏死杆菌病预防措施有哪些？ 18. 鹿口蹄疫主要临床表现及特征性病变有哪些？ 19. 鹿口蹄疫实验室诊断方法，怎样预防？ 20. 梅花鹿血尿病病原及病理变化的特点是什么？ 21. 鹿坏死杆病的感染途径及主要临床特征是什么？如何进行防治？ 22. 鹿前后盘吸虫病的主要临床特征是什么？ 23. 兔病毒性出血症的病原是什么？有何主要生物学特征？ 24. 兔病毒性出血症有哪些流行特点？ 25. 兔病毒性出血症的临床症状及剖检变化是什么？ 26. 怎样确诊兔病毒性出血症？ 27. 怎样防治兔病毒性出血症？ 28. 兔黏液瘤病传播途径及临床特征是什么？ 29. 野兔热有何特征性临床表现？与兔伪结核、兔慢性型巴氏杆菌病怎样鉴别？ 30. 兔巴化植菌病的临床类型有哪些？ 31. 如何预防兔巴化植菌病发生？ 32. 兔泰泽氏病剖检病理变化有何特点？如何预防该病发生？ 33. 兔皮肤霉菌病病原有哪些？本病有何临床特征？ 34. 兔梅毒的临床表现及主要病理变化是怎样的？ 35. 兔连续多头蚴、兔豆状囊尾蚴的终末宿主是什么？其寄生部位在哪里？ 36. 兔球虫病肠型和肝型的临床表现如何？ 37. 兔螨病主要临床特征有哪些？ 38. 如何预防兔螨病发生？

续表

学习情境 1	特种兽畜病防治
资讯引导	1. 钱爱东等．兽医全攻略毛皮动物疾病．北京：中国农业出版社，2009 2. 谢三星．兽医全攻略兔病．北京：中国农业出版社，2009 3. 闫新华等．毛皮动物疾病诊疗原色图谱．北京：中国农业出版社，2008 4. 任克良等．兔病诊疗原色图谱．北京：中国农业出版社，2008 5. 张玉军等．经济动物生产技术．哈尔滨：黑龙江科学技术出版社，1999 6. 中国特种动物网：http：//breed. fur. com. cn 7. 中国知网：http：//www. cnki. net 8. 赵世臻．鹿场兽医．北京：中国农业出版社，2008 9. 孙卫东．经济动物疾病诊疗与处方手册．北京：化学工业出版社，2008 10. 余祖功．反刍经济动物疾病诊疗与处方手册．北京：化学工业出版社，2010 11. 韩晓辉．宠物寄生虫病．北京：中国农业科学技术出版社，2008

相关信息单

项目 1　毛皮型动物病防治

任务一　诊断

案例：某水貂养殖场现有水貂 100 只，秋冬季节发现母貂空怀、流产或死胎，公貂配不上种，而且水貂明显消瘦，在口舌处有出血点，可视黏膜苍白，排煤焦油样的粪便，病貂几乎全部死亡。

案例分析：该水貂养殖场病貂临床表现渐进性消瘦，贫血，进行性衰竭，母貂流产，有出血性素质，排煤焦油样的粪便。流行病学分析有一定季节性，秋冬时发病，无年龄、性别差异，而且发病水貂几乎全部死亡。

1. 现场诊断

【材料准备】

临床检查器械、解剖器械和消毒药品等。

【工作过程】

初步诊断：

(1)调查发病情况

深入水貂养殖场，通过询问、现场观察等方式，了解兽群的发病时间、发病日龄、发病率、死亡率、死亡的急慢及用药情况；了解兽群的免疫接种情况，所用疫苗的种类、来源、运送及贮存方法，接种剂量；了解本场、本地及邻近地区是否发生过类似疾病，是否确诊，是否采取控制措施；了解发病前养殖场是否由其他地方引进动物等。

综合分析获得的信息，确定发病类型。如传染病、寄生虫病、营养代谢病、中毒病等。

(2)临床检查

对毛皮动物进行个体检查，特别注意病兽的体温变化、皮肤及黏膜的颜色变化、粪尿的性状颜色、营养状况、精神状态等，掌握其特征性临床症状。必要时对血、粪、尿等进行常规实验室检查。结合临床检查结果及发病特点，对具有特征性症状的典型病例可做出诊断，对非典型病例提示可疑疾病的大致范围。

(3)病理剖检

对死亡病兽尸体进行剖检。动物剖检程序按照规定的方法和顺序进行，全面剖检观察，详细记录，特别注意疑似疾病脏器的典型病理变化，必要时可采集病理组织块进行病理组织学检查。根据剖检结果进行分析判断，对具有特征性眼观病理变化的病例结合特征性临床症状可以做出诊断，对没有特征性眼观病理变化的提示可疑疾病及时提供下一步诊断线索。

(4)综合分析

根据流行病学调查结果(见表1-1)、临床症状及剖检变化，在诸多的症状和病变中提取特征性临床症状(见表1-2)及主要剖检变化(见表1-3)，提示可疑疾病。通过类症鉴别的方法，做出初步诊断。

表1-1　发病特点

发病情况及流行病学调查	发病特点	确定病型
①发病情况：养殖场存栏水貂100只，秋冬季节发现母貂空怀、流产或死胎，公貂配不上种，而且水貂明显消瘦，皮毛质量降低，进行性衰竭，水貂陆续发病，彩色水貂比标准水貂发病率高，病貂几乎全部死亡 ②在口腔、舌根等处有出血点或出血斑，可视黏膜苍白，贫血显著，病貂排煤焦油样的粪便 ③用药情况：发病后应用青霉素、链霉素、磺胺类药物肌肉注射，不见好转	①季节性明显 ②死亡率高 ③传染性强 ④有出血性素质	传染病

表1-2　症状特点

临床症状	症状特点	提示疾病
①潜伏期60～90 d ②渐进性消瘦：病貂食欲时好时坏，严重病貂体重急剧下降 ③出血和贫血：病貂出血性素质变化明显，主要表现为口腔、齿龈、软腭和舌根有大量的出血点和出血斑。消化道出血排煤焦油样粪便。口腔黏膜、眼结膜、阴道黏膜苍白，脚趾苍白，明显贫血表现 ④饮欲增强：病貂高度口渴，出现“暴饮”症状和啃冰现象 ⑤个别貂出现神经症状，出现抽搐、痉挛、共济失调、后肢麻痹等症状 ⑥血液学检查：血清中γ-球蛋白异常增高可达35～100 g/L(正常为7～15 g/L)，血小板减少，病貂血氮、血清总氮、谷草转氨酶显著增高，血清钙、白蛋白及球蛋白降低	①潜伏期长 ②渐进性消瘦，进行性衰竭 ③口舌等处出血、黏膜苍白贫血 ④饮欲增强 ⑤神经症状 ⑥血液学检查	水貂阿留申病

表 1-3 剖检变化特点

病理剖检变化	剖检特点	提示疾病
①肾为主要病变器官。肾肿大、充血，呈红色后变为灰褐色或淡黄褐色，表面有呈斑点状出血，间有灰白色坏死灶。慢性病例肾稍肿，呈灰黄色，包膜难以剥离，凸起部分为土黄色颗粒、无光，凹陷部分为乳白色圆点状，皮质切开有乳白色小点 ②肝、脾、淋巴结肿胀。肝呈土黄色见有灰白色斑点、质地脆弱	①肾脏肿大有明显出血斑点，间有灰白色坏死灶 ②肝、脾、淋巴结肿胀	水貂阿留申病

(5)初步诊断结果

综合分析流行病学特点、临床症状及剖检病理变化，初步诊断为水貂阿留申病。确诊还需进行病原分离或血清学等实验室诊断。

2. **实验室诊断**

【材料准备】

器材：手术刀，剪刀，研钵和钵杵，细胞培养箱，涂有炭及聚乙烯醇缩甲醛的铜网，平皿，滤纸，游丝镊子，微量毛细管，电镜，超声仪，1.5 mL离心管，离心机，4℃冰箱，温箱，洁净玻璃板，白纸，笔，尺，棕色瓶，玻璃棒，胶头滴管，3 mm×100 mm×45 mm玻璃板，电压0～300 V、电流0～50 mA的电泳仪，宽100 mm的卧式水平电泳槽，直径3 mm的打孔器，100 μL微量可调移液器及配套吸头，塑料毛细采血管，10 mL吸管，注射器针头，酒精灯等。

药品：2%新生犊牛血清，猫肾传代细胞，磷钨酸(PTA)，氢氧化钠，碘化钾和碘片，巴比妥钠，三羟甲基氨基甲烷，叠氮钠，盐酸，双蒸水，分析纯琼脂糖，水貂阿留申病标准诊断抗原，水貂阿留申病毒标准阳性血清，阴性血清，待检血清。

实验动物：发病的水貂。

【检验过程】

(1)病原学诊断

①细胞培养：取脾、淋巴结等研碎，离心，取上清液接种于已经长成单层的猫肾传代细胞，37℃吸附培养2 h，加入含2%新生犊牛血清的细胞维持液，于31.8℃继续静止培养3～4 d，在显微镜下观察。若细胞出现变圆、部分脱落或形成网状，对病毒进行鉴定。

②磷钨酸溶液的配制：用双蒸水配制20 g/L磷钨酸溶液，用1 mol/L NaOH校正pH为6.8。

③标本的制备：疑似病毒感染的细胞培养连同培养液一起收获，冻融数次或超声波破碎后，1 500 r/min离心60 min，取沉淀，滤纸吸干后，再用双蒸水稀释不同倍数，选择清晰的悬液。

④PTA染色：处理后的标本滴在铜网上，滤纸吸去多余标本，滴加PTA染液，滤纸吸去多余染料，干燥后电镜观察。

⑤结果：病毒粒子为22～25 nm，呈球形，核衣壳为正二十面体结构，无囊膜。

(2)血清学诊断

血清的采集：将水貂绑定，用塑料毛细管在水貂趾尖采血，将管两端烧融封口，放20℃～30℃环境静置1 h，再放4℃冰箱18～20 h，析出血清后加入0.5 mL或1.5 mL离心管中，3 000 r/min离心5 min，取上清液备用。

①碘凝集试验

A. 碘制剂的配制：取碘化钾 4.0 g，用少许蒸馏水溶解，再加入碘 2.0 g，最后加蒸馏水至 30 mL 充分溶解，置于棕色瓶中备用。

B. 操作：取一块洁净玻璃板，放在画有 3 cm×3 cm 小格的白纸上面，每块板可检50～100份血清，取血清一滴放在玻璃板小格内，再取碘溶液一滴，用玻璃棒混合。

C. 判定：1～2 min 内出现棕色大凝集块判为阳性；均匀混浊呈棕褐色无凝集块判为阴性。

②对流免疫电泳

A. 三羟甲基氨基甲烷—巴比妥钠缓冲液的配制：巴比妥钠 10.31 g、三羟甲基氨基甲烷 6.005 g、叠氮钠 0.2 g，各成分加入适量双蒸水中溶解后，用盐酸将 pH 调至 8.5～8.6，最后用双蒸水定容至 1 000 mL。

B. 琼脂糖平板的制备：取 3 mm×100 mm×45 mm 水平无划痕的玻璃板，将油污洗净后，平放于水平桌面上；称取分析纯琼脂糖，加入巴比妥钠缓冲液于微波炉内促溶，配成 0.8%琼脂糖凝胶溶液，冷却至 70℃左右，用 10 mL 吸管吸取并均匀地铺于玻璃板上，厚度为 3 mm，在铺板时在玻璃板四周夹上挡板，待冷却凝固后备用。

C. 打孔：将琼脂糖凝胶平板放于打孔模型图纸上方(见图 1-1-1)，孔直径为 3 mm，孔间距为 3 mm，孔内琼脂糖用注射器针头挑出。

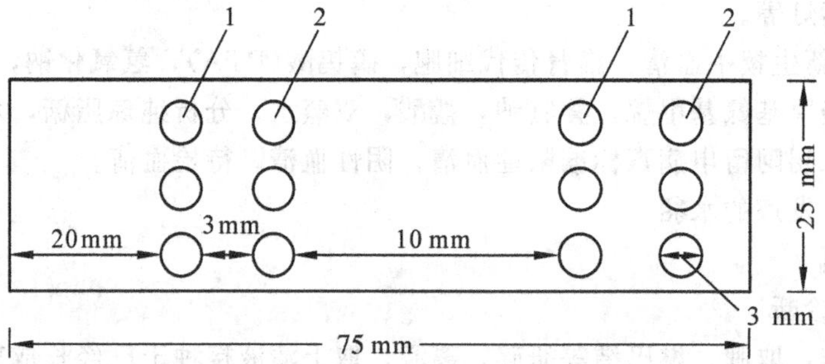

图 1-1-1 按位置打孔

D. 封底：打孔完毕，将玻璃板置酒精灯外焰上加热，使各孔间琼脂糖凝胶与玻璃板间的间隙封住，置室温冷却 30 min，备用。

E. 加样：待检血清按编号顺序用微量移液器逐份加到靠阳极的血清孔内，以加满不溢出为度，每份样品换一吸头；水貂阿留申病标准诊断抗原用微量移液器加在靠阴极的抗原孔内，以加满不溢出为度。同时，每板设阳性和阴性血清对照。

F. 电泳：将加样完毕的琼脂糖凝胶板平放于电泳槽架上，血清孔放在阳极，以双层滤纸或单层纱布(宽度 11 cm 为宜，长度以能连接凝胶板和电解缓冲液为准)搭桥，一端放在琼脂糖板的边缘，不要盖住加样孔，一端放入电泳槽内的电泳缓冲液中，将电泳槽两侧加满电泳缓冲液(以电泳槽内的标准线为准)。将抗原孔端接于电泳仪阴极，血清孔一端接于阳极。核对电极与样品孔间的正确连接后，接通电源。电压为 90～100 V，电泳时间为 30～60 min。

G. 结果判定：电泳结束后关闭电源，取出琼脂板在阳光下，以黑色为背景，多个角度观察沉淀线，判定反应结果。

阳性——在抗原孔和血清孔之间稍偏向血清孔一侧形成一条直的或稍弯曲得十分清晰的灰白色沉淀线者，判为阳性(+)。若在抗原孔和血清孔之间出现模糊不清的沉淀线而难以判定时，可用2%氯化钠水溶液浸泡琼脂板15～18 min，或放电泳槽内或置4℃冰箱放一湿盒内，次日再判定。

阴性——在血清孔与抗原孔之间无任何沉淀线，或虽在血清孔近旁出现较宽呈云雾状的弧形沉淀带，但其外侧缺乏另一条直的灰白色沉淀线者，判为阴性(−)。

任务二 疫情处理

1. 疫情报告

水貂阿留申病属于三类疫病，发现患有本病或疑似本病的毛皮动物，立即向当地动物防疫监督机构报告。

2. 疫情处理

(1)根据流行病学调查、临床症状和病理变化等初步诊断为疑似水貂阿留申病时，应立即对病貂及同群貂采取隔离、消毒、限制移动等临时性措施。同时采集病料送实验室确诊。

(2)确诊阿留申病后立即采取严格的淘汰措施，淘汰所有的阳性反应貂。

任务三 预防

【工作过程】

水貂阿留申病为水貂等毛皮动物养殖业的三大疫病(阿留申病、犬瘟热、病毒性肠炎)之一，本病目前无有效药物进行治疗，而且尚无良好疫苗进行预防，根据这种情况，各学习小组要认真讨论、制定出水貂阿留申病的综合性防治方案，并进行防治措施的实施。

下面为供参考的防治方案：

1. 治疗措施

发病貂可用干扰素——聚肌胞苷或多聚肌胞苷酸进行治疗，同时应用青霉素、B族维生素及肝制剂控制继发感染缓解病情，再配合使用中药板蓝根注射液进行治疗。

2. 综合防治措施

(1)加强饲养管理，气温剧变时加强小室保温，保证给予优质、全价和新鲜的饲料，提高水貂机体抵抗力。

(2)坚持兽场兽医卫生制度，笼舍、用具用火焰喷灯消毒，地面坚持用10%漂白粉或2%碱溶液消毒，用5%福尔马林消毒金属器械，粪便收集集中发酵处理。

(3)引进貂要严格检疫，禁止病貂引进貂场。

(4)建立定期检疫隔离和淘汰制度，对水貂取皮前和配种前进行碘凝集试验检查，阳性反应貂严格淘汰；每年取皮前实行对流免疫电泳检测，淘汰阳性反应貂，坚持几年可达到貂群净化目的。

(5)实行抗水貂阿留申病育种，通过杂交育种方法消除阿留申病毒基因，提高水貂对阿留申病的抵抗力。

必备知识

特种动物全称为特种经济动物，指除了家畜、家禽外，那些已经驯化成功、尚未在生产中广泛应用，尚未被国家认定为家畜、家禽、家虫和正在驯化中的、有待驯化的野生动物。目前，我国特种经济动物从种类上分为四类：特种兽畜类、特种珍禽类、特种水产类、特种昆虫类；从用途上可分为六类：肉用型、药用型、皮羽型、蛋用型、玩赏型、特用型，但分类不是十分严格，有时一种动物包含多种类型。

特种经济动物生产为畜牧业领域的新兴产业，具有“投资少、周期短、效益高”等特点。随着人民生活水平的日益提高，对特种经济动物产品的需求呈明显增长趋势，但特种动物疾病的大量发生和严重流行威胁着特种动物养殖业的健康和持续发展，实践表明，特种经济动物养殖效益虽高，但风险性亦高。其风险性主要包括管理风险、疫病风险和市场风险，其中饲养管理和疫病的风险尤为突出。目前特种动物养殖正逐渐向产业化、规范化的方向发展，如果饲养管理不善，预防不力，动物极可能发生疫病，从而导致特种动物大批死亡，给养殖业带来巨大的经济损失。

毛皮型动物病防治

特种兽畜类的毛皮型动物，包括水貂、貉、狐狸、水獭、黄鼬、海狸鼠、麝鼠等。

一、水貂阿留申病

水貂阿留申病又称病毒性浆细胞增多症、γ-球蛋白增多症，是由一种主要侵害水貂免疫细胞的阿留申病毒引起的，能导致水貂自身免疫系统紊乱并逐渐衰竭，同时并发强烈的自身免疫的一种慢性、接触性、病毒性、进行性传染病。

特征：浆细胞增多，血清γ-球蛋白增多，终身持续性毒血症，全身淋巴细胞增生，免疫复合物肾小球肾炎，多发性坏死性动脉炎和肝炎。繁殖能力下降。出血性素质、贫血及进行性衰竭。本病潜伏期长，秋冬季节发病。

【诊断要点】

(一)流行病学

传染源：病貂和潜伏期带毒貂是主要的传染源。

传播途径：主要经消化道和呼吸道传播，病貂通过尿、粪便和唾液排出病毒，污染环境、饲料、饮水等；此外，可通过疫苗接种、外科手术和注射器不严格消毒等传播；由于该病有持续性毒血症，因此通过吸血昆虫(蚊、虻等)叮咬也可传播；母貂也可通过胎盘垂直传播给仔貂。

易感动物：主要感染水貂，也可以感染狐、浣熊、臭鼬等。不同性别、年龄和品系的水貂均有感染性，感染程度有所差异。彩色水貂比标准水貂感染率高，其中阿留申貂、银蓝貂、蓝宝石貂发病率高。

流行特点：病毒传入貂群开始呈隐性，继而为地方流行性，有时呈暴发式流行。该病有明显的季节性，秋冬季的发病率和死亡率较其他季节均高。

(二)症状

潜伏期长，一般为60～90 d，长的可达7～9个月，有的甚至持续1年或更长的时间。无固有的特征性症状，少数呈急性型，多数为慢性型或隐性型。

1. 急性型

食欲减退或废绝，精神沉郁，消瘦，濒死前抽搐，经2～3 d后多死于肾衰竭。

2. 慢性型

①渐进性消瘦：食欲时好时坏，严重病貂体重急剧下降。②出血性素质：口腔、齿

龈、软腭、硬腭和舌根有大量出血点或出血斑；消化道出血，粪便呈煤焦油样。③贫血：可视黏膜(口腔黏膜、眼结膜和阴道黏膜)苍白，脚趾苍白明显。④饮欲增强：高度口渴，出现“暴饮”和啃冰现象(见彩图 1-1)。⑤神经症状：嗜睡、抽搐、痉挛、共济失调、后肢麻痹等(见彩图 1-2)。⑥感染母貂不能妊娠或发生流产，种公貂无配种能力。

(三)病理变化

尸体高度消瘦，可视黏膜苍白，口腔和胃黏膜有大小不等的溃疡灶，肛门周围有煤焦油样稀便附着。

肝、肾、脾有特征性病变：肾脏肿大，呈深红色，表面点状出血，切面外翻；肝脏肿大，呈红色；脾脏肿大 2～5 倍；淋巴结肿大；慢性病例肾脏萎缩，贫血，表面粗糙不平滑，有黄白色粟粒大小病灶；肝呈土黄色，或见有灰白色斑点、质脆；脾脏萎缩，呈红褐色或红棕色或土黄色(见彩图 1-3)；胸腺体积缩小。

(四)实验室诊断

1. 病原学诊断

采取病貂的血液、尿液、粪便或脾、淋巴结等脏器，离心上清液接种于猫肾代细胞培养。

用电镜负染观察，根据病毒粒子大小、形态、核衣壳类型做出确诊。

2. 血清学诊断

(1)碘凝集试验(IAT)

①碘溶液的配制。②血清的采集。③操作。④判定。

此方法为非特异性检测，与特异性检查法阳性符合率为 97.8%。一般在感染 30 d 即可检测出阳性反应，且操作简单易行，适合大群检测，因此是目前控制该病的有效措施。

(2)对流免疫电泳(CIEP)

该方法是利用从病貂组织中提取的特异性阿留申病毒抗原与被检水貂血清中抗体在电场作用下进行反应，在缓冲液中抗原由阴极向阳极迁移，抗体则由阳极向阴极迁移，在琼脂糖凝胶中抗原和抗体结合成清晰的灰白色沉淀线。

此方法在特异性和敏感性上均很高，且简便易行，是目前国际上检测 ADV 感染的标准方法。

【防治要点】

(一)治疗措施

至今尚无特异性治疗药物，抗生素对本病无特殊治疗效果但可以控制并发症。辅助治疗可用青霉素、维生素 B_{12}、多核苷酸等，应用聚肌胞治疗也可收到较好效果。

处方 1：

板蓝根注射液 1 mL，腿部肌肉注射或皮下注射，每天 2 次，连用 5～7 d；B 族维生素一片(每片含主要成分：维生素 B_1 3 mg、维生素 B_2 1.5 mg、维生素 B_6 0.2 mg、烟酰胺 10 mg、泛酸钙 1 mg)口服，每天 2 次，连用 5～7 d。也可选用聚肌胞等药物。

处方 2：

氨苄青霉素(安比西林)10 mL/kg 体重，肌肉注射每天 2 次，连续注射 3～5 d；维生素 B_{12} 每次 0.05～0.1 mg，每天 1 次，连续注射 7～10 d，防贫血；多核苷酸等，改善病情。

(二)防治措施

1. 坚持兽场兽医卫生制度

笼舍和用具定期用火焰喷灯消毒，地面坚持用10%漂白粉或2%碱溶液消毒，金属器械用5%福尔马林消毒，做好灭蚊工作，禁止病貂引入。

2. 建立定期检疫隔离和淘汰制度

每年取皮前和配种前进行IAT检查，淘汰阳性反应貂，3～5年可使阳性率控制在5%以内，然后每年取皮前进行CIEP检测，淘汰阳性反应貂，数年后可达到扑灭该病的目的。

3. 实施抗ADV育种

通过杂交育种的方法，消除ADV基因，以此提高水貂对阿留申病的抵抗力。

4. 定期免疫接种

无特异性强的疫苗。每年仔貂断奶分窝3周后，应用CIEP检测，阴性貂接种貂阿留申细胞毒灭活疫苗，皮下接种，每只1 mL；取皮期(11月上旬至12月下旬)对种貂进行第二次免疫接种。

二、水貂细小病毒性肠炎

细小病毒性肠炎是由细小病毒感染引起的以剧烈腹泻、排肠黏膜和管形粪便、迅速消瘦脱水、白细胞减少为特征的急性传染病。

【诊断要点】

(一)流行病学

易感动物：貂、貉、狐等毛皮动物均易感细小病毒性肠炎，不同品种、品系和年龄的貂都有易感性，仔幼貂和育成貂的易感性高，年龄小的死亡率高。

传染源：隐性带毒毛皮动物是本病的主要传染源，感染后7～14 d可经粪便向外界排毒。康复貂、貉、狐也可长期带毒。病貂的粪便中含病毒量最高。

感染途径：主要为病貂、病貉、病狐与健康貂、健康貉、健康狐直接或间接接触感染。病毒随粪便、尿液、呕吐物及唾液排出体外，污染食物、垫料、饮水、食具和周围环境，主要经消化道感染。苍蝇、蟑螂和人也可成为本病的机械传播者。

细小病毒性肠炎多为散发，在养殖场比较集中的单位常呈地方流行性。本病一年四季均可发生，但7月至9月为发病死亡的高峰期，天气寒冷，气温骤变，拥挤，卫生水平差和并发感染，可加重病情和提高死亡率。

(二)症状

本病潜伏期4～9 d，根据病程长短，临床上可分为最急性型、急性型和慢性型。在临床表现上貂、貉、狐的症状相近，以水貂为例。

1. 最急性型

病貂在临床上一般没有腹泻的症状，食欲废绝后12～24 h死亡。

2. 急性型

病初表现发热(41℃及以上)、精神沉郁、不食、呕吐。病貂极度消瘦虚弱，被毛松乱，无光泽，肛门周围粪便污染。发病1 d左右开始腹泻下痢，初期粪便为黄色或灰黄色稀粪，常覆有多量黏液和伪膜，随病情发展，粪便变为黄绿色乃至黑紫色。以后腹泻严重，排便次数增加、出现里急后重，粪便内混有脱落的红色、粉红色或红黄色黏液管，从而形成“黏液管形便”。后期病貂表现严重脱水症状，眼球下陷、鼻镜干燥、皮肤弹力高度下降、体重明显减轻。血相变化，病貂的白细胞数显著减少，中性粒细胞相对增加，一般占67%(正常为43%)，淋巴细胞占31%(正常为53.2%)。仔幼貂病程持续4～5 d死亡，成貂1～2周死亡。

3. 慢性型

病貂精神不佳，耸肩弓背。被毛蓬乱，无光泽，两眼睁得不圆，喜卧于笼内，排便频繁，常为水样粪便，并混有血液，有些病貂排出红褐色肉冻样“管形便”。由于腹泻脱水，病貂表现极度消瘦虚弱。血液检查同急性型血相变化。个别慢性病病貂经7～14 h可逐渐恢复，自然痊愈，但长期带毒，影响生长发育。

(三)病理变化

病理剖检以急性卡他性、出血性肠炎变化为特征。

水貂极度脱水、消瘦，被毛蓬乱，腹部蜷缩，眼球下陷，可视黏膜苍白，肛门周围被粪便污染。主要以胃肠道变化为主，可见小肠明显出血，肠壁变薄，肠管呈鲜红色，肠内容物混有血液、脱落的黏膜上皮和纤维样物质，带有恶臭味。特别是空肠和回肠的黏膜潮红，肿胀，散布有斑点状或弥漫性出血，严重时肠管外观为紫红色。肠系膜淋巴结充血、出血和水肿，切面多汁。在小肠黏膜上皮细胞中可见有核内包涵体。

病变可见心脏扩大，心房和心室有瘀血块，心肌或心内膜有非化脓性坏死灶和出血斑纹，心肌纤维严重损伤。肺水肿，局灶性充血和出血，肺表面色彩斑驳。脾肿大呈暗紫色。肝肿大质脆色淡。在病变的心肌细胞中有时可发现包涵体。

(四)实验室诊断

1. 病原学诊断

细小病毒性肠炎病毒(PEV)，该病毒为细小病毒科细小病毒属。PEV不凝集兔、鸡、绵羊、小鼠的红细胞，但可凝集猴和猪的红细胞。病毒对乙醚、氯仿、5%的甘油、酸、热、胆汁及抗生素(青霉素、链霉素、新霉素、四环素)等均有一定的抵抗力。利用煮沸方法可将病毒杀死。该病毒对外界环境有较强的抵抗力，病貂污染的笼子表面，病毒能保持毒力一年，带病毒的粪便在寒冷季节的户外土壤存放一年以上仍有感染性。

采取濒死或刚死不久的病兽肝、脾、淋巴组织，将其研碎，离心，取上清液接种于原代或传代细胞，经连续传代3次后检查包涵体和细胞病变情况。

2. 重要特征

顽固性腹泻及排肠黏膜和管形粪便是本病重要特征，该种腹泻应用多种抗生素和化学药物均无疗效。病貂消瘦，被毛蓬乱，肛门周围被粪便污染不洁。

3. 血常规检查

白细胞总数明显减少，如果继发细菌感染，白细胞总数可增高。血清总蛋白量下降至4.2～6.6 mg，红细胞压容为45～71，平均在50左右，转氨酶指数升高。

4. 试纸快速诊断法

用犬细小病毒快速诊断试纸诊断本病，经济简便、快速适用，有极高的准确率，是目前国内各宠物医院或诊所诊断该病的常用方法。

5. 血凝(HA)与血凝抑制(HI)试验

在发病早期，可取病兽细胞培养物和粪便进行HA试验。在发病后期，由于IgM等抗体的出现，使CPV抗原失去血凝性。此时，用二巯基乙醇(2-ME)处理，便可检查到粪便中的IgM等抗体和CPV抗原。

6. 酶联免疫吸附试验

采用双抗体法，应用特制的酶标反应小管、板或纤维素膜。

7. PCR诊断技术

国内已有研制的PCR诊断试剂盒能检出痕量(10 ng)的细小病毒DNA，被测样品只需进行简单煮沸就能进行PCR反应，而且此试剂盒具有灵敏、特异等优点。

此外，还可利用核酸探针技术对CPV进行探测。

(五)鉴别诊断

水貂细小病毒性肠炎与营养性肠炎的某些症状相似，还易与细菌性肠炎(大肠杆菌、副伤寒、巴氏杆菌病等)相混淆，诊断时注意类症鉴别。

【防治要点】

(一)治疗原则及方法

治疗原则：目前无特效治疗药物，只能在发病早期应用抗生素和磺胺药物防止继发细菌感染，降低死亡率。临床上常采用对症治疗、支持疗法、特异疗法、中药疗法、控制继发感染。

1. 特异疗法

发病时用抗细小病毒高免血清用于紧急治疗。1～2 mL/kg皮下或肌肉注射，每天1次，连用3～5 d。也可以用患病康复兽的全血3～5 mL/kg体重进行输血。

2. 应用抗病毒药物

可选用病毒唑(5～10 mg/kg)肌注或静脉滴注，每天1～2次；为增强抗病毒能力，可用胸腺肽(0.5 mg/kg)肌肉注射，每天1次，连续4～6 d。也可使用干扰素(150～1 500 u/kg)，肌肉注射，每天1次，以诱导貂的细胞产生抗病毒蛋白，抑制病毒的复制，连用5～7 d。

3. 对症治疗

病兽出现严重呕吐、腹泻、脱水、失血、酸中毒和电解质紊乱是导致本病死亡的主要原因。因此进行及时的补液和补充电解质缓解酸中毒是治疗本病的最主要措施。通常选用林格氏液和葡萄糖生理盐水输液。每天至少输液一次，必要时每天输两次，连续输液5～7 d。必须稀释到0.5%以下的浓度，缓慢静脉滴注。失血时注射维生素K、安络血、止血敏、立止血等药物，或云南白药灌肠。失血较多者，输血效果好。

4. 控制继发感染

在静脉滴注时加入氨苄西林钠、头孢拉定、庆大霉素、卡那霉素等药物以防治继发感染。

5. 支持疗法

为提高病兽的综合抵抗能力，帮助度过重症期需对其进行支持疗法。可在输液过程中加入维生素C、肌苷、ATP、辅酶A等。

6. 中药疗法

中医以清热解毒，渗湿，敛肠为治疗原则，选用地榆、槐花汤等。

(二)防治措施

预防本病主要依靠给貂群进行免疫接种疫苗和严格检疫制度。

康复兽可获得较强免疫力，仔貂可自免疫母体初乳中获得天然免疫力。目前国内使用的疫苗种类很多，包括同源组织灭活苗、细胞培养灭活苗、弱毒细胞苗，以及猫源病毒(猫泛白细胞减少症)细胞培养灭活异源苗等。在给幼仔水貂接种时，应考虑母水貂是否已经免疫了疫苗。如果母水貂在一年前接种了灭活肠炎病毒疫苗，且没有再感染，那么幼仔应在七周龄之前免疫接种。对繁殖群水貂每年接种一次疫苗。

严格兽医卫生防疫制度防止本病的发生和蔓延。每年的7～9月是细小病毒病流行季节，应加强饲养管理，防止饲料腐败和酸败，加强环境消毒，除蝇、灭鼠，严防猫、犬、家禽、家畜进入兽场。当兽群暴发本病后，应及时隔离，停止一切串兽活动。病貂隔离饲养，对症治疗。病愈后的水貂应一律留在隔离场，一直到了取皮期淘汰取皮。对兽舍和饲具应严格消毒，笼舍用火焰喷灯消毒，场地用10%氢氧化钠溶液或10%～20%漂白粉消毒。对污染的用具用3%氢氧化钠溶液或2%福尔马林消毒。对死亡病兽的尸体及污染物烧毁或深埋。对于发病场的貂皮，应在室温30℃～35℃、空气相对湿度40%～60%条件下处理48 h。

三、水貂(狐、貉)犬瘟热

水貂、狐、貉犬瘟热是由副黏病毒科的犬瘟热病毒引起的一种急性、热性、高度接触性传染病。

临床上以双相热型、白细胞数减少、急性鼻卡他以及随后的支气管炎、卡他性肺炎、严重胃肠炎、皮肤疱疹和神经症状为主要特征。

本病广泛存在于世界上所有毛皮兽饲养国家，我国从20世纪60年代开始，国内部分省区的毛皮动物饲养场(户)，犬、猫等伴侣动物，以及熊猫、老虎等一些观赏动物不断暴发本病，并逐步在全国范围内流行。我国水貂犬瘟热首发于1968年，貉犬瘟热发生于1973年，给毛皮动物养殖业造成了巨大的经济损失，该病目前是珍贵毛皮动物重大传染病之一。

【诊断要点】

(一)流行病学

传染源：患病动物、潜伏期带毒动物以及死亡动物尸体是主要的传染源。CDV大量存在于感染和患病动物的鼻、眼分泌物和唾液中，也见于血液、脑脊液、淋巴结、肝脏、脊髓、心包液及胸腹水中；而且痊愈动物带毒期可长达6个月，可由各种排泄物和分泌物排出病毒。

传播途径：本病主要经消化道和呼吸道传播，也可通过眼结膜和胎盘感染。直接接触病毒携带者或接触污染的饮水、饲料、食具、垫草、用具，饲养人员的工作服，兽医人员未经消毒的体温计、注射器针头等，均可感染。此外，饲养场内的鼠类、吸血昆虫也可成为传播媒介。

易感动物：自然宿主是犬科、鼬科及浣熊科，且此三科动物对CDV呈高度易感。随着动物和病毒的进化，目前已知可自然感染的动物有犬科的犬、狼、豺、北美小狼、赤狐、银狐、北极蓝狐、貉、非洲猎犬、非洲野狗；鼬科的雪貂、水貂、紫貂、石貂、鸡貂、黄鼠狼、獾、鼬、臭鼬和水獭；浣熊科的小熊猫、浣熊、北美环尾猫熊、中南美洲密熊和美洲长吻浣熊；猫科的猫、狮、孟加拉虎、西伯利亚虎、豹、雪豹、美洲豹和猞猁；灵猫科的花面狸和獴；大熊猫科的大熊猫；熊科的棕熊、灰熊和黑熊；海豹科的港海豹和灰海豹；偶蹄目猪科的猪；灵长目的猕猴和猿猴。

流行特点：一年四季均可发生，但以夏、秋季发病率最高，往往自6～7月开始发病，8～10月达到高峰，12月至翌年的3月发病较少。不同年龄均可感染，但幼龄动物更易感染，发病率高达50%～74%，死亡率高达78%～90%。

(二)症状

自然感染的潜伏期为9～14 d，长的达3个月之久。根据临床表现可分为最急性型、急性型、慢性型和隐性型。

1. 最急性型(神经型、脑炎型)

病狐出现咀嚼痉挛、头肌和四肢肌肉痉挛性收缩、麻痹或不全麻痹，银黑狐常突然出现视觉消失，瞳孔散大，虹膜呈绿色；病貂突然发病，前冲、滚转、四肢抽搐，头颈后仰或咬住笼网，吱吱尖叫，口吐白沫，癫痫性发作，多次发作后死亡，体温均在42℃以上。病程1～3 d，短则数分钟。

2. 急性型(混合型)

病初状似感冒，感染后2～5 d出现第一次高热，体温可达40℃～41℃，持续2～3 d，随后体温下降到接近常温，5～7 d后出现第二次高热，体温可达41℃，并伴有严重的消化系统和呼吸系统症状。眼部出现浆液性、黏液性乃至化脓性眼眵，鼻镜干燥，黏着糠麸或豆腐渣样干燥物。呼吸迫促至困难。下痢，病初为黏液性蛋清样稀便，后期呈黄褐色或煤焦油样，肛门红肿外翻。被毛蓬乱、无光泽，毛丛中有谷糠样的皮屑，颈部或股内侧的少毛区皮肤有黄褐色分泌物的皮疹。少数病例还表现脚掌红肿、趾间溃烂。后期部分病兽出现后躯麻痹、共济失调、仰头歪颈、肌群震颤等神经症状，间歇发作后死亡。病程平均3～10 d。

3. 慢性型(皮肤黏膜型)

病兽以双眼、耳、口、鼻、脚爪和颈部皮肤病变为主。眼睑边缘皮肤发炎、脱毛、变厚、结痂，形成眼圈，似戴眼镜；鼻面部肿胀，鼻镜很热，上下唇、口角边缘皮肤有干痂物附着；有的病兽耳边皮肤干燥无毛；四肢趾掌肉垫增厚，为正常时的3～4倍，俗称“硬足掌症”；皮肤弹力下降，尤以颈、背部为重，被毛内有大量麸皮样湿润污秽的皮屑，有腥臭味。多良性经过，若出现并发症则以死亡转归。病程3～4周。

4. 隐性型(非典型性经过)

仅有轻微的一过性反应，类似感冒，或仅有轻度的皮炎和一些极轻的卡他性症状，多耐过自愈，成为隐性带毒者。若继发感染并发症则以死亡转归。

(三)病变

患病动物全身呈现广泛性出血性变化。消化道黏膜卡他性炎症，肠系膜淋巴结肿胀、充血、出血，直肠黏膜多有带状或条状出血；呼吸道黏膜，从喉头、气管到肺均表现充血、出血，肺外观呈大理石样，切面有大量泡沫状血样液体；肾脏、心冠脂肪有点状出血，肝、脾、膀胱等其他脏器均有不同程度的肿胀、充血和出血变化。剖检病变最具确诊意义的病变是胸腺缩小并呈胶冻状。

(四)实验室诊断

1. 包涵体检查

取洁净载玻片，滴加生理盐水1～2滴，用外科圆刃刀刮取膀胱黏膜上皮少许，将刮下物接触液面，然后用另一载玻片推成涂片(应尽量避免细胞破碎)；待自然干燥后，用甲醇固定3 min，再用苏木素染色液加温染色20 min，后弃去染色液，用蒸馏水冲洗，并用

0.1%盐酸溶液分化 2～3 min，再用 1%伊红水溶液染色 5 min，洗去伊红，干燥后用油镜检查包涵体。油镜下可看到，膀胱上皮细胞核被染成蓝紫色，细胞浆被染成玫瑰色，包涵体呈红色，圆形、椭圆形或多形性，有清晰的边界和均质边缘。一个细胞内可见 3～5 个包涵体，在细胞浆内较多，细胞核内较少。检出率较高，可达 90%。

2. 免疫荧光法

采取病料制成标本片(生前采末梢血液涂片，死后取淋巴结、肝、脾、肾制成组织片，用冷丙酮固定)，滴加用 0.02%伊文思兰液稀释的犬瘟热荧光抗体，置 37℃湿润条件下染色 30 min；水洗、吹干、封片后，用荧光显微镜检查。细胞浆呈弥散或颗粒样不同程度的苹果绿色荧光，细胞核染成暗红色，整个细胞清晰完整，判定为阳性；细胞浆染成紫红色或暗黄色，细胞核呈暗红色，判定为阴性。该法是目前国际通用的诊断犬瘟热的公认手段。

3. 胶体金试纸条诊断

用棉签取病兽眼眵、鼻液、唾液等分泌物，将棉签浸入装有稀释液的试管中充分搅拌混合，用吸管抽取上清液，在测试条样品孔中滴加 4 滴，5～10 min 后观察结果。判定标准：仅在 C 区呈现一条红线判为阴性，在 C 区和 T 区共出现两条红线判为阳性。由于具有简便快速、肉眼判读、结果易保存、无须特殊仪器设备和试剂等优点，该方法被广泛应用于临床诊断和检验检疫中，但其灵敏度和特异性方面还有待进一步提高，因此还需结合其他方法加以排除和确诊。

4. 动物接种试验

采取临床症状典型的濒死期动物的肝、脾和脑组织，制成 10 倍稀释的乳剂；接种于断乳 2 周后的易感动物，脑内接种 0.2 mL 或肌肉(皮下)接种 3～5 mL；单独饲养，一般在 10～14 d 或 1～2 个月出现典型犬瘟热症状，乃至死亡。也可以采用孵化 7 日龄的鸡胚绒毛尿囊膜内接种，出现水肿，一周左右出现灰白色菌落似透明隆起物。

(五)鉴别诊断

1. 狂犬病

有神经症状，狂躁不安、意识紊乱、喉头和咬肌麻痹、有攻击性，无皮疹和结膜炎；神经细胞的胞浆和胞核内都可查到内基氏小体。

2. 犬传染性肝炎(狐脑炎)

无皮疹和卡他性鼻炎，无剧烈腹痛，剖检时肝肿大、胆囊壁增厚、腹腔中有大量黄色或微红色浆液。

3. 细小病毒性肠炎

肠炎型，肠黏膜、浆膜充血、出血，呈暗红色；心肌型，肺水肿，心肌变性。可用血凝和血凝抑制试验做特异性诊断。

4. 脑脊髓炎

有癫痫性发作，但仅在幼兽中发生，多呈散发，无化脓性眼炎和鼻炎。

5. 巴氏杆菌病

症状和剖检都很相似，细菌学检查，可分离到具有特异性形态的两极浓染的小杆菌，且使用抗生素类药物治疗可收到一定的疗效。

6. 副伤寒病

无呼吸道症状和皮疹，抗生素治疗有效，剖检时脾脏肿大为正常的 5～10 倍；且发病有明显季节性，一般在6月至8月发生。

【防治要点】

（一）治疗措施

在严密隔离的条件下对症治疗，立即注射抗犬瘟热血清、γ-球蛋白或干扰素，1～2次/天，3 d为一疗程；同时对症治疗，应用止吐剂、止血剂、退热剂、收敛剂（止泻）、镇静剂（解痉），并强心补液，补充B族维生素及维生素C，纠正酸中毒等；防止继发感染选用抗生素如氨苄青霉素、头孢唑啉钠、先锋B等；对于重症病例，可配合地塞米松、氢化可的松等肾上腺皮质激素类药物进行治疗。

处方1：

发病水貂和假定健康貂群用高免血清紧急注射，隔天连用2～3次；发病的同时注射卡那霉素8万国际单位/只、病毒唑0.4 mL/只，连用3～5 d。

处方2：

对发病的北极狐用高免血清肌肉注射，每头份10 mL，配合肌内注射利巴韦林2 mL、庆大霉素160万国际单位、维生素C 2 mL、地塞米松2 mg，1次/天，连用一周；对未发病的进行紧急接种的狐狸用犬瘟热单价弱毒苗，并在饮水中添加广谱抗生素。

处方3：

对患病的蓝狐用高免血清，1次/天，连用4～5 d；用头孢拉定胶囊22 mg/kg，2～3次/天，对发热的病狐肌注安痛定0.6 g/次。

处方4：

病貉或疑似病貉注射高免血清，并口服强效克毒杀1 mL/次，2次/天；同时用氟苯尼考粉剂拌入饲料；一周后再进行疫苗接种。

处方5：

抗犬瘟热血清4～10 mL，一次皮下分点注射，3 d后再用一次；青霉素水溶液1万单位/ mL，点眼或滴鼻；土霉素0.03～0.1 g，一次内服，每天早、晚各一次，连用5～6 d。

处方6：

患貂肌肉注射高免血清，成年每只6～8 mL，幼年每只3～4 mL，7～10 d后注射疫苗，每只2～3 mL；假定健康貂群注射疫苗，每只2～3 mL；同时用青霉素40万单位/（只·次）、链霉素30 mg/（只·次），一天2次，连用3～5 d；青霉素10万单位溶于10 mL生理盐水中点眼和滴鼻；对下痢的患貂用氟哌酸30 mg/kg体重，每天两次口服；出现神经症状的用巴比妥钠0.03～0.05 g，一次口服；有呼吸道症状的用磺胺二甲基嘧啶或磺胺噻唑0.05～0.1 g，口服，2次/天。

（二）防治措施

1. 加强饲养管理

封闭式饲养模式，自繁自养；新引进动物应隔离观察1～2个月方可混群；采用科学的饲料配方。

2. 加强卫生防疫制度

严格消毒制度，多种消毒剂交替使用；可用3%甲醛溶液、0.5%过氧乙酸溶液、3%氢氧化钠溶液进行圈舍消毒。

3. 定期免疫接种

预防本病最有效的措施是按免疫程序接种弱毒疫苗。一般幼兽可在2月龄后(断乳后15～21 d)首免，到12月底前再进行二免；成年兽每年在12月定群后接种疫苗，每年一次。接种后1～2周产生中和抗体，4周后达到最高峰，免疫保护期为一年。

四、水貂冠状病毒性肠炎

水貂冠状病毒性肠炎又称水貂流行性卡他性胃肠炎，是由冠状病毒引起的水貂腹泻症。该病是继水貂细小病毒性肠炎之外的又一个能导致水貂腹泻的重要病毒性传染病。

该病在国外早有流行，最早发生于美国，之后在加拿大、俄罗斯、丹麦及斯堪的纳维亚等国家和地区流行。我国首次发现是在1987年，从加拿大、美国等地引进种貂而引发该病。

【诊断要点】

(一)流行病学

传染源：患病动物是本病的主要传染源。病毒主要存在于胃肠内，随粪便排出，污染饮水、饲料、环境、用具等。

传播途径：主要通过消化道感染。配种期的直接接触也可传播。

易感动物：易感性与水貂品种密切相关。北美貂及其杂种后代易感，我国原有别国品种的水貂易感性差；各种年龄均可感染发病，以仔貂易发且死亡率最高。

流行特点：多发于春、秋两季。本病传播迅速，初期呈散发，3～5 d病貂数急剧上升，7～10 d几乎传遍全场，发病率高达90%，但病死率低，为1%左右。患病貂场一般在10～20 d达到流行高峰，30 d左右逐渐平息。

(二)症状

潜伏期1～5 d。

体温一般不高。精神委顿，被毛无光泽，皮肤缺乏弹性，食欲下降，呕吐，饮欲增加，腹泻，排出灰白色、绿色乃至粉黄色黏液状稀便，有的带有血，后期呈煤焦油样，但无明显的管形样稀便。迅速脱水，消瘦。急性者2 d内死亡，耐过者7～10 d可恢复。

(三)病理变化

尸体消瘦，可视黏膜苍白，肛门及会阴部被粪便污染。

胃肠空虚，黏膜充血、出血、脱落，肠壁薄，肠腔扩张，内容物含有少量灰白色或暗红色血样黏稠物；肠系膜淋巴结肿大，切面呈暗红色。

肝肿大，呈黄褐色，质脆；脾脏轻度肿大，呈深红色；肾轻微肿胀，呈土黄色，质脆。

(四)实验室诊断

1. 病原学诊断

取死亡水貂肠内容物和粪便，加入生理盐水稀释，8 000 r/min离心10 min，取上清液，用磷钨酸负染，电镜下检查。呈现不规则圆形，直径为80～160 nm，核衣壳为螺旋状对称，有囊膜，囊膜外周有花瓣样纤突，纤突之间有较宽的间隙，纤突规则地排列成皇冠状的典型冠状病毒粒子。

2. 血清学实验

取典型病貂新鲜粪便，经常规处理后，接种于A72细胞或犬肾原代细胞上培养，用特异抗体染色检测是否存在病毒，或待细胞出现病变后，用已知阳性血清作中和试验鉴定病毒。为提高病毒分离率，粪样要新鲜，避免反复冻融。

取死亡水貂心脏内血清析出液，用对流免疫电泳(CIEP)方法进行水貂阿留申病检查；同时取发病水貂粪便，采用血凝(HA)和血凝抑制试验(HI)方法检查水貂肠炎病毒(MEV)。

(五)鉴别诊断

水貂冠状病毒性肠炎和细小病毒性肠炎，临床症状很相似。

细小病毒性肠炎的病貂腹泻，稀便中多数都有脱落的肠黏膜，排出粉红色或黄粉色稀便，即形成管形便，而冠状病毒性肠炎则无此现象；另外，细小病毒性肠炎的发病率和死亡率均很高，而冠状病毒性肠炎则发病率高、死亡率很低；并且，细小病毒性肠炎应用细小病毒性肠炎疫苗预防接种或紧急接种后，疫情能得到有效的控制，而冠状病毒性肠炎用水貂肠炎疫苗则不能得到有效的控制。

【防治要点】

(一)治疗措施

尚无特效疗法，只能采取强心、补液、防止继发感染的治疗原则。

处方1：

皮下或腹腔注射5%～10%葡萄糖注射液10～15 mL，维生素B_1注射液0.5～1 mL，维生素C注射液0.5～1 mL，混合一次皮下分多点注射，每天一次。

处方2：

葡萄糖甘氨酸溶液：葡萄糖45 g，氯化钠9 g，甘氨酸0.5 g，柠檬酸钾0.2 g，无水磷酸钾4.3 g，溶解于2 000 mL常水中，放入水槽让病貂自饮可缓解症状。

处方3：

康复貂，按常规屠宰方法放血入盆，待自然凝固后将血凝块切开，使血清充分析出。弃去血凝块，取含有部分未凝固血细胞的液体100 mL饲喂病貂，之后给少量正常饲料，每天两次；也可在猪血内添加20万国际单位的链霉素，口服，每天1次。

(二)防治措施

尚无标准疫苗用于水貂冠状病毒性肠炎的预防。可从自场病貂中采集实质脏器，如心、肝、脾、肾、淋巴结等，自制同源组织灭活苗，0.5～1 mL，皮下或肌肉注射，用于预防或紧急免疫接种。

加强饲养管理，提高貂群的抗病能力；搞好场内卫生和消毒工作，火焰喷灯消毒笼舍，20%漂白粉、10%氢氧化钠溶液或紫外线消毒笼舍地面和墙壁，1%来苏儿、1%福尔马林、0.01%高锰酸钾和0.1%过氧乙酸消毒食具、水槽等；灭鼠、灭蝇，严禁猫、野犬、家禽、家畜等进入兽场，减少人员流动。

五、狐传染性脑炎

狐传染性脑炎又称狐脑炎，是由犬腺病毒Ⅰ型引起的狐的一种急性、败血性、接触性、致死性传染病。

临床以眼球震颤、高度兴奋、肌肉痉挛、感觉过敏、共济失调、呕吐及便血为特征。本病广泛流行于世界各养狐国家，具有发病急、传染快、死亡率高等特点，其他犬科动物也感染本病。我国近年来，由于养狐业迅速发展和种狐的引进，在个别养狐场也发生本病。

【诊断要点】

(一)流行病学

传染源：病狐、隐性感染狐、康复狐、带毒猫和犬传染性肝炎患犬及康复犬是本病的主要传染源。病兽在发病初期，血液内出现病毒，以后在所有分泌物、排泄物中都有病毒排出。特别是康复动物，自尿中排毒长达6～9个月。由此可见，康复和隐形感染动物为带毒者，是最危险的疫源。

传播途径：病兽的分泌物和排泄物污染了饲料、水源、周围环境，主要经消化道等途径传染。也可经胎盘和乳汁感染胎儿。此外，寄生虫也有传播本病的可能。

易感动物：在自然条件下，狐、犬、狼、豺、貉、水貂、猫、臭鼬、水獭、浣熊、黑熊和山狗均易感染。本病也可以感染人，但不引起临床症状。各种不同年龄的狐类动物都能感染，特别是3～6月龄的幼狐最易感。幼兽发病率为40%～50%，2～3岁的成年狐感染率为2%～3%，比较老的狐很少患病。平均死亡率为10%～40%。

流行特点：本病没有明显的季节性，但夏、秋季节多发，主要是由于幼兽多、饲养密集，对本病的传播最为有利。常呈地方流行性，病兽在本病的流行初期死亡率高，中、后期死亡率逐渐下降。本病一旦传入养狐场，可持续多年，呈缓慢流行，每年反复发生。

(二)症状

自然感染本病时潜伏期为10～20 d甚至更长时间。人工感染潜伏期为5～6 d。

根据机体的抵抗力和病原体的毒力，可将本病分为急性型、亚急性型和慢性型3种类型。

1. 急性型

首先表现为拒食，反应迟钝，体温升高达41.5℃以上。呕吐，饮欲增加，病程3～4 d，最后昏迷而死。

2. 亚急性型

精神沉郁，病狐躺卧，站立不稳，步态摇晃，后肢虚弱无力，体温出现弛张热。病狐迅速消瘦，可视黏膜苍白或黄染，后肢不全麻痹或麻痹。个别病例出现一侧或两侧性角膜炎。由于体温升高，心血管系统功能紊乱，心跳100～120次/分，脉搏节律失常，细弱。上述症状时而出现，时而消失。病狐兴奋和抑郁交替出现，隅居笼内一角或产箱内，喂食时表现攻击性，有的病狐个别肌群痉挛。病程长达1个月。最终死亡或转为慢性经过。

3. 慢性型

大多数见于发过本病的污染场。病狐的症状不明显，常出现食欲减退或暂时性症状消失，腹泻和便秘交替出现，渐进性消瘦。有时出现短时间的体温升高。在不良因素的影响下，常导致死亡。一般慢性经过的病例能活到屠宰期。

(三)病理变化

1. 急性型

急性经过的尸体内脏器官出血，出血常见于胸腔和腹腔的浆膜面和胃肠道的黏膜上，偶见骨骼肌和膈肌有出血点。肝肿大、充血、出血，呈暗紫红色或土黄色，切面有上述色调的血液流出。大脑血管充盈明显可视。

2. 亚急性型

可视黏膜、腹股沟苍白或黄染，骨骼肌呈淡红色或淡黄色，胸部、腹股沟部及腹部皮下结缔组织胶样浸润和出血。在胸腔内有少量淡玫瑰色或淡黄色渗出液。肝脏呈樱桃红色，切面有血液流出；肾脏增大，被膜下有点状或条状出血，切面混浊。胃肠黏膜潮红、肿胀，常呈条状出血。胃内容物混有煤焦油样黏稠的内容物，胃黏膜上有形状不整、大小不等的溃疡灶。肠黏膜增厚，附有黏液。甲状腺增大2～3倍，有出血点，周围胶样浸润、水肿。心脏有浆液性心包炎。肺脏可见散在的炎性气肿区。

3. 慢性型

尸体显著消瘦、贫血。在肠黏膜下常出现散在的新旧不同的出血点，肝脏肿大，脂肪性营养不良(变性)，质脆，呈豆蔻样。

(四)实验室诊断

1. 病原学诊断

生前采发热初期血液、扁桃体拭子和尿液；死亡动物则采肝、脾等病料处理后，接种犬或猪肾原代和继代细胞进行病毒分离培养。

腺病毒致细胞病变的特征：在接种后30 h至6～7 d出现单个的圆形折光细胞，并在细胞单层内出现空泡，小岛样病变细胞堆积成较大团块，如葡萄样，并形成核内包涵体；接种仔狐可见角膜混浊，产生包涵体。

2. 血清学实验

(1)对于病死动物，可用琼脂扩散试验检测感染组织块(一般应用肝组织块)中的特异性沉淀原。

(2)应用免疫组化检测组织切片中的抗原。

(3)应用免疫荧光技术，可以直接检测组织切片、触片或感染组织块(一般应用扁桃体或肝组织块)中的特异性沉淀原。

(4)补体结合试验，以人工感染动物的特异免疫血清作为抗体，可检出急性病狐肝脏以及血清和腹水中的病毒抗原。

(5)酶联免疫组化方法检测腺病毒抗体：取制备好的快诊板，在其上加入含有5%正常兔血清的PBS阻断20 min，然后去掉阻断液，加第1抗体(待检狐血清)，在室温下感作2 h，用含1%牛血清白蛋白PBS清洗5～7次，加第2抗体即酶标记兔抗狐IgG，室温下感作1 h，用清洗液清洗5～7次，加入底物，在暗室内感作20 min，充分洗涤，加入甘油PBS缓冲液，镜检，阳性细胞成黑色。

(6)中和试验检测抗体水平：中和抗体在感染后1周即出现，持续时间也长，适于中和抗体的测定和免疫水平的判定。通常用组织培养中和试验法，实用效果很好。

(7)此外，间接血凝、炭凝集法也可以用于本病的诊断。

3. 皮内反应

应用病死的感染动物实质脏器悬浮液离心上清液，加入甲醛灭活，然后用于皮内接种，观察局部是否出现红肿以判定之。

4. 分子诊断技术

近年来犬腺病毒分子生物学研究异常活跃，国外已建立了多种分子诊断技术，如在病毒的早期转录区选择适当的保守区域作引物，建立了PCR方法，可区分犬腺病毒Ⅰ型和Ⅱ型，Ⅰ型PCR扩增产物约为520 bp，Ⅱ型则为1 030 bp，有希望用于本病的临床实践。

5. 动物接种

将死亡狐肝脏按1∶5比例混悬液离心沉淀上清液，给3月龄健康狐眼前房(0.2 mL)和腹腔(0.5 mL)接种，接种后4 d眼角膜出现混浊，体温达到41℃～41.5℃，接种8～9 d出现脑炎症状和病理变化可确诊。

(五)鉴别诊断

蓝狐和银黑狐传染性脑炎与脑脊髓炎、犬瘟热、钩端螺旋体病有相似之处，必须加以鉴别，以免误诊。

1. 传染性脑炎与脑脊髓炎的区别

传染性脑炎广为传播，大面积流行，不分成年狐和幼狐均能发生。而脑脊髓炎常为散发流行，局限场内某一区域(栋或组)，常侵害8～10月龄的幼狐，银黑狐易感，蓝狐少见。

2. 传染性脑炎与犬瘟热的区别

犬瘟热病是高度接触性传染病，传播迅速，病兽表现出典型的浆液性化脓性黏膜变化和结膜变化，消化紊乱、腹泻，眼有泪、有脓性眼眵，皮肤脱屑，有特殊的腥臭味，2次发热。而传染性脑炎则无此症状。

3. 传染性脑炎与钩端螺旋体病的区别

钩端螺旋体病主要症状为短期发热、黄疸、血红蛋白尿、出血性素质、水肿、妊娠母兽流产等。而传染性脑炎则无此症状。

【防治要点】

(一)治疗措施

尚无特效药物。初期发热，可用血清进行治疗，以抑制病毒的繁殖扩散；但在病的中后期应用血清治疗，效果均不理想。

处方1：

实施保肝护肝、排毒、补充能量的综合治疗方案。对精神状况差的狐，静脉滴注：5%葡萄糖生理盐水250 mL、氨苄青霉素1 g，维生素C 10～20 mL，辅酶A 20 IU，ATP 20 mg，肌苷10 mg，清开灵10～20 mL，分组静脉滴注，每日1次，连用2～3次。为控制继发感染，肌注青霉素80万IU、链霉素50万IU，维生素B_{12} 25 mg，炎克星5 mL，早晚各1次，连用2～3次。

处方2：

抗血清3～5 mL/kg体重，连续注射3 d；氨苄青霉素20 mg/kg体重，庆大霉素4万单位/次，每天2次，连续注射3～5 d，或用先锋霉素35 mg/kg体重，卡那霉素10 mg/kg体重，每天2次，连续注射3～5 d；静脉滴注5%的葡萄糖生理盐水，轻的40 mL/kg体重，重症100 mL/kg体重，有饮欲的可让其饮用补液盐水。

处方3：

注射丙种球蛋白；肌肉注射维生素B_{12}，成年兽每只注射量为350～500 μg，幼兽每只注射量为250～300 μg，持续给药3～5 d；同时随饲料给予叶酸，每日每只0.5～0.6 mg，持续喂10～15 d；神经症状严重的，注射安定5～10 mg/只。

处方4：

大青叶10 g、板蓝根10 g、双花5 g、连翘5 g、贯众5 g、黄芩5 g、黄柏5 g、黄芪

10 g、当归 5 g、甘草 5 g，冷水浸泡 30 min，加热煮沸 20 min，过滤，留取药液，第二次煎煮，过滤，将两次药液合并，总量 50 mL 左右，加少量糖，自由饮用。

（二）防治措施

加强饲养管理、搞好防疫卫生，如从外地购入动物，进行隔离检疫，严禁猫、狗进入狐场。

预防接种，这是行之有效的预防本病的根本办法。目前国外广泛使用组织培养弱毒细胞苗，接种后出现轻度经过性角膜混浊的过敏反应，1～2 d 后自然消失。我国也生产传染性脑炎弱毒犬肾细胞苗和狐犬瘟热、细小病毒性肠炎和脑炎三联疫苗，已广泛使用。每年在仔狐分窝后 21 d，单价疫苗 1.0 mL/只，或狐三联疫苗 3.0 mL/只进行免疫，同时成年狐也进行免疫，剂量相同。留作种兽的应在配种前再免疫 1 次，目的是通过母源抗体保护仔兽。同场饲养的犬也要接种疫苗。

发生狐传染性脑炎时，应将病兽和可疑病兽隔离治疗，直到取皮期为止。对污染的笼具应进行彻底消毒。地面用 10%～20%漂白粉或 10%生石灰乳消毒。

被污染的（发过病的）养殖场到冬季取皮期应进行严格兽医检查，精选种兽。对患过本病或发病同窝幼兽以及与之有过接触的毛皮动物一律取皮，不能留作种用。

六、狐阴道加德纳氏菌病

阴道加德纳氏菌病是由阴道加德纳氏菌感染引起的一种人兽共患的细菌性传染病。主要侵害泌尿生殖系统，病兽表现繁殖障碍，妊娠中断、流产、死胎，仔兽发育不良，产仔率下降和生殖器官炎症。本病是引起狐繁殖障碍的主要传染病之一。

【诊断要点】

（一）流行病学特点

易感动物：不同年龄、不同品种及不同性别的狐均可感染，但通常是母狐感染率明显高于公狐，青年狐高于成年狐，北极狐的感染率最高。人工感染和血清学检测证明了水貂和犬也感染本病。

传染源：病狐是本病的主要传染源。

感染途径：主要通过交配传染。外伤也是一个较重要的感染途径。怀孕狐感染该菌可直接传播给胎儿。

发病有明显的季节性，即在狐繁殖期，通过配种导致传染扩大，造成繁殖障碍。该病一年四季均可发生，但在配种期狐群感染率明显增高，不同品种、不同性别和不同日龄的狐均可感染。

（二）症状

本病的突出临床症状是受配狐多数于妊娠后 20～45 d 出现流产及在妊娠前期出现胎儿吸收。流产前母狐从阴门排出少量污秽物，有的病例出现血尿。流产后 1～2 d 内，母狐体温升高 0.5℃～1℃，精神不振，食欲减退，经治疗后随即恢复正常。公狐在配种期性欲减退并常出现血尿，个别的出现睾丸炎。

（三）病理变化

剖检可见病变主要在生殖与泌尿系统。可见阴道和子宫黏膜肿胀、发红，上皮易脱落，尿道和膀胱黏膜均可见炎症变化。卵巢肿大。公狐有包皮炎、睾丸炎以及前列腺炎。

(四)实验室诊断

根据流行病学特点结合临床症状和病理变化，只能作为预先诊断指征。确定诊断必须进行微生物学诊断和血清学诊断。

1. 微生物学诊断

采集流产胎儿、胎盘、流产狐阴道分泌物、公狐的包皮分泌物，以5%的兔血胰蛋白胨琼脂平板进行分离，选取37℃培养48小时的β溶血菌落进行接触酶和氧化酶试验，如两者均为阴性再进行生理生化试验确定。

2. 血清学诊断

用阴道加德纳氏菌虎红平板凝集抗原对感染兽进行血清学诊断。具有敏感、特异性。检出率达92.2%，可对感染兽快速定性，结果可靠，适于大群检疫。此外DOT－ELISA比较适合该病诊断。

(五)鉴别诊断

狐阴道加德纳氏菌病、绿脓杆菌病、沙门氏菌病、布鲁氏菌病都可引起狐繁殖失败，诊断时注意鉴别。

【防治要点】

(一)治疗原则及方法

治疗原则：改善饲养管理，以提高机体抵抗力。

治疗方法：阴道加德纳氏菌对氨苄青霉素、红霉素、氯霉素及庆大霉素敏感，对病狐可选用上述药物治疗。实践证明，以氯霉素进行7～10 d治疗，每日口服2次，每次0.1～0.2 g，治愈率可达99%。为了促进病狐的食欲，可以肌肉注射B族维生素注射液和维生素B_1注射液1～2 mL，每天1次。

(二)预防措施

用阴道加德纳氏菌虎红平板凝集抗原进行检疫，淘汰病狐，对健康狐注射疫苗防疫，是清除本病的唯一有效措施。对检疫确定的感染狐可隔离饲养至取皮期取皮或以药物治疗后1～1.5个月再注苗免疫。阴道加德纳氏菌铝胶灭活疫苗已在我国各养狐场应用，免疫效果可靠，保护率为92%，免疫期为6个月，每年注射2次疫苗，可有效地预防本病的发生。不可随意用手直接触摸流产胎儿，感染阴道加德纳氏菌的母狐流产胎儿及其阴道流出的恶露是重要的传染源，应严加注意和彻底消毒。

七、水貂(狐、貉)双球菌病

水貂双球菌病是水貂、狐、貉的一种急性传染病，以脓毒败血症为特征，并伴有内脏器官的炎症及体腔积液。发病率及死亡率很高，严重影响养貂业的发展。

【诊断要点】

(一)流行病学

易感动物：水貂不分品种、年龄及性别均能感染本病，但成年貂多发于妊娠期，幼貂常见暴发流行。

传染源：被双球菌污染的畜、禽肉、乳类、饮水、精料及饲料等为主要传染源。

感染途径：可经消化道或以空气为媒介经呼吸道感染，也可通过胎盘感染。

(二)症状

潜伏期2～6 d。新生幼貂发病时常见无特征性临床症状而突然死亡。日龄较大的仔貂表现精神沉郁，食欲废绝。步态摇摆，前肢屈曲，拱背，呻吟，躺卧不起。摇头，呼吸困难，腹式呼吸，从鼻和口腔内流出带血的分泌物。个别的还可见下痢。本病多为急性、亚急性发病过程。凡及时治疗转归良好，否则预后不良。妊娠母兽发生流产或产出死胎。

（三）病理变化

淋巴结充血肿大。肺充血肿大，气管及支气管内含有出血性、纤维素性和黏液性渗出物。胸腹腔及心包内有化脓性渗出物。脾脏稍肿大，肝肿胀，表面有黄黏土色条纹。

（四）实验室诊断

1. 细菌的分离培养

分别采取心血、肝、肺、脾接种普通肉汤和厌气肝汤增菌培养，37℃ 18 h后，分别划血平板做好气及厌气培养，经37℃培养24 h，各组织均培养出中等大小、湿润、光滑、隆起、边缘整齐的菌落。抹片镜检为中等大小球菌，且成对排列。细菌有荚膜，革兰氏染色阳性。

2. 生化试验

糖发酵试验，可发酵葡萄糖、果糖、麦芽糖，而山梨醇、蕈糖、乳糖、杨苷、棉实糖、甘露醇、菊糖、蔗糖均为阴性，石蕊牛乳为阳性。而硝酸盐还原试验、接触酶试验均为阴性。

3. 动物试验

以24 h肉汤培养物腹腔注射小白鼠，0.3 mL和0.5 mL剂量各注射1只，注0.5 mL的鼠54 h内死亡，注0.3 mL的小白鼠72 h观察时精神沉郁，第5天死亡。再次进行细菌分离可确诊。

（五）鉴别诊断

双球菌病病理变化与葡萄菌病、弓形体病及并发型犬瘟热类似，因此应注意与其鉴别。

【防治要点】

（一）治疗原则及方法

治疗原则：采取综合性防治措施，首先排除可疑致病因素，切断传染源，选择细菌高敏感药物进行全群预防和治疗。

1. 对未发病的貂（狐、貉）群可服抗生素预防，检查日粮，更换饲料。

2. 貂（狐、貉）舍、貂（狐、貉）笼、场地及用具应用喷灯、3%福尔马林或3%火碱等全面消毒。

3. 病貂（狐、貉）可用抗牛犊或羔羊球菌病高免血清治疗，每只皮下注射5～10 mL，每天1次，连用2～3 d。同时配合抗生素及磺胺类药物治疗。还应注意对症治疗，如肌肉注射樟脑磺酸钠，每只0.3～0.4 mL，防止心脏衰竭而死亡。静脉注射葡萄糖溶液及B族维生素、维生素C等，可提高治愈率。

（二）防治措施

对貂（狐、貉）群加强饲养管理，消除各种不良因素，提高机体抵抗力。饲料要全价，在日粮中适当增加瘦肉、鲜鱼及维生素饲料，严禁饲喂病畜肉类、奶及下水，以及被其污染的饲料和饮水等。在饲料内添加治疗量的金霉素、新霉素或多粘菌素，可预防本病。

八、水貂(狐、貉)嗜水气单胞菌病

水貂嗜水气单胞菌病又称水貂出血性败血症，是由嗜水气单胞菌引起的一种以出血性败血症及血痢为特征的人兽共患传染病。

【诊断要点】

(一)流行病学

易感动物：水貂对此菌有较高的易感性，发病率为66%左右，致死率达97%，发病急，病程短，常呈地方性流行。断奶后的仔兽(育成貂)比成年貂易感性高。狐狸和貉也可感染本病。

传染源：嗜水气单胞菌是水中栖息菌，广泛存在于淡水、海水和含有有机物质的池塘淤泥中，也寄生于鱼类体表，是两栖类(蛙)、爬虫类和鱼类的重要病原菌。所以鱼类和水域是本病的主要传染源。

感染途径：本病主要由消化道感染。水貂(狐、貉)吃了未经无害化处理(煮沸)的鱼类及被其污染的饲料和水，极易引起本病暴发流行。

本病一年四季都可发生，但多见于夏、秋两季。如果饲养管理不好，动物瘦弱，卫生条件差，可促进本病的发生。

(二)症状

潜伏期3～5 d。貂群突然发病，抽搐、惊叫，病貂表现食欲减退或废绝，精神萎靡，体温高达40℃以上。有的突然尖叫、抽搐，迅速死亡。亚急性病貂，主要表现剩食、拒食，精神萎靡，眼结膜发炎潮红，流涎、下痢，呼吸困难，最后痉挛昏迷而死。约有20%的病貂出现后肢麻痹。

(三)病理变化

出血性变化是本病特征性的剖检变化。剥开皮肤可见皮下组织水肿，呈胶样浸润。气管和支气管内有淡红色泡沫样液体，气管黏膜充血、出血、有出血点。喉水肿。肺脏有大小不等的出血点或出血斑，部分肺小叶呈肉囊状。脾脏肿大，有散在的出血点，偶见坏死灶。肝脏边缘钝性肿大，呈土黄色、质脆，被膜上有出血点。肠黏膜有散在的出血点，有的病例胃黏膜脱落。肠系膜淋巴结肿大，切面有出血点、多汁。有些病例脑膜和脑实质可见少数出血点。

(四)实验室诊断

1. 镜检

剖开胸、腹腔以无菌手术取心血、肝脏、脾脏、肺脏等病料进行涂片，干燥固定，革兰氏染色，镜检，可以看到革兰氏阴性、无芽孢、无荚膜、两端钝圆小杆菌。

2. 细菌分离培养

无菌采取病死貂心血、肝脏、脾脏、肾脏、淋巴结等组织分别接种于普通琼脂、绵羊血琼脂和麦康凯氏琼脂培养基中，分别置37℃，10℃～20℃，10%二氧化碳、厌氧条件下培养，可见到圆形、湿润、隆起、有光泽，大小为1～2 mm灰白色菌落。

3. 生化试验

鉴定嗜水气单胞菌的常规做法是分离培养细菌并进行生理生化试验鉴定。致病性嗜水气单胞菌鉴定方法的国家标准是：嗜水气单胞菌在普通琼脂平板上，28℃培养24 h后的菌落为光滑、微凸、圆整、无色或淡黄色，有特殊芳香气味；氧化酶试验(+)；穿刺接种

AHM鉴别培养，顶部仍为紫色，底部为淡黄色，细菌沿穿刺线呈刷状生长，即运动力阳性，部分菌株顶部呈黑色；吲哚试验(+)；革兰氏染色阴性；糖发酵试验，可发酵葡萄糖、蔗糖、阿拉伯糖、七叶苷及水杨苷。

4. 动物接种

以无菌方法采取濒死或刚死不久的新鲜的病貂肝脏、脾脏病变组织制成10%的悬浮液(1∶10)，或纯分离24 h的细菌培养物，经口或皮下接种于无病的水貂，一般3～7 d发病致死，也可以给小白鼠腹腔接种，2～4 d发病死亡。

(五)鉴别诊断

本病应与李氏杆菌、巴氏杆菌病等进行鉴别诊断。

【防治要点】

(一)治疗原则及方法

治疗原则：早发现早治疗。

本病早期应用链霉素、庆大霉素、卡那霉素能收到良好的效果。同时，也要配合一些辅助疗法如调节食欲，给一些适口性强的新鲜的肉蛋类，防止出血注射止血剂；促进食欲，加强代谢能力，可肌内注射B族维生素注射液和维生素C等注射液。

(二)防治措施

1. 加强养殖场内卫生防疫工作，管好水源，不要用河水、池塘水喂动物和洗刷饲养用具(如食盆、水槽等)，食具要煮沸消毒。

2. 喂鱼类饲料(海杂鱼、淡水鱼)前要彻底冲洗后，经蒸煮或者无害化处理后再喂动物，严禁生喂。

3. 剔除烂尾、烂鳃、烂鳍等鱼类，这类鱼可能已感染病菌。

4. 冷藏饲料的库房(冷库或冷藏冰箱)要定期消毒。

5. 在夏秋季节，在饲料内补加抗生素，以消除细菌、防止感染。

6. 发生本病要立即更换饲料，除去可疑饲料，并在混合料中加喂抗生素药物。

九、水貂克雷伯氏菌病

水貂克雷伯氏菌病是由克雷伯氏菌引起的、地方流行性的一种传染病。本病特征为脓肿、蜂窝织炎、麻痹和脓毒败血症。

【诊断要点】

(一)流行病学

易感动物：家畜、野鼠、貂。

传染源：本病的主要传染源是患病和带菌动物。

感染途径：通过带菌的粪便、水、下脚料等经口感染。

本病一年四季均可发生。

(二)症状

根据临床症状可分为急性型、蜂窝织炎型、麻痹型、脓疱疖型。

1. 急性型：患病突然，精神沉郁，无食欲，体温升高至41℃～41.5℃，呼吸困难、废绝而死亡。

2. 蜂窝织炎型：其喉部发生蜂窝织炎，接着颈部、肩部发生炎症，肿胀、化脓。

3. 麻痹型：食欲减退至废绝，后肢运动障碍、麻痹，在2～3 d内死亡。

4. 脓疱疖型：全身皮肤出现小脓疙，有的流出脓汁，局部淋巴结肿大。

(三)病理变化

急性型：肺发生化脓性或纤维素性炎症，心脏内外膜出现炎症，肝脾肿大，肾出血或出血性梗死。

蜂窝织炎型：剖检可见肝、脾肿大，充血、瘀血，切面外翻，肾上腺肿大，有小脓肿。

麻痹型：剖检可见肾、脾肿大，多见膀胱积黄红色的尿液，黏膜肿胀、增厚。

脓疱疖型：剖检可见内脏充血、瘀血，呈败血变化，皮肤脓疱的脓汁为白色或淡蓝色。

(四)实验室诊断

1. 镜检：无菌采取脓汁、肝、肺，涂片染色镜检，可见革兰氏阴性杆菌，有荚膜。

2. 细菌分离培养：无菌采取脓汁、肺接种于 PYG 汤(含蛋白胨 20 g/L、葡萄糖 10 g/L、氯化钠 5 g/L、酵母粉 3 g/L、琼脂 20 g/L)和 PYG 平板，37℃培养 24 h，在 PYG 汤中液体均匀混浊，PYG 平板长出灰白色湿润、密集的黏稠菌落。

3. 生化试验：可发酵葡萄糖、麦芽糖、甘露醇、蔗糖、乳糖；接触酶阳性；靛基质、M. R. 、V-P、柠檬酸盐、硝酸盐还原试验均为阳性；氧化酶试验阴性。

4. 动物试验：取 PYG 汤纯培养物，接种 3 只健康小鼠(18～20 g)，每只腹腔注射 0.3 mL；另取 2 只作对照，经腹腔注射 0.3 mL 生理盐水。接种后 24～96 h，注毒组小白鼠全部死亡，对照组存活。剖检死亡小白鼠，取肺、肝组织涂片，染色镜检，可见此菌，即可确诊。

(五)鉴别诊断

本病应注意与巴氏杆菌病、水貂出血性肺炎相鉴别。

【防治要点】

(一)治疗原则及方法

治疗原则：抗菌消炎，对症治疗。

对体温升高患有颈部肿大的病貂，每天用链霉素 10 万～12 万单位、庆大霉素 20 万单位交替肌注治疗，使体温下降，脓肿松软；尔后开刀，用外科手术处理，涂搽抗炎药物。要连续用药 7～10 d。

(二)防治措施

改善饲养管理，注意对饲料，特别是肉制品联合加工厂的下脚料以及饮水卫生进行检验，按水貂生物学特性提高营养标准，做好对环境的消毒，保持清洁卫生。

十、水貂肉毒梭菌中毒

肉毒梭菌中毒是食入肉毒梭菌毒素而引起的急性中毒性传染病，其特征为运动中枢神经麻痹和延脑麻痹。本病致死率很高，水貂、水禽常大批发生。

【诊断要点】

(一)流行病学

易感动物：鸭、鸡、牛、马、水貂较多见，羊、鹿、骆驼次之，猪、犬、兔少见。

传染源：潜伏期内动物、患病动物及康复动物都不是本病的传染源。同时食入毒素物质的动物几乎同时发病，而未食入该物质的动物，即使和发病动物接触也不会被传染。

感染途径：通过消化道摄入被毒素污染的饲料和饮水是最主要的传播途径。

本病多在夏秋季发生，因为只有在22℃～37℃时，饲料中存在的肉毒梭菌才能产生大量毒素。动物的年龄和性别对于易感性没有差异。

（二）症状

潜伏期一般为4～20 d，长的达数十天。病程长短取决于动物的种类和食入毒素的剂量。最急性病例，未见先驱症状即突然死亡。急性病例，水貂常卧于笼舍内不起，抽搐痉挛，触诊时无任何反射动作。病貂死前全身麻痹、昏迷。病程不超过24 h。亚急性和慢性病例，表现精神萎靡不振，不能站立，肌肉松弛无力，爬行困难。有的出现咀嚼、吞咽困难。濒死期表现排便失禁，心脏麻痹，窒息死亡。

（三）病理变化

本病无特征性病理变化。一般可见尸体营养良好，咽喉和会厌的黏膜有灰黄色被覆物，黏膜上有出血点，肺脏充血水肿，胃肠黏膜有卡他性炎症和点状出血，脾脏略微肿大，肝脏、肾脏充血。

（四）实验室诊断

1. 毒素检查

确诊本病必须检查饲料和尸体内有无毒素存在。方法：采取可疑饲料或胃肠内容物，按1∶2加入灭菌生理盐水或蒸馏水，在灭菌乳钵中研磨，制成混悬液，室温浸出1～2 h，离心除沉淀物，取上清液，分成两份，一份不加热灭活，供毒素试验用；另一份100℃加热30 min灭活，供对照用。如用豚鼠做试验，将试验液1～2 mL注射或口服，对照液注射另一组豚鼠。试验组豚鼠注射后3～4 d内出现流涎、腹壁松弛和后肢麻痹等症状，最后死亡，而对照组仍健康，可确诊本病。

2. 血清学试验

目前采用的方法有毒素—抗毒素中和试验、血凝抑制试验（鉴定A、B、C三型）、免疫荧光及琼脂扩散试验等。

（五）鉴别诊断

本病主要与霉玉米中毒、伪狂犬、狂犬病等急性中枢神经系统疾病相鉴别。

【防治要点】

（一）治疗原则及方法

治疗原则：早期应用抗毒素与对症治疗相结合。

早期应用抗毒素，在未确定毒型时，可用多价抗毒素。毒型确定后用同型抗毒素。对个体较大的毛皮动物可用大量盐性泻剂，或进行洗胃和灌肠，促进毒素的排出。对中毒较轻的动物也可应用抗生素治疗。对症疗法可进行强心、补液、解毒等，以协助机体排出毒素。

（二）防治措施

1. 注意环境卫生，及时清除动物尸体、残骸。

2. 饲料要低温贮存，不要用病死畜禽和腐败饲料饲喂动物，可疑饲料应煮熟再喂。

3. 预防接种，可用肉毒梭菌C型菌苗，接种水貂，皮下注射2 mL，免疫期可达1年，但其他型中毒用此苗无效。

十一、黄脂病

黄脂病是体内脂肪组织内有蜡样质的黄色颗粒沉着，因而屠宰后的脂肪组织外观呈黄色的一种代谢病。该病严重影响毛皮的完整性，危害较大。水貂每年7月至10月发病最多，幼年貂发病率高于成年貂，食欲好的小公貂更易发病。

【诊断要点】

(一)病因

主要是由饲喂了脂肪酸败的鱼、肉类饲料和饲料中缺乏维生素E而引起。大量饲喂蚕蛹、比目鱼和鲑鱼的副产品(因为这些鱼的身体脂肪酸中约有80%是不饱和脂肪酸)、含天然黄色素的饲料也可发生本病。本病的发生与遗传有关。

(二)症状

病初食欲不振，精神沉郁，不爱活动，常躲在舍内。体温升高，呼吸加快，口腔黏膜发黄，舌、上颚白色或淡红色，呈贫血状态，被毛蓬松，缺乏光泽，鼻镜干燥，有血尿。部分病兽后肢麻痹，站立不稳，共济失调，严重时发生瘫痪，不能站立，最后痉挛昏迷而死。轻者发生腹泻，粪便呈黏稠煤焦油样，触摸鼠蹊部，常发现有片状或索状的较硬的凝固脂肪块，病程一般为2～7 d。

(三)病理变化

头颈部、臀部和腹下呈胶冻样浸润。皮下及腹腔脂肪呈黄色、黄褐色，骨骼肌和心肌呈灰白色，发脆。淋巴结肿胀、水肿，可有散在性的小出血点。肝脏呈黄褐色，有显著的脂肪变性和坏死。肾脏呈灰红色，横断面发现髓质呈浅绿色。有的病尸胃肠有出血点，肠内有黑褐色内容物，若并发其他维生素缺乏症时，各组织器官、皮下呈数量不等的出血点，肠内容物呈鲜红色的比例增加。

(四)诊断

根据剖检变化，皮下及腹腔脂肪呈典型的黄色、黄褐色，肝脏呈黄褐色，有时还表现脂肪坏死，触摸鼠蹊部，常发现有片状或索状的较硬的凝固脂肪块，通过以上症状和病理变化不难做出诊断。

(五)鉴别诊断

临床上应注意与黄疸区别，黄疸主要是由于胆红素生成过多或排出障碍，以致血中胆红素浓度增高，引起全身组织器官黄染，尤以关节囊滑液、组织液和皮肤发黄为甚。

【防治要点】

(一)治疗原则及方法

治疗原则：改换饲料，对症治疗。

可用维生素E 5～10 mg，青霉素10万～20万单位，一次分别肌肉注射。也可用维生素E5～10 mg，磺胺嘧啶钠0.05～0.1 g，一次分别肌肉注射。对腹泻的病兽应同时给维生素E片2 mg、土霉素5万单位、乳酶生0.2 g，一次内服。

(二)防治措施

不喂脂肪酸败的饲料；鱼肉饲料不要贮存过久，自然风干鱼时要经常翻晒，迅速晒干；冷藏贮存鱼肉也不能时间过久，以防脂肪酸败。必要时每天补饲维生素E，同时给予维生素B_{12}有较好效果。

十二、自咬症

自咬症是毛皮动物慢性经过的一种常见病。病兽间歇性发作，大声嘶叫，疼痛不安，常在一个地方旋转咬自己的尾和腿，造成毛皮破损，这是本病的主要特征。本病有明显的季节性，成年兽以春季发情期、产仔期多发，幼兽多发于1月。

【诊断要点】

(一)病因

1. 营养状况

饲料中营养元素(蛋白质、维生素、微量元素)缺乏或者比例不平衡是引起自咬症的主要原因。

2. 应激因素

一些因素使动物感到无聊、压抑和紧张，诱导其发生自咬的异常行为。如笼舍通风差，活动范围小，日照不足，常见陌生人，气温过冷或过热，严重噪声等。

3. 病毒性神经症状

病毒破坏神经系统，病兽不知道自己在做什么。

4. 体表疾病

体表寄生虫或者是一些真菌感染，导致体表瘙痒、烦躁而自咬。

5. 遗传因素

种公狐有自咬症，仔狐一般都可能患有本病，种母狐有本病，仔狐一般呈散发。

6. 管理因素

转群、运输不科学，粗暴管理、调教不科学等。

(二)症状

患兽表现为对外界刺激敏感、兴奋强度增大等症状，常反复间歇性发作，大声嘶叫，疼痛不安，常在一个地方旋转咬自己的尾和腿，这是本病的主要特征。病兽发作时多呈急性经过，发作时咬住自己的尾或腿不松口，有时甚至把后腿咬烂，撕破肌肉，把尾咬断，皮肤被咬部位流出鲜血，皮肤裸露，严重的呈"狮子头"样，并继发感染而死。重病兽多数以死亡告终。慢性病例，皮毛缺损不全，一般不死亡。自咬时旋转、打滚、嘶叫，但兴奋过后呈沉郁状态，喜躺卧、眼半闭，对周围事物不敏感或呈睡眠状态。

(三)病理变化

无特征性病理变化。但国外有些学者剖检患兽脑组织发现有弥漫性脑膜炎的变化。

(四)诊断

根据临床症状不难做出诊断。

(五)鉴别诊断

应注意与营养性疾病、体外寄生虫病、真菌感染、神经末梢炎等鉴别诊断。

【防治要点】

(一)治疗原则及方法

治疗原则：更换饲料，对症治疗，防止继发感染。

1. 戴围套

拔去病兽犬齿，用纸板做成一个6 cm左右宽的围套，套在患兽的脖子上，使其无法回头咬到自己的尾和腿。

2. 镇静

盐酸氯丙嗪0.25 g，B族维生素0.1 g，乳酸钙0.5 g，研磨混匀，平分成2份混入饲料中饲喂，每只每次喂1份，每天2次。

3. 处理伤口

用0.1%高锰酸钾水冲洗干净，涂以2%碘酊，2次/天。

4. 抗菌消炎

肌内注射青霉素或磺胺类药物进行治疗。

5. 配合治疗

因营养物质缺乏或比例不平衡引起的，应调整饲料配方；因体表寄生虫或真菌感染引起的，应口服伊维菌素、阿维菌素等药物。

(二)防治措施

1. 合理搭配饲料，防止饲料霉败变质。

2. 做好日常卫生消毒工作，严格隔离病兽，彻底淘汰病兽绝不留种。

3. 创造适应毛皮动物生长发育的环境条件，避免应激反应的发生。

十三、大爪子病

大爪子病俗称烂爪子病，是貉常见的传染病。其病因说法不一，有人认为由于貉营养缺乏而导致本病的发生，也有人认为貉感染葡萄球菌而导致发病。养貉场之间相互串种和引种，引起交叉传染，造成在地方性流行，甚至全国范围流行，给养貉业造成严重危害。

【诊断要点】

(一)流行病学

易感动物：貉。

传染源：患病貉。

感染途径：接触传染、空气传染、用具传染、蚊蝇传染。

大爪子病流行多在5月至10月，7月至9月最多发，仔貉分窝后若貉场已有此病，将有30%以上仔貉会被感染特别是串笼密集型养殖，传染率可达100%，幼貉死亡率在5%～10%，成貉死亡率不超过5%。

(二)症状

患病初期，貉爪趾间红肿，2～5 d红肿变为溃疡，流脓血。貉自己舔食脓血，过15～30 d可自愈，前爪病灶多于后爪，有的脓疮蔓延到腿甚至全身，有的貉好了以后也极易反复。患病后期，不能自愈的病貉后期爪子开始硬化结痂，趾爪参差不齐、扭曲，少进食或不进食，身体逐渐消瘦，变成僵貉，经30～60 d死亡。患过大爪子病的貉无论是自愈或治愈，后期脚垫或多或少都结痂，有的为终身带菌，如做种用，第二年产仔后又会感染。

(三)病理变化

本病无特征性病理变化。

(四)诊断

根据临床症状、流行病学特点不难诊断。

(五)鉴别诊断

大爪子病后期和疥螨病相似，易混淆，若错当成疥螨病治疗，则造成误诊误治。

二者区别：①大爪子病趾间有脓肿，疥螨病无脓肿。②大爪子病的患貉自己舔食脓血，疥螨病的患貉不舔。③大爪子病后期结痂、无白皮屑，疥螨病结痂后有白皮屑。④大爪子病只在爪垫下部结痂，而疥螨病从爪子到小腿乃至全身结痂，痂薄，脱毛时绒毛中可明显看到白皮屑。

【防治要点】

(一)治疗原则及方法

治疗原则：早发现早治疗。

用双氧水彻底清洗患处，涂以药物，如青霉素软膏、红霉素软膏、鱼石脂、碘甘油等，每天1次，连续5～7 d。注射用药：青霉素，每天2次，每次80万IU，连用3 d。庆大霉素，每天2次，每次8万IU，连用3 d。地塞米松，每天1次，每次5 mL，连用3 d。此外，饲料中补充维生素A、维生素C、维生素B_1、维生素B_2和维生素B_5。

(二)防治措施

1. 病貉不作种用。

2. 严格消毒，病貉取皮后空出场地，用石灰水或苛性钠彻底消毒；铁笼用喷枪消毒，种貉笼尤其要注意；产箱用苛性钠或喷枪消毒。

3. 控制引种，千万不可引进病貉。

4. 分窝仔貉，分窝后应仔细观察，及时发现初患病仔貉，如有病貉要隔离饲养、治疗。

5. 加强营养，一是加强饲料营养，要喂全价膨化料，或按植物性饲料65%、动物性饲料35%的比例饲喂；二是加喂维生素A、维生素C、B族维生素(酵母粉)；补充微量元素硒、铁、锌等。

6. 消灭蚊蝇。

十四、红爪病

红爪病是一种以足垫红肿，严重时破裂为主要特征，并稍带神经症状的疾病。出生2～10 d的仔貉(貂、狐)、个别成年母貉(貂、狐)常有发生。本病是一种发病急、进展快、死亡率高、难以及时抢救的疾病，给养貉业带来很大的经济损失。

【诊断要点】

(一)病因

长期不喂青绿的蔬菜类或没有补加维生素C多的饲料，特别是母貂妊娠期间日粮中维生素C含量不足或遭到破坏时，使所产的仔兽发生本病。

(二)症状

仔貉：刚出生时，症状一般不很明显，爪垫只是有轻微的肿胀；半天后，爪垫轻度充血、发红；第二天，爪垫水肿、充血，皮肤紧张、发红、发亮。如果治疗不及时，四肢甚至臀部水肿，关节变粗，严重的爪垫形成溃疡和裂纹。仔貉尖叫，四处乱爬，头向后仰，精神萎靡。

仔貂：脚掌肿胀，关节变粗，皮肤发红，趾间出现疱疹，严重者也出现在四肢、臀部、后腹和尾部，破溃后形成溃疡，继而干燥结痂，病貂发育不良，不能吮吸母乳，常常发出尖叫，头向后仰，四处乱跑，一般在出生后4～5 d死亡。

仔狐：四肢水肿，关节变粗，指垫肿变厚，指关节及指垫皮肤紧张和高度潮红，尾部亦水肿，患病仔狐发出尖锐的叫声，到处乱爬，向后仰头，仿佛打哈欠，不能吸吮母乳。

(三)病理变化

对死亡的仔兽进行剖检，胸部和肩脚部皮下发生水肿和黄疸，胸腹部有的出现广泛性斑状出血，其他变化不明显。

（四）诊断

根据母兽妊娠期的饲养管理和饲料分析、病兽临床症状、剖检变化及对饲料和母兽初乳中维生素C含量分析，即可确诊。一般正常成年母兽乳中内含维生素C为0.7～0.8 mg，而病兽母乳中含维生素C的量仅为0.1～0.48 mg。

（五）鉴别诊断

与分娩时外伤造成的仔兽皮下出血相鉴别。分娩外伤，发生于笼内个别仔兽，而红爪病则是全窝发病，有共同的出血性素质病症。

【防治要点】

（一）治疗原则及方法

治疗原则：补充维生素C。

1. 病仔兽肌内注维生素C注射液0.5 mL；同时母兽肌注维生素C 2～3 mL，每天1次。每只每天滴服50%的葡萄糖溶液0.5～1 mL，以增强体力。

2. 局部涂搽敌百虫溶液。取敌百虫1片(0.5 g/片)，溶于10 mL温开水内，混合成乳白色。用药棉蘸敌百虫溶液涂搽患脚垫部，每天两次，两天为1疗程。在涂药后，应注意防止病貉舔食患部，以防中毒。

（二）防治措施

改善饲养管理，保证日粮多样化，常年喂给蔬菜和各种维生素及微量元素；在笼舍运动场上垫石灰粉；也可在母兽临产前7 d，开始喂维生素C溶液。每天喂2次(早晚)，每次(含量10% 20 mL 1支的溶液)2 mL，喂到产仔为止，可预防本病的发生。

十五、脱毛症

脱毛症是指动物的皮肤没有特殊的病变而呈现的自然被毛脱落状态。毛脱落部位常在背部或腹部，从颈部、背部两侧脱落，逐渐向全身扩大。皮肤增厚、角化，在腹部可呈现面积较大的不整形脱毛，出现脱毛症的毛皮动物，一般表现食欲不振，毛脆性加大，易断，关节肿大。这些病兽大部分因生长发育受阻，严重影响了毛皮质量，给生产带来了重大经济损失。

【诊断要点】

（一）病因

此病的发生大致有以下四种原因。

1. 患有疥螨、蠕形螨或毛虱等体外寄生虫病。

2. 皮霉菌类中的真菌感染引起的秃毛癣，即皮癣。

3. 受风寒和潮湿环境刺激而引起的急性湿性皮炎。

4. 某些维生素或微量元素缺乏或者不平衡，而引起的营养缺乏。

（二）症状

由于患病原因不同，其临床症状各异。

1. 疥螨虫引起。皮肤红肿、剧痒，皮肤溃疡，形成黄白痂皮，似米糠状。侵害部位：表皮。

2. 蠕形螨引起。毛囊周围有小红突起，皮肤溃疡、脓肿，有银白色皮屑。侵害部位：毛囊。

3. 毛虱。瘙痒难忍，啃咬皮肤和被毛，有鳞屑。侵害部位：皮肤和被毛。

4. 吸血虱。奇痒，动物惶惶不安。侵害部位：皮下毛细血管。

5. 真菌感染。被毛出现灰色圆形秃斑，毛易断，皮肤有痂皮。

6. 湿疹性皮炎。临床症状：病情发展迅速，局部瘙痒，脱毛。侵害部位：唇、鼻、耳、肛门、腋下、鼠蹊部皮肤。

7. B族维生素缺乏时，主要表现为全身被毛粗乱、逆立；维生素 B_2、维生素 B_{12} 和泛酸缺乏时，主要表现为全身被毛一块一块地脱落，毛色变浅淡，有脂溢性皮炎症状；生物素和铜、钴、硫、锌、铁、锰等微量元素或含硫氨基酸缺乏时，表皮角化，被毛卷曲、褪色，啃咬并吃掉毛尖，针毛秃尖，绒毛变短，尾尖无毛，被毛似剪过一样。

(三)病理变化

此病无特征性病理变化。

(四)诊断

根据临床症状及病因不难诊断。

(五)鉴别诊断

本病应与体外寄生虫病、真菌感染、营养缺乏症等进行鉴别。

【防治要点】

(一)治疗原则及方法

治疗原则：消除病因，对症治疗。

1. 疥螨虫、蠕形螨虫：2%敌百虫或硫黄软膏涂擦患部，也可肌肉注射阿维菌素。

2. 毛虱虫：0.5%蝇毒灵或25%溴氰菊酯涂擦患部。

3. 吸血虱虫：2%敌百虫或硫黄软膏涂擦患部，也可肌肉注射阿维菌素。

4. 真菌感染：2%碘酊或碘甘油涂擦患部。

5. 湿疹性皮炎：消除致病因子，消炎平或皮康霜涂擦患部，肌注地塞米松 2～6 mL，每天 1 次，连用 3 d。

6. 营养缺乏：补充所缺营养物质。

(二)防治措施

加强卫生防疫，搞好环境卫生，做好笼舍、饮食用具等的消毒工作；科学饲养，提供足够量、合理搭配各种营养物质。

十六、白鼻子病

白鼻子病主要是由于营养代谢失衡而引起的综合性的营养代谢障碍疾病，多数是由于生长中多种维生素、矿物质、氨基酸和微量元素(如铜)的缺乏或者比例不平衡所致。“白鼻子病”过去在毛皮动物养殖户中几乎没有听说过，但是，现在养殖场，很轻易就能发现有白鼻子病症状的毛皮动物。

【诊断要点】

(一)病因

由于营养代谢失衡而引起的综合性营养代谢障碍疾病，主要是由于生长中多种维生素和矿物质、氨基酸的缺乏或者是比例不平衡引起的。

(二)症状

鼻子由黑色或者是褐色逐渐出现红点，红点增多时往往变成红斑，再变成白点，之后变成白斑，最后整个鼻端全白。爪趾部表现为爪子长，发白，有的是爪子很长并弯曲，有的是所有的爪子全部发白；脚垫发白、增厚、开裂、流血、疼痛，站立困难，还有个别的溃疡；脚趾肿大、开裂、流血；还有一种很特殊的表现就是干爪，一般养殖户也叫“干爪病”，爪子发干(肌肉萎缩)，无肉，颜色很深，呈深红色或者暗红色，产生大量的皮屑，不断脱落，脚趾之间肿大、开裂、流血，直立困难。四肢的表现为肌肉干瘪，紧贴骨骼，肌肉萎缩，发育不良，出现大量皮屑。病兽将皮肤和被毛毛尖咬掉，吃掉，一块块脱落，有的像被剪过一样，出现秃毛症或食毛症，有的出现皮炎症状。

(三)病理变化

典型症状为心肌变性坏死，心脏扩张，体积是正常心脏的1.5倍。

(四)诊断

根据临床症状和病理变化不难进行诊断。

(五)鉴别诊断

应注意与秃毛症、食毛症相鉴别。

【防治要点】

(一)治疗原则及方法

治疗原则：补充优质饲料添加剂，对症治疗。

用“黄金搭档”配合亚硒酸钠维生素E拌入饲料中，同时用开胃王、维生素C注射液。对于皮肤、爪子和足垫出现裂、流血的病兽，可同时用远征金碘涂抹患处，1～2 d用一次，连用2～3次，并配合开胃王注射或灌服，1次/天，连用一周。

(二)防治措施

饲料中长期添加狐、貂、貉专用复合预混料及益生素，对本病的预防效果比较明显。

十七、水貂白底绒症

水貂白底绒症是由维生素H(生物素)缺乏或不足而引起的营养代谢病，其特征为表皮角化，被毛卷起，自身剪毛及绒毛呈灰白色，严重影响皮毛质量，给养殖业造成很大的经济损失。

【诊断要点】

(一)病因

1. 饲料发生酸败，由于饲料发生酸败，其中的生物素被破坏，特别是饲料被链球菌污染时更易发生缺乏，因为链球菌中存在着抗生物素蛋白，可抑制生物素的利用。

2. 长期喂生鸡蛋，因为生蛋清中含有卵白素，是一种抗生物素蛋白，它能与生物素结合而抑制其活性。

3. 日粮中长期添加药物或长期服用磺胺类药物及其他抗生素时，可破坏肠内菌群(维生素H是场内细菌制造而成)，引起发病。

(二)症状

引起换毛障碍，背部被毛脱落，残存的稀被毛褪色呈灰白色，到9月育成仔貂还出现灰色被毛(正常是黑色)，常咬断被毛的毛尖和尾尖，引起出血、断尾，母貂哺乳期失去母性，发情期空怀率高。

(三)病理变化

水貂尸体高度消瘦，肝脏呈灰黄色，肿大变性，肾脏和心肌发生蛋白质变性及脂肪变性。

(四)诊断

根据病因调查、临床特征，结合病理变化，可以确诊本病。

【防治要点】

(一)治疗原则及方法

治疗原则：消除病因，对症治疗。

出现维生素 H 缺乏时，提倡非经肠给药，治疗时可肌肉注射生物素，每次 1mg，每 3d 注射 1 次，直到症状消失。

(二)防治措施

在动物发情期、妊娠期和被毛生长期时，不要饲喂生鸡蛋，不给已经氧化的脂肪饲料，同时还应控制药物及抗生素的使用。

十八、狐后睾吸虫病

狐后睾吸虫病是由后睾科后睾属的猫后睾吸虫寄生于狐狸、犬及猫等动物的肝脏胆管内所引起的疾病。

【诊断要点】

(一)流行病学

狐后睾吸虫的终末宿主非常广泛，犬、猫、狐、獾、貂、水獭、海豹、狮、猪及人等均可感染，成为保虫宿主。淡水螺中李氏豆螺为中间宿主。淡水鱼类为其补充宿主。

患病或带虫犬、猫、狐等动物是主要的感染来源，虫卵存在于粪便中。

感染途径经口感染，囊蚴寄生于补充宿主鱼的皮下脂肪及肌肉中，终末宿主猫吞食含囊蚴的鱼肉后，经胃肠液的作用，幼虫逸出，经胆管进入肝脏，3～4 周发育为成虫。

虫卵在水中存活时间较长，平均温度为 19℃可存活 70 d 以上。中间宿主淡水螺的分布较广泛，几乎各种池塘均有发现，补充宿主淡水鱼有数十种，因此本病广泛流行。主要分布于东欧、西伯利亚及中国。

(二)症状及病理变化

临床可见精神沉郁，病初食欲逐渐减少甚至不食，继之呕吐、腹泻、脱水，可视黏膜及皮肤发黄，尿液呈橘黄色。重度感染时，胆管受到大量虫体、虫卵等的刺激而发生肿胀，大量虫体寄生时，胆汁排泄受阻，在体内聚集形成全身性黄疸，先出现于可视黏膜，如眼结膜、口腔黏膜，几天后可见全身皮肤发黄。患病犬、猫的腹部由于出现腹水而明显增大，头部下垂。

病理变化可见，肝表面有很多不同形状和大小不等的结节。肝脏肿大可达正常肝脏的 2～3 倍，且表面凹凸不平，质地坚硬。肝细胞变性，结缔组织增生，肝硬化。

(三)诊断

根据流行病学、临诊症状、粪便检查和寄生虫学剖检等进行综合诊断。

生前诊断采用沉淀法检查粪便中的虫卵，其虫卵呈卵圆形，淡黄色，大小为(26～30)μm×(10～15)μm，一端有卵盖，另一端有小突起，内含毛蚴。

死后诊断主要是剖检，在胆管内找到虫体即可确诊，虫体大小为(7～12)mm×(2～3)mm，体表光滑，颇似华枝睾吸虫，但略小。睾丸呈裂状分叶，前后斜列于虫体后 1/4 处。睾丸之前是卵巢及较发达的受精囊。子宫位于肠支之内，卵黄腺位于肠支之外，均分布在虫体中 1/3 处。排泄管在睾丸之间，呈 S 状弯曲。

【防治要点】

(一)治疗原则及方法

可选用以下药物：

吡喹酮。为首选药，按每千克体重10～35 mg，首次口服后隔5～7 d再服第二次。

丙硫咪唑。按每千克体重25～50 mg，口服，每天1次，连服2～3 d。

全身性疗法。消炎、补充能量、补液。庆大霉素1万单位每千克体重，每天2次。ATP 10 mg、辅酶A 50单位、5%葡萄糖30～50 mL，混合静脉注射。出现呕吐的猫可用止吐药胃复安，按每千克体重1.5 mg肌肉注射。

(二)防治措施

给狐喂食的鱼类应煮熟或经冷冻处理，使之无害化。

每年冬季清理池塘淤泥一次，经常消毒鱼塘，可对灭螺和杀死尾蚴起到一定的作用。

十九、狐食管线虫病

狐食管线虫病是旋尾科的食管线虫寄生于狐食管壁或大动脉壁形成的肿瘤样结节。又称狼旋毛线虫或血色食管虫。本病主要特征引起狐吞咽困难及呼吸困难。

【诊断要点】

(一)流行病学

狐食管线虫的终末宿主是狐等肉食动物，中间宿主为食粪甲虫，转续宿主为蛙、蛇、鸟类等。

患病或带虫狐等动物是主要的感染来源，虫卵存在于粪便中。

感染途径经口感染，囊蚴在甲虫的气管里形成包囊，或在蛙、蛇、鸟类等转续宿主的气管、肠系膜及其他脏器形成包囊，被终末宿主狐吞食后发育为成虫。

(二)症状及病理变化

由于虫体寄生在食管壁、胃壁、动脉壁而形成肿瘤，临床可见吞咽困难，呼吸困难，呕吐，有时可吐出虫体。由于吞咽困难，表现出饥饿，但是屡次采食不能咽下，流出黏稠的口水。有的狐由于气管壁有肿瘤而引起咳嗽。动脉壁寄生引起动脉瘤或动脉管壁破裂，则发生大出血而导致狐的死亡。

病理变化可见，食管壁、胃壁、动脉壁形成肿瘤。

(三)诊断

根据流行病学、临诊症状、粪便检查和寄生虫学剖检等进行综合诊断。

生前诊断采用漂浮法检查粪便中或呕吐物中的虫卵，其虫卵呈卵圆形，淡黄色，大小为(30～37)μm×(11～15)μm，卵壳厚，卵内含幼虫。

死后剖检，在食管壁、胃壁、大动脉壁找到虫体即可确诊，虫体呈红色，螺旋形，雄虫长30～54 mm，雌虫长54～80 mm。

可采用食管镜直接观察食管壁有无结节。

【防治要点】

(一)治疗原则及方法

可选用以下药物：

左旋咪唑。按每千克体重20 mg口服，连用5～7 d。

灭虫丁。按每千克体重0.2 mg皮下注射。

（二）防治措施

养狐场给狐喂食的鱼类应煮熟喂给，使之无害化。加强养殖场内粪便管理，不让食粪甲虫存在。

二十、水貂麦地那龙线虫病

麦地那龙线虫病是由驼形目龙线科龙线属的线虫寄生于水貂等多种肉食兽皮下结缔组织内引起的疾病。俗称几内亚线虫。主要特征为局部皮肤出现红斑、水肿、水疱和溃疡。本病可感染人，为人兽共患病。

【诊断要点】

（一）流行病学

麦地那龙线虫的终末宿主是水貂等肉食动物，中间宿主为剑水蚤，转续宿主为蛙、蛇、鸟类等。

感染来源为患病或带虫的水貂等肉食动物。感染途径经口感染。

水貂吞食带有感染性幼虫的剑水蚤后感染，幼虫在十二指肠处从剑水蚤体内逸出，钻入肠壁，经肠系膜、胸腹肌移行至皮下结缔组织。约3个月后，雌雄虫体穿过皮下结缔组织到达腋窝和腹股沟区，雌虫受精后，雄虫在数月内死亡。成熟的雌虫于感染后第8～第10个月移行至终末宿主肢端的皮肤，此时子宫内幼虫已完全成熟。雌虫从皮下组织内把头伸向皮肤，当与水接触时，雌虫的前端伸出体外，释放出大量活跃的第1期幼虫。幼虫从子宫内逸出，进入水中。这些幼虫可引起宿主强烈的免疫反应，使皮肤形成水疱。幼虫间歇性地不断产入水中，雌虫产完幼虫后自然死亡，并被组织吸收，伤口亦即愈合。第1期幼虫在水中较为活跃，若被中间宿主剑水蚤吞食，在适宜温度下经12～14 d，在其体内发育为感染期幼虫。

（二）症状及病理变化

水貂一般在感染43 d后，虫体移行到皮下组织，寄生部位的皮肤出现红斑、水疱和溃疡。水疱液为黄色，内含有炎性细胞和幼虫。水貂表现为发热、头晕、恶心、呕吐、腹泻和荨麻疹，虫体死亡时，其崩解物被组织吸收而出现中毒症状，表现为呼吸困难、精神委顿和昏迷。如继发细菌感染则症状加重。

雌虫移行至皮肤，使皮肤出现条索状硬结和肿块；释放的幼虫可引起丘疹、水疱、脓疱、蜂窝组织炎、溃疡；溃疡如果继发感染可致脓肿，愈合后留下永久性疤痕或肌肉损伤。

（三）诊断

根据病史和临诊症状以及剖检皮下虫体可诊断。

检查皮肤上的典型水泡，水泡溃破后，检查幼虫，方法是用少许水置于伤口上，取少量伤口表面的液体至载玻片上，在低倍镜下检查运动活跃的幼虫；也可用手术方法自肿块内取成虫或抽取肿块内液体涂片，镜检幼虫。自伤口获取伸出的雌虫是最可靠的确诊依据。

免疫学试验，如皮内试验、IFA或ELISA可作为辅助诊断。

死后剖检在水貂等多种肉食兽皮下结缔组织内检出虫体，麦地那龙线虫为最大的线虫。虫体细长，形似一根粗白线，前端钝圆，呈圆柱形。体表光滑，镜下可见较密布的细环纹。雌虫长100～400 cm，成熟雌虫的体腔被前、后两个子宫所充满，子宫内含大量第1期幼虫，属于胎生寄生虫。雄虫长12～26 mm，末端卷曲1圈至数圈，2根交合刺等。

幼虫大小约为636.0 μm×8.9 μm，体表具有明显的纤细环纹，细长的尾部约占体长的1/3。

【防治要点】

(一)治疗原则及方法

1. 发现有虫体自皮肤暴露时，先用冷水置于伤口上，使虫体伸出产幼虫，然后用一根小棒卷上虫体，每日向外拉出数厘米，直至将虫体全部拖出。注意防止虫体被拉断。

2. 也可用根治方法：局麻后手术摘除虫体。

3. 可选用5%佳灵三特注射液，按每千克体重0.1 mg皮下注射，每隔7 d再用药一次。也可选用甲苯达唑、灭滴灵或伊维菌素等药物驱虫。配合抗生素治疗，可防止继发感染。

(二)防治措施

发现感染应及早治疗，避免污染环境；本病为人兽共患病，人应避免饮用不洁生水，预防本虫感染。

二十一、狐心丝虫病

狐心丝虫病是由双瓣科恶丝虫属的恶丝虫寄生于狐心脏的右心室及肺动脉所引起的疾病。也称恶心丝虫病或恶丝虫病。以循环障碍、心血管功能下降、呼吸困难及贫血等症状为主要特征的一种血液寄生虫病。

【诊断要点】

(一)流行病学

狐恶丝虫的终末宿主非常广泛，有狐、狼、犬、猫等动物，偶有寄生于马、海狸、猩猩和人。按蚊、伊蚊或库蚊为中间宿主。微丝蚴也可在犬蚤、蜱体内发育。

本病是通过蚊、蚤叮咬吸血传播。

雌虫在狐的体内产出的微丝蚴，进入血液循环。狐恶丝虫的幼虫微丝蚴随时可在病狐的外周血液中出现，一般以晚间出现较多。蚊、蚤吸血时把微丝蚴摄入消化道内，微丝蚴在蚊、蚤的马氏小管中发育，经5～10 d发育为感染性幼虫，感染性幼虫穿破马氏小管进入蚊、蚤的口器内，当蚤、蚊再次叮咬其他健康狐吸血时，即被感染。幼虫进入狐的皮下和肌间，再进行两次蜕皮，经皮下淋巴管及血液循环到心脏及大血管内寄生下来，发育为成虫。幼虫寄生于血液循环系统可通过胎盘感染胎儿。感染性幼虫发育为成虫需8～9个月。幼虫可在血液中生存1～3年。

(二)症状及病理变化

典型狐恶丝虫感染的症状是早期慢性咳嗽，运动时加重。随着病情发展，病狐出现心悸亢进，脉细弱并有间歇，心内有杂音，肝区触诊疼痛，肝肿大。胸、腹腔积水，腹围增大，全身浮肿，呼吸困难。后期循环障碍、心脏杂音、心律不齐、贫血加重，由于全身衰弱或运动时虚脱而死亡。有的病狐发生癫痫样神经症状，当丝虫堵塞主要脏器动脉血管时(如脑、心、肾)可发生急性死亡。并发急性腔静脉综合征时，出现血色素尿、贫血、黄疸、虚脱和尿毒症的症状，可引起突然衰竭而死亡。

病狐常伴发结节性皮肤病，以瘙痒和倾向破溃的多发性灶状结节为特征，主要发生于耳廓基底部的皮肤，有剧痒的丘疹。皮肤结节以血管为中心的化脓性肉芽肿，在周围的血管内常见有微丝蚴。X射线摄影可见右心室扩张，主动脉、肺动脉扩张。

(三)诊断

根据病史调查和临诊症状做出初步诊断，外周血液内检查微丝蚴即可确诊。一般在晚10时至次晨2时验血，阳性率较高。检查微丝蚴的方法有：

1. 直接涂片法

取末梢血液一滴置载玻片上，加少量生理盐水稀释后加盖片镜检。若在镜下发现一端纤细、另一端钝圆的线状虫体，即可确诊。

2. 改良 Knott 法

取全血1 mL加2%甲醛9 mL，混合后以1 000～1 500 r/min，离心5～8 min，弃去上清液，取1滴沉淀物加少许0.1%美兰溶液，混合镜检。

3. 活组织检查

检查阴性者可取皮下结节、浅表淋巴结、附睾结节等病变组织活检，在特征性皮肤病变的病灶中心采血检查微丝蚴，发现体细长，长307～322 μm，宽6～7 μm，无鞘，在新鲜血液中做蛇形或环形运动的幼虫即可确诊。

血清学诊断，ELISA试剂盒已经用于临床诊断。

对疑似病例如查不出微丝蚴，可根据症状结合胸部X射线诊断。

剖检可在狐的右心室及肺动脉内见黄白色，细长粉丝状，多数条虫体纠缠在一起，其雄虫长12～16 cm，尾部短而钝圆，整个尾部呈螺旋形弯曲。雌虫长25～30 cm，尾部直，阴门开口于食道后端，胎生。

【防治要点】

(一)治疗原则及方法

对于早期病狐可应用下述药物治疗，同时对症治疗。狐感染晚期一般预后不良。

1. 驱杀成虫

1%硫乙胂胺钠，每千克体重2.2 mg，静脉注射，每天1次，连用2～3 d，注射时药液不可漏出血管外，缓慢注入。

菲拉松(辛)，每千克体重1.0 mg，口服，每日3次，连用10 d。

海群生，每千克体重22 mg，口服，每日3次，连用14 d。

盐酸二氯苯胂，每千克体重2.5 mg，静脉注射，间隔4～5 d一次。

盐酸灭来丝敏，每千克体重2.2 mg，肌肉注射，间隔3 h再注射1次即可，其杀虫率达99%以上。用药后2～3周内限制运动。

2. 驱微丝蚴

驱除成虫和微丝蚴之间相隔6周时间。

碘化噻唑青胺，每千克体重5 mg，口服，拌饲料喂给，每日1次，连用7 d。

伊维菌素，每千克体重0.05～0.1 mg，1次皮下注射。

盐酸左旋咪唑，每千克体重11 mg，口服，连用6～12 d(第6 d检查血液，当检不出微丝蚴时停药)。

3. 对症治疗

强心、利尿、镇咳、保肝等。

(二)防治措施

1. 搞好狐场及狐体卫生，防止夏季夜晚蚊虫的叮咬，消灭周围环境中的蚤、蚊子。

2. 流行区在蚊虫活动季节，亦可用驱虫药进行预防，应用海群生苯乙烯合剂，按每千克体重5.5 mg，拌入食物中喂给，每日1次，连用2个月。也可在蚊子繁殖季节(5月至10月)使用伊维菌素：每千克体重0.1 mg，口服，15天1次，自蚊子出现开始至蚊子消失后2个月为止，本品给药前需做微丝蚴检查。

二十二、狐、貉螨虫病

螨虫病是由疥螨科疥螨属的疥螨和痒螨科痒螨属的痒螨、耳痒螨寄生于狐、貉体表引起的慢性皮肤病。貉螨又称为"癞"。临床主要特征是皮肤发生炎症，脱毛，奇痒，不安等。

【诊断要点】

(一)流行病学

终末宿主非常广泛，有狐、貉、狼、犬、猫等动物。

蓝狐可以与病狐直接接触，也可通过被疥螨及其虫卵污染的兽舍、用具等间接接触引起感染。另外，饲养人员或兽医人员的衣服和手等也可机械传播病原。

疥螨属于不完全变态，发育过程包括卵、幼虫、若虫和成虫四个阶段，雌虫和雄虫在皮肤表面交配后，雄虫死亡，雌虫在宿主表皮内挖凿与体表平行的蜿蜒隧道，在此产出虫卵。雌虫每天产卵1～2粒，持续4～5周，可产卵40～50粒，留在雌螨挖进途中的隧道中。卵一般经3～4 d孵化为幼虫，离开隧道，沿毛囊和毛孔钻入皮肤，经3～4 d蜕皮发育为若虫。若虫有大小两类，小型若虫为雄性若虫，在皮肤浅穴道中蜕皮成为雄螨；大型若虫为雌性第一期若虫，有4对足，经蜕皮发育为雌性第二期若虫，再蜕皮成为雌螨。雌螨的寿命为4～5周。疥螨整个发育过程8～22 d，平均15 d。

雌虫产卵数量虽然较少，但发育速度很快，在适宜的条件下1～3周即可完成1代。条件不利时停止繁殖，但长期不死，常为疾病复发的原因。螨在宿主体上遇到不利条件时可进入休眠状态，休眠期长达5～6个月，此时对各种理化因素的抵抗力强。离开宿主后可生存2～3周，并保持侵袭力。虫卵离开宿主后10～30 d，仍保持发育能力。

疥螨病主要发生在冬季、秋末和夏初。本病传播快，一只毛皮动物患病可使全群感染。

(二)症状及病理变化

患兽首先在指(趾)掌部皮肤出现炎性浸润，逐渐向上部蔓延，以后扩散到头部、颈部、尾部以至全身。初期病变为小结节，继而形成丘疹、水疱、脓疱，破溃后形成结痂，使患部变硬，皮肤失去弹性。患部奇痒，患兽表现坐立不安，用爪搔抓患部，严重的出现自咬现象，用爪撕拽患部毛皮，用嘴撕咬尾部。患兽食欲明显减退，迅速消瘦，严重者死亡。

疥螨多寄生于病狐头、眼、嘴、颈、尾、腿等被毛较短部位，严重感染时可波及全身，患部剧痒，脱毛，皮肤肿胀潮红，并伴有炎性分泌物，局部皮肤形成较硬的白色胶皮样痂皮，患狐不时啃咬患部。

耳痒螨多寄生于耳根、背、臀部等密毛部位或耳壳内，并很快波及全身，病狐表现不安，摇头晃尾，前爪挠耳，造成耳部淋巴外渗或出血，或头蹭笼网，或者用后腿蹬耳部，有的耳壳内有豆腐渣样痂皮，严重感染外耳道内有厚的棕黑色痂皮样渗出物堵塞。如侵害鼓膜时，病狐站立不安或出现抽搐、痉挛等神经症状。有时由于细菌的继发感染，病变可深入中耳、内耳及脑膜等，中耳炎蔓延至脑部时，可引起脑炎。

貉足螨较常见，病貉足掌增厚，干燥，趾间潮红，并伴有少量分泌物，类似湿疹。

（三）诊断

对有明显症状的螨病，根据剧痒、脱毛、皮炎、患病皮肤的病变可确诊。症状不明显时，需采皮肤刮取物检查，发现螨虫即可确诊。

（四）实验室检查

采病料。在患病部位病健交界处用锐匙或外科圆刃刀垂直刮取皮屑。

溶解法检查。将皮屑放入试管内，加入10%苛性钠(或苛性钾)溶液煮沸，待毛、痂皮溶解后，静置20 min，吸取沉淀物，滴于载片上盖上盖片低倍镜镜检，发现螨虫或螨卵即可确诊。疥螨呈圆形，微黄白色，背面隆起，腹面扁平。雌螨体长0.30～0.40 mm，雄螨体长0.19～0.23 mm。体背面有细横纹、锥突、圆锥形鳞片和刚毛。口器呈蹄铁形，咀嚼式；躯体腹面有4对短粗的足，第3、第4对不突出体缘。在雄螨的第1、第2、第4对足上，雌螨在第1、第2对足上各有一个盂状吸盘，长在一根中等长短的盘柄的末端。在雄螨的第3对足和雌螨的第3、第4对足的末端，各有一根长刚毛。耳痒螨呈椭圆形，雄虫体长0.35～0.38 mm，雌虫体长是0.46～0.53 mm，口器短圆锥形，刺吸式，第4对肢较长。雄螨每对肢末端和雌螨第1、第2对肢末端均有带柄的吸盘，柄短，不分节。雌螨第4对肢不发达，不突出于体缘。雄螨尾突不发达，上具有长毛。

（五）鉴别诊断

除疥螨病外，钱癣(秃毛癣)、湿疹、过敏性皮炎等皮肤病及虱与毛虱寄生时也有皮炎、脱毛、落屑、发痒等症状，应注意鉴别。虱和毛虱寄生时，皮肤病变不如疥螨病严重，眼观检查体表可发现虱或毛虱；秃毛癣为界限明显的圆形或椭圆形病灶，覆盖易剥落的浅灰色干痂，痒觉不明显，皮肤刮下物检查可有真菌；湿疹无传染性，在温暖环境中痒觉不加剧；过敏性皮炎无传染性，病变从丘疹开始，以后形成散在的小干痂和圆形秃毛斑。

【防治要点】

（一）治疗原则及方法

1. 注射治疗

选择低毒高效药物进行驱虫。

(1)伊维菌素或阿维菌素，剂量每千克体重0.02 mg，1次皮下注射，间隔15～20 d再注射1次。或用其浇泼剂局部涂擦。

(2)20%碘硝酚注射液，剂量每千克体重0.05 mg，皮下注射。

(3)5%佳灵三特注射液，剂量每千克体重0.1 mg，1次皮下注射，间隔7 d再注射1次。

2. 局部治疗

剪去患部被毛，用温肥皂水刷洗，除去污垢和痂皮，用抗皮脂香波清洗，去掉一些碎屑，用杀螨剂涂擦。常用药物有：

(1)5%溴氰菊酯，配成0.005%～0.008%溶液，局部涂擦，间隔7～10 d，再用1次。

(2)10%硫磺软膏，涂于患部，每日1次，连用多次。

(3)貉足螨可用浓碘酒或甘油涂布患部。

注意：如瘙痒症状严重，可使用皮质激素类药物或抗组胺类药物；如有皮肤开裂，应用抗生素以防细菌感染。

局部治疗时如果遗漏一个小的患部都可造成疾病继续蔓延，因此在用药前应仔细检查，避免遗漏。

治疗螨病的药物，大多数对螨卵没有杀灭作用，因此涂药需进行 2～3 次。

3. 药浴疗法

既可用于治疗，也可用于预防。

用杀螨剂药浴，如 0.25％氯丹浮液、0.05％双甲脒溶液、0.005％溴氰菊酯溶液、0.025％螨净溶液等。一周后重复用药一次。

(二)防治措施

1. 狐舍、貉舍要宽敞、干燥、通风、采光良好，并应经常打扫，至少每两周用杀螨药物对畜舍和用具消毒一次。

2. 感染的病兽要隔离治疗，污染的笼具、食具等用杀螨剂刷洗或以酒精喷灯火焰消毒。同群可做预防性治疗，治愈病兽应继续隔离观察 20 d，对未复发者再进行一次杀螨处理，方可混群。

3. 引进新狐、貉时一定要严格检疫。

4. 严禁与犬混养，以防带入病原。

拓展阅读

毛皮动物的“保护神”——吴威

项目 2　药用型动物病防治

任务一　诊断

案例：某鹿场共养马鹿、梅花鹿 100 余只，8 月初饲养员发现有 2 只仔鹿不愿意活动，行走时一侧下肢不敢着地，当时误认为是仔鹿运动时关节受轻伤，会很快自愈而没有及时采取相应措施，几天后，病鹿蹄部明显肿胀，蹄部有损伤创口，病鹿负重困难，出现跛行，同时又陆续发现 5 只仔鹿和 1 只公鹿发生类似症状，8 月末死亡 1 只仔鹿，死前仔鹿体温升高，呼吸浅表，呼出带有臭味的气体，鹿场兽医在运动场发现一些铁丝和铁钉，并且场地是用新砖铺的地面。

病例分析：病鹿蹄部明显肿胀，负重困难，出现跛行，相续又发现 5 只仔鹿和 1 只公鹿发生类似症状，具有传染性。鹿场地面是新砖铺的地面，并有铁丝和铁钉等锐器易造成鹿蹄部的损伤。

1. 现场诊断

【材料准备】

临床检查器械、外科手术器械和消毒药品等。

【工作过程】

初步诊断：

(1)调查发病情况

深入鹿场，通过询问、临诊检查等方式，了解鹿群的发病时间、发病日龄、发病率、死亡率、死亡的急慢及治疗情况，了解鹿群的免疫接种情况，所用疫苗的种类、来源、运送及贮存方法，接种剂量；了解鹿场近年来的病史，鹿场是否有死水塘、污泥塘，地势是否低洼，地面情况是否良好，采取过哪些控制措施。

综合分析获得的信息，确定发病类型。如传染病、寄生虫病、营养代谢病、中毒病等。

(2)临床检查

对鹿进行个体检查，特别注意病鹿的体温变化、皮肤及黏膜的颜色变化、粪尿的性状颜色、营养状况、精神状态等，掌握其特征性临床症状。必要时对血、粪、尿等进行常规实验室检查。结合临床检查结果及发病特点，对具有特征性症状的典型病例可做出诊断，对非典型病例提示可疑疾病的大致范围。

(3)病理剖检

对死亡病鹿尸体进行剖检。动物剖检程序按照规定的方法和顺序进行，全面剖检观察，详细记录，特别注意疑似疾病脏器的典型病理变化，必要时可采集病理组织块进行病理组织学检查。根据剖检结果进行分析判断，对具有特征性眼观病理变化的病例结合特征性临床症状可以做出诊断，对没有特征性眼观病理变化的提示可疑疾病及提供下一步诊断线索。

(4)综合分析

根据流行病学调查结果(见表 1-4)、临床症状及剖检变化，在诸多的症状和病变中提取特征性临床症状(见表 1-5)及主要剖检变化(见表 1-6)，提示可疑疾病。通过类症鉴别的方法(见表 1-7)，做出初步诊断。

表 1-4 发病特点

发病情况及流行病学调查	发病特点	确定病型
①发病情况：某鹿场存栏马鹿、梅花鹿 100 余只，8 月初饲养员发现有 2 只仔鹿不愿意活动，行走时一侧下肢不敢着地，当时误认为是仔鹿运动时关节受轻伤，会很快自愈而没有及时采取相应措施，几天后，又陆续发现 5 只仔鹿和 1 只公鹿发生类似症状，8 月末死亡 1 只仔鹿，死前仔鹿体温升高，呼吸浅表，呼出带有臭味的气体，鹿场兽医在运动场发现一些铁丝和铁钉，并且场地是用新砖铺的地面 ②病鹿蹄部遭受机械性损伤，蹄部明显肿胀，负重困难，出现跛行，创伤迅速蔓延至组织深部，局部热痛 ③用药情况：发病后局部处理后不见好转	①季节性明显 ②仔鹿发病率和死亡率均高 ③主症蹄部有外伤，出现肿胀、跛行 ④具有传染性强的特点	传染病

表 1-5 症状特点

临床症状	症状特点	提示疾病
①主要发生在蹄部，局部先形成脓肿，继而坏死，坏死灶中心凹陷，破溃后流出脓汁及血液，严重时在蹄冠肿胀处流出小米汤样恶臭脓汁，坏死组织多呈灰黑色或绿色，混有灰白色脓汁，有恶臭气味 ②蹄部糜烂病变可向上蔓延到肢体皮下组织，导致掌部甚至关节肿胀、坏死，严重者会形成瘘管 ③严重病例的蹄部软骨、关节和韧带坏死，蹄壳脱落，蹄部严重变形，俗成“大脚鹿” ④若病灶转移到内脏，常会导致死亡	①局部脓肿，破溃后流出脓汁和血液 ②蹄部糜烂可向上蔓延到肢体皮下组织 ③蹄壳脱落，蹄部严重变形 ④病灶可转移到内脏	鹿坏死杆菌病 葡萄球菌病

表 1-6 剖检变化特点

病理剖检变化	剖检特点	提示疾病
①死鹿尸体消瘦，四肢蹄部坏死灶明显，病灶有坏死中心，周围整齐 ②患部周围血管充盈，呈紫黑色，压之硬实 ③胸腔积液，有腥臭气味，内含灰黄色纤维素样渗出物 ④心包积液，混浊，心包及心肌上有纤维素样渗出物 ⑤肺脏呈现坏死性肺炎 ⑥肝脏肿大，有大小不一的坏死灶 ⑦腹膜呈现广泛性炎症	①四肢、蹄部特征性坏死灶 ②实质器官有炎症渗出液 ③肝脏有坏死灶	鹿坏死杆菌病 葡萄球菌病

表 1-7 鉴别诊断

提示疾病	主要诊断或排除理由	初步诊断
鹿坏死杆菌病	病灶流出黑色坏死组织分泌物，有突出的恶臭味	鹿坏死杆菌病
葡萄球菌病	病灶流出黄白色脓汁	

(5)初步诊断结果

综合分析流行病学特点、临床症状及剖检病理变化，初步诊断为鹿坏死杆菌病。确诊还需进行细菌学检查，细菌分离培养或动物接种试验等实验室诊断。

2. **实验室诊断**

【材料准备】

器材：手术刀、剪、镊，显微镜、载玻片、接种环、酒精灯、擦镜纸、滤纸、火柴、带有滴头瓶盖的棕色瓶，37℃培养箱、厌氧罐，灭菌试管、灭菌平皿，研钵和钵杵，注射器，打孔器，微量移液器，电泳仪，超声波细胞破碎机，高速冷冻离心机，离心管等。

药品(试剂、染色液)：酒精和乙醚，香柏油、二甲苯，碱性复红，无水酒精，结晶石碳酸，美兰，蒸馏水，0.01%的孔雀绿卵黄培养基，血清琼脂平板，肝肉汤增菌液，灭菌生理盐水，pH 7.4、0.01 mol/L 的磷酸缓冲液(PBS)，pH 8.6、离子强度为 0.075 的巴比妥那缓冲液，琼脂糖，阳性血清、阴性血清、待检血清，柠檬酸钠，福尔马林等。

实验动物：患坏死杆菌病病鹿，健康小白鼠和健康家兔。

【检验过程】

(1)细菌学检查

①石碳酸复红—美兰液的配制：碱性复红 0.15 g、无水酒精 20 mL、结晶石碳酸 10 g、美兰 2.5 g，溶解于 200 mL 蒸馏水中，置于棕色瓶中备用。

②病料采集：采取新鲜无污染病死鹿的体表(皮肤溃疡)或内脏(肝、肺)病灶坏死组织与健康组织结合处组织作为病料，用消毒灭菌的手术刀片刮取。

③染色：涂片或抹片用酒精和乙醚的等量混合液固定 5～10 min，用石碳酸复红—美兰染色法，染色 30 s。

④镜检判定：有大量的着色不匀的串珠状的长丝状菌体或细长杆状菌体。

(2)细菌分离培养

①病料采集：若病料多有污染，可由病灶中分离培养再涂片镜检。用接种环刺入取肝脏、肺脏深部病变组织，或蘸取皮肤溃疡灶内的脓汁。

②分离培养：在 0.01%的孔雀绿卵黄培养基上划线，放入厌氧罐中 37℃培养 48～72 h；或者同样的方法在血清琼脂平板上培养(加有血液、血清、葡萄糖、肝块等特殊成分的培养基以利于其生长；培养基中加入亮绿或结晶紫能抑制杂菌生长，利于获得本菌纯培养)。

③观察鉴定：分别长出带蓝色的、中央不透明、边缘有一圈亮带的菌落，或者有绿色荧光溶血环、无光泽、有条纹、边缘呈波状(卷发状)、毛茸茸的绿色小菌落。

④纯培养：取这种可疑菌落接种于肝肉汤增菌液中，37℃培养 24～48 h，得到细菌的纯培养物，可进一步做涂片、染色、镜检鉴定。

(3)对流免疫电泳

①抗原的制备：

抗原 1

将分离纯化的液体培养物，1 500 r/min，4℃离心 30 min，弃掉上清液，取沉积菌，用灭菌生理盐水洗 3 次，然后再以每克湿菌加入 10 mL 灭菌 PBS，超声波裂解20 min，涂片镜检，裂解物均匀，即可备用。

抗原 2

抗原 1 再以 1 500 r/min，4℃离心 30 min，吸出上清液，即为抗原 2。

抗原 3

制备抗原 2 时的沉淀物用与上清液等量的 PBS 稀释，即为抗原 3。

②血清的制备：颈静脉采血，于室温放置 2 h 或 4℃过夜后于 1 000 r/min 离心 20 min，取上清液备用。

③电泳操作程序：吸取了 3 mL 25%的巴比妥那缓冲琼脂，均匀铺布在载玻片(76 mm×26 mm)上，待琼脂凝固后，以直径 3 mm 的打孔器打孔，酒精灯下封底，冷却后再用微量移液器分别取 0.05 mL 已制备的血清及抗原样品加样，设阳性、阴性对照。

把加好血清、抗原的琼脂板放于电泳槽的支架上，两端分别贴上宽度同琼脂板宽度一致的滤纸，血清端接正极，抗原端接负极，电压 95 V，电泳时间 4 h。

④观察与判定：抗原 1、抗原 2、抗原 3 与待检血清之间出现清晰单一沉淀线者判定为阳性；血清与抗原之间无沉淀线者判定为阴性。

(4)福尔马林血清反应

①抗凝血的制备：试管内盛抗凝剂柠檬酸钠 0.1 g，静脉采血 10～15 mL，徐徐反复倒立数次，达到抗凝目的。

②反应：在室温下静止 12～24 h，取上清液 3 mL 装入反应管，滴加福尔马林 2 滴，放入 37℃温箱内，每隔 3～4 h 振荡 1 次，24 h 检查结果。

③判定标准：阳性呈致密、无弹性、发荧光或乳亮的凝结块；阴性则原血样不发生任何变化。

(5)动物接种试验

①病料的处理：取新鲜无污染病死鹿的肝脏、肺脏、皮肤溃疡灶脓汁，用灭菌生理盐水配制成 1∶10 的乳剂。

②动物的接种：选健康无病小白鼠，在尾根部皮下注射 0.4 mL 乳剂；也可接种家兔肩部或耳廓外侧，皮下注射 1 mL。

③观察结果：小白鼠在 3 d 左右注射部位发生脓肿，5～6 d 发生坏死，8～12 d 尾部脱落，1～2 周后死亡；接种后家兔局部肿胀、化脓、坏死，体况日渐消瘦，5～20 d 死亡。

剖检可见死亡小白鼠发现有转移性病灶；家兔肩部和耳部肿胀坏死，切开可见脓汁；肺脏呈深紫色，布满粟粒大结节状坏死灶，肝脏亦有坏死灶。

④鉴定：肝、肺病料涂片、染色、镜检，亦有大量的着色不匀的串珠状的长丝状菌体和细长杆状菌体。

(6)其他

血凝抑制试验、荧光抗体法、间接血凝反应和琼脂扩散试验等方法。

任务二 疫情处理

【工作过程】

1. 疫情报告

鹿坏死杆菌病为鹿场常见传染病，鹿场一旦感染常年流行，病原长期存在牧场的土壤中，放牧地凸凹不平，鹿争偶顶撞、惊恐奔跑时易损伤体表和蹄部造成感染。发现患有本病或疑似本病的动物，立即确诊进行治疗同时采取相应的预防措施。

2. 疫情处理

(1)根据流行病学调查、临床症状和病理变化等初步诊断为疑似鹿坏死杆菌病时，应立即对病鹿进行隔离、消毒、治疗措施。同时采集病料送实验室确诊。

(2)确诊鹿坏死杆菌病后立即采取严格的治疗和预防措施。

任务三 预防

【工作过程】

1. 各小组根据鹿场实际情况讨论和制定该病综合防治措施。

2. 供参考的综合防治措施：

(1)保持鹿舍的清洁卫生，每天要仔细消除粪便，要垫平泥坑(铺平砖地)清除积水，保持地面清洁干燥。定期消毒，保持鹿舍卫生，最好每月消毒一次，消毒药可采用10%～

20%的石灰乳或2%～5%氢氧化钠溶液，消毒前将地面彻底清扫干净，对地面、饲槽、圈边、过道门、围墙1.2 m以下部位全面均匀喷洒消毒液。为防止仔鹿脐带感染，产仔母鹿舍要铺消毒过的干垫草，仔鹿断脐时用碘酊消毒。

(2)保持鹿的皮肤、黏膜完整性，防止细菌的侵入。泥土地面要干燥、平整，最好用黄沙土铺设地面，顺水坡度要适宜，不积水，砖地要及时修补损伤处，确保鹿蹄不受损伤。要及时清除砖头石块、残余鹿柴等杂物，确保下肢皮肤不受损伤。鹿分群换舍时要慢要稳，防止拥挤、互相践踏，防止锯茸过道、挡板夹伤蹄部(现用麻醉锯茸法可减少损伤机会)。

(3)进入配种季节，公鹿性冲动不断顶斗，加强饲养管理，防止因机械争斗引起的外伤感染。

(4)要加强对分娩泌乳母鹿、哺乳仔鹿和断奶仔鹿的饲养管理，尽量给予全价营养饲料。

(5)仔鹿发病率高和死亡率高的重要原因是断乳仔鹿营养失调，致使仔鹿瘦弱，抗病力下降而造成的，因此提倡仔鹿生后一个月左右尽量进行早补饲，喂些易消化、营养全的补充饲料。

(6)注意隔离，发现有鹿患病，要及时隔离治疗，同时做好消毒工作。新调进的鹿，入场前要实施检疫，发现病鹿应立即隔离饲养。

(7)做好脚浴。设立脚浴槽，不仅可以预防发病，而且对于蹄部已有病变的鹿也有较好的辅助治疗效果。方法是：将饮水处设成死胡同，出入口修建一个长2 m与胡同等宽的消毒池，池内放入1%来苏水，也可用10%的硫酸铜溶液或3%的高锰酸钾溶液，药液保持在30 cm左右深，要求鹿饮水时四肢必须站立在消毒池里，这样就可以在鹿饮水时使蹄部得到较长时间的浸泡消毒。需要注意的是，药液必须及时添加，饮水容器内必须有足够的清水。

必备知识

药用型动物病防治

特种兽畜类的药用型动物，包括鹿、麝、穿山甲、刺猬等。

一、鹿坏死杆菌病

鹿坏死杆菌病是由坏死杆菌引起的一种慢性传染病，是鹿场常见的多发病，在临床上主要为四肢部的皮肤和较深部组织以及消化道黏膜呈坏死性病变，有时在内脏形成转移性坏死灶。坏死杆菌广泛存在于自然界，在毒力较弱时无致病性，但通过感染后毒力增强，并与其他细菌混合感染，具有群发性流行特点。

【诊断要点】

(一)流行病学

易感动物：各年龄的鹿均可感染，成年鹿发病率较高。

传染源：本病的主要传染源是患病和带菌动物。

感染途径：皮肤损伤是主要感染途径，也可通过消化道创伤、锯茸的损伤、产道及脐部伤口感染。

本病一年四季均可发生，但带有明显的季节性，鹿一般在雪融化以后，夏季到来时发生本病的较多，秋季少见。

(二)症状

患鹿精神不振，食欲减退，消瘦，卧地。临床常见病变主要发生在四肢，特别是蹄部，表现为化脓、溃疡和坏死(见彩图 1-4)。局部先形成脓肿，继而坏死，坏死灶中心凹陷，破溃后流出脓汁及血液，严重时在蹄冠肿胀处流出小米汤样恶臭脓汁，坏死组织多呈灰黑色或绿色，混有灰白色脓汁，有特殊的恶臭气味。蹄部糜烂，病变可向上蔓延到肢体皮下组织，导致掌部甚至关节肿胀、坏死，严重者会形成瘘管。严重病例的蹄部软骨、关节和韧带坏死，蹄壳脱落，蹄部严重变形，俗称“大脚鹿”。若病灶转移到内脏，常会导致死亡。病程从几天到几个月。阴雨连绵季节出生的仔鹿，大多从脐部感染引发坏死杆菌病。发病后，仔鹿表现排尿弓腰、精神倦怠、被毛蓬乱。仔细检查脐部，可发现有索状硬结，严重的有拳头大，从脐带处流出灰白色恶臭米汤样脓汁。

(三)病理变化

死鹿尸体消瘦，四肢坏死灶明显，其他部位有不同程度的坏死灶，患部周围静脉呈紫黑色。胸腔积液，有腥臭气味，内含灰黄色纤维素样渗出物。心包积液，混浊，心包及心肌上有纤维素样渗出物。肺脏呈现坏死性肺炎的病理变化。肝脏肿大，有大小不一的坏死灶(见彩图 1-5)。前胃黏膜有大小不一的坏死灶，腹膜呈现广泛性炎症。

(四)实验室诊断

1. 染色镜检

取体表和内脏病灶坏死组织与健康组织结合处组织进行涂片，自然干燥后用复红美兰染色法染色镜检，见有大量的着色不匀的串珠状的长丝状菌体和细长杆状菌体。

2. 细菌分离培养

取新鲜无污染病死鹿的肝脏、肺脏、皮肤溃疡灶脓汁，接种于 0.01%的孔雀绿卵黄培养基上，放入厌氧罐中培养 48～72 h，长出带蓝色的、中央不透明、边缘有一圈亮带的菌落。取这种可疑菌落再进行纯培养，得到细菌的纯培养物，然后进行进一步的鉴定。将细菌的纯培养物涂片、染色、镜检，结果镜下可见到有大量的着色不匀的串珠状的长丝状菌体和细长杆状菌体。

3. 动物接种试验

取新鲜无污染病死鹿的肝脏、肺脏、皮肤溃疡灶脓汁，用灭菌生理盐水配制成 1∶10 的乳剂，选健康无病小白鼠 4 只，分别在尾根部皮下注射 0.4 mL 乳剂，然后进行观察。结果小白鼠在 3 d 左右注射部位发生脓肿，5～6 d 发生坏死，8～12 d 尾部脱落，1～2 周后死亡。剖检死亡小白鼠发现有转移性病灶，肝脏涂片染色、镜检，可看到坏死杆菌即可确诊本病。

Simon(1975)研究了用血凝抑制试验快速鉴定坏死杆菌的方法。此外可采用荧光抗体法、间接血凝反应和琼脂扩散试验等方法。

(五)鉴别诊断

本病应注意与葡萄球菌病相鉴别。葡萄球菌病多为金黄色葡萄球菌感染，流黄白色脓汁。而坏死杆菌病多流出黑色坏死组织分泌物，有突出的恶臭味。

【防治要点】

(一)治疗原则及方法

治疗原则：早发现早治疗，局部治疗和全身治疗相结合，防止病灶扩散或转移。

1. 局部疗法

彻底清除患部坏死组织，充分排液，暴露创面，造成有氧条件，阻止坏死杆菌发育。创面清洗常用3%过氧化氢液或1%高锰酸钾液，这两种药物在与创面脓汁接触时能分解出生态氧而杀灭细菌，同时有收敛和刺激肉芽组织生长的作用。创面清洗后可用青霉素或链霉素粉洒在创面上，再用10%鱼石脂酒精绷带扎好，防止再次感染。对患肢炎性肿胀(但未开创)的患部周围可用鱼石脂酒精热绷带包扎，最后用链霉素200万IU、0.25%普鲁卡因20 mL实行患肢封闭。也可用磺胺软膏涂抹患部。在治疗中对创口较深、脓汁较多的，清洗后用过锰酸钾粉蘸棉团对深部组织进行擦抹，起到防腐作用，缩短了治疗时间。

2. 全身疗法

要注意消炎解热，健胃通肠。可选用抗生素及磺胺类药物。四环素、金霉素按每千克体重5～10 mg的用量，肌肉注射或静脉注射，每天2次。红霉素按每千克体重2～4 mg的用量，溶于5%葡萄糖注射液中，静脉注射，每天2次。复方克拉霉素注射液，每千克体重用量为0.1 mL，肌肉注射或静脉注射，每12 h用药1次。10%磺胺嘧啶钠100～150 mg，静脉注射，每天2次。还可肌肉注射链霉素300万国际单位、青霉素400万国际单位，每天2次。要连续用药1周，方可取得理想的疗效。必要时可静脉注射5%～10%葡萄糖100～1 500 mL、维生素C 20 mL，以增强抵抗力。对食欲不振的投给健胃药，如：龙胆末20 g，大黄米20 g，姜酊50 g，加水1 000 mL，或双花、黄柏、连翘、黄芪、甘草各20g，熬水自由饮服。

(二)防治措施

1. 保持鹿舍的清洁卫生，限制细菌的繁殖

每天要仔细消除粪便，要垫平泥坑(铺平砖地)清除积水，保持地面清洁干燥。定期消毒，保持鹿舍卫生，既可防止坏死杆菌病，又可防止其他疾病的发生，最好每月消毒一次，消毒药可采用10%～20%的石灰乳或2%～5%氢氧化钠溶液，消毒前将地面彻底清扫干净，对地面、饲槽、圈边、过道门、围墙1.2 m以下部位全面均匀喷洒消毒液。为防止仔鹿脐带感染，产仔母鹿舍要铺消毒过的干垫草，仔鹿断脐时要用碘酊消毒。

2. 保持鹿的皮肤、黏膜完整性，杜绝细菌的侵入

泥土地面要干燥、平整，最好用黄沙土铺设地面，顺水坡度要适宜，不积水，砖地要及时修补损伤处，确保鹿蹄不受损伤。要及时清除砖头石块、残余鹿柴等杂物，确保下肢皮肤不受损伤。鹿分群换舍时要慢要稳，防止拥挤、互相践踏，防止锯茸过道、挡板夹伤蹄部(现用麻醉锯茸法可减少损伤机会)。

3. 加强饲养管理

进入配种季节，公鹿性冲动不断顶斗降低了机体抵抗能力，在二茬茸后应减少精料、降低蛋白质饲料给量，影响精子的形成和睾酮的分泌，降低了性冲动，减少了顶斗，从而降低了因机械争斗引起的外伤感染的机会。要加强对分娩泌乳母鹿、哺乳仔鹿和断奶仔鹿的饲养管理，尽量给予全价营养饲料。仔鹿发病率高、死亡率高的重要原因是断乳仔鹿营养失调，致使仔鹿瘦弱，抗病力下降而造成的，因此提倡仔鹿生后一个月左右尽量进行早补饲，喂些易消化、营养全的补充饲料。

4. 注意隔离

发现有鹿患病，要及时隔离治疗，同时做好消毒工作。新调进的鹿，入场前要实施检

疫，发现病鹿应立即隔离饲养，隔离圈内的用具，严禁与健康圈共用。

5. 做好脚浴

设立脚浴槽，不仅可以预防发病，而且对于蹄部已有病变的鹿也有较好的辅助治疗效果。方法是：将饮水处设成死胡同，出入口修建一个长 2 m 与胡同等宽的消毒池，池内放入 1%来苏儿水，也可用 10%的硫酸铜溶液或 3%的高锰酸钾溶液，药液保持在 30 cm 左右深，要求鹿饮水时四肢必须站立在消毒池里，这样就可以在鹿饮水时使蹄部得到较长时间的浸泡消毒。需要注意的是，药液必须及时添加，饮水容器内必须有足够的清水。

二、口蹄疫

口蹄疫是由口蹄疫病毒引起的偶蹄兽的一种急性、热性、高度接触性传染病。

临床上，以发热及在口腔黏膜、蹄部和乳房等部位皮肤发生水疱和溃烂为特征。

本病危害很大，流行广泛，鹿、牛、羊、猪等都可感染，多年来困扰着养殖业的发展。近几年，鹿的口蹄疫流行严重，几乎在全国范围内发生。本病的病原，即口蹄疫病毒，有很多主型与亚型，虽然对鹿口蹄疫流行的血清型缺乏鉴定依据，但通常认为与牛、羊、猪等流行的血清型应该基本上是一致的。从应用 A-O 型双价疫苗免疫效果分析，多数能获得保护。

【诊断要点】

(一)流行病学

传染源：患有口蹄疫的鹿，它的尿、粪、乳汁和唾液中都含有大量病毒，被这些含有病毒的物体污染的水和饲料，是鹿群中流行本病的来源。

传播途径：主要经消化道感染。也可通过呼吸道和损伤的皮肤、黏膜感染。

易感动物：本病在自然界以牛最为易感，其次是猪，再次是羊，鹿也偶有发生。不分年龄、性别均易感，尤其对仔鹿危害更大，大部分在感染后的 10～12 d 死亡，死亡率可高达 50%以上。

流行特点：鹿的口蹄疫，在每年的春、夏两季发病尤多；鹿群中一旦有少数的鹿发生口蹄疫，很快就散播到全群。

(二)临床症状

发病突然，病鹿体温升高达 40.1℃～40.6℃，幼鹿、仔鹿更为明显，体温比平时高出 1.5℃～2.5℃。病鹿精神委顿，肌肉震颤，食欲锐减，甚至废绝，不反刍。哺乳母鹿乳汁分泌减少。

病鹿在发病后几小时便在唇内、齿龈、舌面和颊部黏膜等处出现水疱。病初水疱呈白色，大小为直径 0.2～2 cm。随病情发展，水疱迅速增大并常融合成片，此时病鹿多有长丝状黏稠的流涎。随后水疱破裂，液体流出，露出明显的红色糜烂区(坏死与溃疡)，有的病例唇内面及齿龈部呈紫黑色。严重的病例，因坏死广泛和严重，牙齿可以掉落。

病鹿四肢皮肤、蹄叉与蹄尖同时出现蹄疮及糜烂。这些部位先是出现小水疱，由于受重力影响，水疱逐渐破裂，露出鲜红色的创面，继而由于感染细菌而使病变部变得红肿，蹄壳边缘糜烂，呈苍白色或灰白色。严重者蹄壳脱落，不能行走或呈明显的跛行。

口部病变经注射抗菌素和局部处理后一周左右可痊愈，而蹄部病变则需较长时间才能痊愈，特别是有继发或并发症时更是如此。个别有皮下、腕关节、跄关节血管和淋巴径路的皮肤瘘管、化脓及坏死性溃疡并发症的病例常在趋于康复时病情突然恶化，表现全身虚弱、反刍停止、站立不稳、行走摇摆，最后因心力衰竭而死亡。

怀孕母鹿则以大量流产、死胎、胎衣不下及子宫内膜炎为主要特征。有的病例由于子宫内膜炎严重，造成胎儿在母体内已经腐败变质，表现流出恶臭的液体，助产产出的死胎发出难闻的臭味。有的患病母鹿所产仔鹿即使是活胎，但也由于衰弱和各种免疫机能不健全而在出生后不久不表现任何症状便倒地死亡(可伴有肺炎与心肌炎)。有的母鹿感染后因机体衰弱难产而死。

此外，临床症状不典型的恶性口蹄疫在部分鹿场已出现，死亡率较高，不仅造成育成鹿死亡，成年鹿也有死亡，主要是死于心肌变性，应引起重视。

(三)病理变化

剖检病死鹿可见心肌坏死，质地柔软，呈混浊灰色，似水煮样，切面有灰白色和淡黄色相间的斑点或条纹，呈现“虎斑心”样，心室、心房壁有出血斑；大肠、小肠尤其是盲肠有严重出血；肾有梗死灶；肺呈现严重的纤维素性肺炎变化，质地变硬——肺肝变；肝脏与胸膜粘连，切开后流出大量脓性液体；严重者在喉、食管、气管、前胃黏膜有时也出现溃疡和烂斑。

(四)实验室诊断

1. 酶联免疫吸附试验

(1)主要试剂

抗原：灭活的纯化鹿O型口蹄疫病毒，工作浓度为40 μg/mL；参考阳性血清和参考阴性血清，工作浓度为稀释100倍；兔抗鹿酶标抗体，工作浓度为1∶3 200；包被液(0.05 mol/L碳酸盐缓冲液，pH 9.6)；洗涤液(PBST，pH 7.4)；血清和酶标抗体稀释液(以下简称稀释液)为含0.1% BSA的PBST；底物溶液[邻苯二胺(OPD)40 mg，溶于100 mL磷酸盐—柠檬酸缓冲液(pH 5.0)中，加30%过氧化氢150 μL(现配现用)]；终止液(2 mol/L硫酸溶液)。

(2)操作

将包被抗原以包被液稀释成最适包被质量浓度40 μg/mL，每孔包被100 μL，同时设抗原对照、抗体对照和酶标抗体对照，酶标板置37℃温育3 h后，甩去包被液，用洗涤液洗涤3次，每次3 min(简称3×3′洗涤)。将血清用稀释液进行100倍稀释，每孔加100 μL，37℃作用1.5 h，3×3′洗涤。将兔抗鹿酶标抗体用稀释液稀释成工作浓度1∶3 200，每孔加100 μL，37℃孵育1 h，3×3′洗涤。加入新配制的底物液100 μL，37℃避光孵育20 min。每孔加入终止液0.05 mL终止反应，以酶联免疫检测仪测定OD490值。OD490＞0.4为阳性。

2. 动物接种试验

选临床健康的豚鼠分为试验和对照两组。将两组豚鼠预先划破蹠部皮肤，然后取自然发病鹿蹄部水疱液给试验组豚鼠接种0.1 mL/只，对照组豚鼠接种同样剂量的生理盐水。接种后48～72 h，试验组豚鼠相继在接种部位出现水疱，对照组豚鼠无任何反应。

【防治要点】

(一)治疗措施

鹿群中发生口蹄疫时，应立即报告兽医主管部门，对发病场实行全场封锁，禁止一切人员和动物出入；对全场环境及用具进行彻底清扫和消毒，采用4%甲醛溶液和5%来苏儿溶液交替进行，每天 2 次，连续 3 d。

对鹿群进行一次全面检疫，隔离病鹿，并对发病鹿进行隔离治疗，对其他鹿进行疫苗紧急预防接种。

采用抗病毒药物，如病毒灵注射液、中药黄芪注射液、抗菌消炎药，结合使用 ATP、辅酶 A 及输液并及时处置感染部位，一般均可收到较好效果。

对症治疗：

(1)足浴——建一个封闭式脚浴池，上面吊挂紫外线灯，池内放入 20%食盐水与 3%来苏儿溶液的混合液。每次赶入 15～20 头鹿消毒 20 min，每天 3 次，连续 5 d。也可对皮肤和蹄部的患部采用 3%～5%克辽林或来苏儿冲洗，再涂以抗生素软膏并予以包扎。

(2)用 0.1%高锰酸钾溶液或山西陈醋洗涤口腔，并涂以碘甘油。

(3)混合肌注青霉素 G 钠盐、氨苄西林钠和硫酸链霉素，每天 2 次，连续 7 d。或采用 5%～10%氯化钙、葡萄糖酸钙静脉注射 100～150 mL，每天 1 次，防止并发症；应用青霉素 80 万单位肌肉注射，每天 2 次，以控制继发感染。

(4)在治疗后期于饲料中添加龙胆草末，并在饮水中加入甘草，以健胃、促进食欲、巩固疗效。

在治疗过程中，应保持环境安静卫生、通风透气并提供优质、柔软、易消化、适口性好的饲料(保护口腔和胃肠黏膜)及充足的饮水，这对治疗本病和加速病鹿康复具有很好的辅助作用。

由于本病可传染给人，所以也应注意个人防护。

(二)防治措施

预防口蹄疫的发生很重要。

1. 搞好卫生防疫，做好常规消毒，对鹿群定期进行口蹄疫疫苗免疫接种。

2. 实行封闭式管理，禁止闲杂人员及其他动物出入鹿舍，严禁由病区购进饲料，以消灭传染源；在周围有牛、羊或猪等口蹄疫发病时，应自行封锁鹿场，加强鹿场的管理。

3. 采取综合性防治措施，定期检疫，对病鹿和带毒鹿只进行个体淘汰，培育健康鹿群。

三、放线菌病

放线菌病又称大颌病，是由放线菌和林氏放线菌引起的一种非接触性慢性传染病。放线菌在自然界分布广泛，尤以土壤中数量最大、种类最多，它是介于细菌与真菌之间的一类微生物。鹿放线菌病的特征为颌骨增生，形成放线菌肿和慢性化脓。

【诊断要点】

(一)流行病学

易感动物：反刍兽如牛、羊及鹿。

传染源：被污染的土壤、饲料和饮水是主要传染源，本菌也可寄生于动物口腔、咽、上呼吸道黏膜、扁桃体及皮肤等处。

感染途径：主要是通过皮肤或黏膜的创伤而感染。

本病以秋季、冬季、初春草质干硬时多发，在低湿牧地放牧时容易发生。

(二)症状

放线菌常侵害下颌骨。一般到骨体已经增厚，甚至采食、咀嚼困难时才被发现。患部肿大，界限明显，肿胀部位初期有疼痛，后期多无痛感，肿胀一般要经过6～18个月出现坚实硬块；有时肿胀速度快，1～2月内可能牵连整个头骨。牙齿松动，咀嚼吞咽困难，迅速消瘦。病鹿呼吸困难。有时皮肤化脓破溃，肉芽组织呈蘑菇状突出于皮肤表面，其上盖有脓性分泌物，并形成瘘管经久不愈。附近淋巴结(咽后、腮腺、颌下淋巴结等)有时化脓肿大，变的坚韧，难以移动，也可破溃。有时侵害头、颈、颌间部软组织，表现为局部急性炎症，甚至有全身反应，以后炎症逐渐消退，形成局限化的脓肿；或以慢性经过形成硬肿块，脓肿破溃后伤口不易愈合。

(三)病理变化

下颌隆起，有时破溃，从破孔中有蘑菇状软组织长出于皮下，或者向内长出于口腔和咽腔中。病变舌头的切片上可见有灰色斑点，边缘则有灰黄色小结节包围，小结节中可能含有酪性或脓性团块；部分病例舌肌和舌黏膜下层有结节，有时以蘑菇状赘生物突出于舌外。转移性放线菌肿也可见于皮肤黏膜和内脏，如在肺脏形成多数灰色或微黄色纤维化、钙化或脓性的小病灶。

(四)实验室诊断

1. 镜检

无菌取脓肿处新鲜脓汁，用无菌水稀释后取其中的硫磺样颗粒，置于干净的载玻片上，加入1滴10%～15%氢氧化钠溶液，然后另取1张盖玻片覆盖，稍加用力搓压后置低倍镜下弱光观察，可见特征性菊花状结构，周围有放射状菌丝。革兰氏染色，中央有革兰氏阳性的密集菌丝体，外围为革兰氏阴性的放射状菌丝。

2. 分离培养

将脓汁接种在血液琼脂培养基上，于37℃经过3～6 d厌氧培养，菌落呈白色，表面粗糙不平，无溶血性。

根据临床及实验室诊断，可确诊本病。

(五)鉴别诊断

本病病初时，容易与和本病相似的各种肿瘤相混淆，应注意鉴别。

【防治要点】

(一)治疗原则及方法

治疗原则：早发现、早治疗。

1. 手术摘除，当病变与健康组织界限明显时，最好全部摘除，然后以碘酊浸纱布填入，每天或隔天更换一次。如为放线菌脓肿时，则将其切开，除去部分肉芽组织，创内填以碘酊棉纱。

2. 内服碘化钾，成年鹿为3～5 g，育成鹿2～3 g，每天3次；重症病例可静注10%碘化钠溶液30～50 mL，隔日1次，共3～5次。

3. 用青霉素、链霉素注射于患部周围，1次/天，5 d为1疗程。

4. 用1%黄色素1.5～2.0 mL，分点注射于肿胀部周围，隔4～5 d 1次，共2～4次。重症病例可静注1%黄色素溶液，每千克体重0.025 g，4～5 d后重复注射1次。

(二)防治措施

加强饲养管理，注意饲料及饮水的卫生，搞好圈舍消毒工作，特别是防止皮肤、黏膜发生损伤。对伤口进行及时的处理和治疗，可预防本病的发生。

四、钩端螺旋体病(梅花鹿血尿病)

钩端螺旋体病是由钩端螺旋体引起的一种急性传染病。其临床特征是短期发热、黄疸、血尿。该病的流行，给养鹿业带来较严重的经济损失。

【诊断要点】

(一)流行病学

易感动物：鹿。各年龄鹿不分性别均易感，但仔鹿敏感，成年鹿次之。

传染源：病鹿是主要传染源。猫、犬、鼠可成为自然带菌者，通过尿和排泄物排出体外，污染饲料、饮水，在散播传染上起重要作用。

感染途径：本菌可通过消化道、皮肤和黏膜传染，还可通过交配、人工授精传染。菌血期也可通过吸血昆虫(蜱、虻、水蛭)传播。

每年秋末春初之间，鹿群中以暴发或散发方式流行，尤其是在秋雨较多，湿度较大的年份发病较多。呈现明显季节性特点。

(二)症状

病鹿精神沉郁，鼻镜干燥，被毛粗乱，垂耳、低头、离群、拒食，反刍停止，体温升高到41℃以上。可视黏膜黄染，尿液呈黄红色或葡萄酒色。心跳加快，每分钟可达100次以上，心音混浊，呼吸紧迫，呼吸困难。孕鹿流产。一般于7～10 d死亡，病死率达90%以上。血液稀薄，黏稠度降低，血沉加快，凝固不全，红细胞数减少，血红蛋白指数降低，白细胞数增加。良性经过者贫血逐步停止，黄疸和血尿渐渐减轻或消失，食欲恢复，可逐步恢复健康。

(三)病理变化

全身皮下组织、浆膜、黏膜及器官组织黄染，胸、腹腔有黄色液体。肝肿大有出血点，呈土黄色，质脆。心肌弛缓，色淡似煮熟状。心冠脂肪呈胶冻样、黄染，心内膜有出血点，肾脏肿大，肾皮质呈紫褐色，肾上腺肿大出血。肺呈出血性肺炎蝴蝶斑状变化。淋巴结肿大，切面呈灰白色，多汁。

(四)实验室诊断

1. 镜检

无菌采取死后2～3 h病鹿肝脏，病料1∶5或1∶10稀释，以1 500 r/min，离心5 min，取上清液制成悬滴或压片标本，用暗视野检查，见有长链状、两端有钩呈波浪运动的菌体即钩端螺旋体。亦可用姬姆萨染色法或用镀银法染色，镜检可见棕色钩端螺旋体。

2. 动物实验

用上述材料混悬液3～5 mL，接种于仔鹿腹腔。每天测体温1次，发现体温升高、食欲减少、黄疸视为发病标志。一般在感染5～14 d发病。死亡或濒死期扑杀，观察病变，并取肝脏作钩端螺旋体检查，阳性时可定为该病。

(五)鉴别诊断

本病应与附红细胞体病、黄脂病等进行鉴别诊断。

【防治要点】

(一)治疗原则及方法

治疗原则：尽早应用抗生素，对症治疗。

链霉素15～25 mg/kg肌注，每天2次，连用3～5 d。土霉素10～15 mg/kg，每天

1次，连用3～5 d。体温升高时，应用大剂量青霉素可收到较好的效果。一般每头每次200万～400万IU，每天2次，连用3～5 d。同时，给予营养、强心和补液等对症疗法。

（二）防治措施

1. 严格控制带菌动物(犬、猫)进入鹿舍，消灭舍内老鼠。

2. 隔离治疗病鹿，对被污染的场所和饲养用具等进行彻底消毒。

3. 对常发地区可以接种钩端螺旋体菌苗，实行全群免疫。

五、鹿布氏杆菌病

鹿布氏杆菌病是由布氏杆菌引起的以流产、不育、组织器官发生局部增生性炎症或坏死性病变为主要特征的慢性传染病。在我国，马鹿和梅花鹿群中流行的布氏杆菌病主要为羊型、牛型和猪型3种，还有其他非典型性布氏杆菌在鹿群中也有流行。随着养鹿业的发展，鹿只的频繁调运，布氏杆菌病的阳性率逐年增高，不仅严重妨碍了养鹿业的发展，同时也严重威胁着人类的健康。

【诊断要点】

（一）流行病学

易感动物：毛皮动物中鹿最易感，貂、狐等以及犬也易感。

传染源：病兽是主要传染源。

感染途径：主要经过消化道，其次是经皮肤和黏膜感染。

本病无季节性，但以春季产仔季节较多见。

（二）症状

鹿发病时多呈慢性经过，早期无明显症状，日久可见食欲减退，皮下淋巴肿大，生长缓慢。母鹿发生流产，流产前食欲减退、饮欲增强，从阴道流出灰黄色分泌物，产出多为死胎。从阴道内不断排出恶臭脓汁样分泌物，母鹿大部分转归死亡。公鹿发生附睾炎和睾丸炎，常发生一侧或两侧睾丸肿，大约是正常的10倍。患鹿不能跑动，两后肢叉开站立，走姿不正常。局部皮肤紧张，睾丸和附睾化脓。鹿感染该病常发生关节炎，多数发生在膝关节滑液囊，一侧或两侧。鹿表现跛行，起卧困难并发出呻吟。个别肿大关节破溃，病鹿常用舌舐肿大破溃关节，大部分因关节增生而变形。多数病鹿生的畸形茸与肿大关节对称。

（三）病理变化

流产胎衣绒毛膜下组织胶样浸润，充血和出血，并有纤维素絮状物和脓样渗出物。外膜常有灰黄色或黄绿色絮状物渗出，胎衣增厚，并有出血点。流产胎儿真胃中有微黄色或白色黏液和絮状物，胃肠、膀胱黏膜和浆膜上，则可能有出血斑点。浆膜上常有絮状纤维蛋白凝块，有淡红色腹水或胸水。皮下和肌间可能呈出血性，浆液浸润。病鹿子宫绒毛膜充血肿大，上面覆盖黄绿色渗出物，黏膜增厚如皮革样。乳腺发生实质变性或坏死，间质增生和上皮样细胞浸润。公鹿精囊中可能有出血和坏死灶，睾丸与附睾常见有坏死灶，鞘膜腔充满浆液脓性渗出液，慢性者睾丸及附睾结缔组织增生，肥厚肿大粘连。关节肿大及组织增生。淋巴结、脾脏、肝脏等呈不同程度的肿胀，有时散布炎性坏死灶。

（四）实验室诊断

根据临床症状和病理变化可做出初步诊断。确诊则需要进行细菌学、血清学和生物技术等实验室诊断方法。

1. 细菌学检查

(1)涂片镜检

取胎盘绒毛叶组织、流产胎儿胃液或阴道分泌物作抹片，用改良柯氏染色法进行染色镜检，可见背景为蓝色，菌体呈橙红色，杆状或短杆形，大部分在细胞内，集结成团，少数在细胞外。培养物涂片，革兰氏染色镜检，为细小的阴性球杆菌，无芽孢、荚膜和鞭毛。

(2)细菌分离培养

无菌采取流产胎儿胃液和阴道分泌物，接种于血清葡萄糖琼脂培养基上，置37℃恒温培养箱中培养3 d后，可见湿润、闪光、圆形、隆起、边缘整齐的灰白色小菌落。随培养时间的延长，菌落增大，颜色也逐渐加深。

(3)动物试验

常用豚鼠进行。将病料乳悬液作腹腔或皮下注射，以后每隔7～10 d采血检查血清抗体。如果凝集价达到1∶50以上即认为病料中有布氏杆菌使豚鼠感染。动物发病死亡后，应剖检观察脾、肝等实质器官有无病变，并可用脾脏、淋巴结等进行细菌检查和分离。若动物一直未发病死亡，可于接种后5周左右杀死豚鼠，进行同样检查。

2. 血清学检查

布氏杆菌血清学检查的方法极其繁多，可概括为两类。

(1)用已知抗体检查被检的布氏杆菌

如荧光抗体技术；反向间接血凝集试验；炭血清凝集试验。

(2)用已知布氏杆菌抗原检查动物的血清抗体

如标准试管凝集试验与平板凝集试验；抗球蛋白试验；巯基乙醇凝集试验；虎红平板试验；乳汁环状试验；补体结合试验。此外，还可利用PCR等生物技术进行检测。

(五)鉴别诊断

本病的特点主要是病兽发生流产。因此在鉴别诊断上，凡发生有流产症状的疫病应予以区别，如沙门氏菌病、钩端螺旋体病、乙型脑炎、弓形虫病等。主要方法是病原体的分离鉴定和特异抗体的检出等。

【防治要点】

(一)治疗原则及方法

治疗原则：对一般病鹿原则上应一律淘汰，对价值较昂贵的种鹿可在隔离条件下进行治疗。

对流产伴有子宫内膜炎的母鹿，可用0.1%高锰酸钾溶液冲洗阴道和子宫，每天早、晚各1次，严重病例可用抗生素(四环素与链霉素)或磺胺类药物治疗。

(二)防治措施

1. 坚持自繁自养的原则。如果需更新一定要从外地鹿场进鹿时，必须从布氏杆菌病清净场进鹿，同时在隔离情况下进行严格检疫，确认健康者方能入场。

2. 严格注意水源、牧场和饲草管理。定期进行检疫，及时发现病原，对检疫阳性鹿实行淘汰，阴性鹿定期免疫接种。鹿可皮下接种羊5号弱毒液体菌苗，剂量150亿菌，1年后保护率达75%。

3. 定期严格检疫和分群饲养。

4. 除每年按兽医卫生要求进行消毒外，当鹿群检出阳性鹿后，对阳性鹿污染的圈舍、用具应进行一次严格彻底消毒，并坚持常规定期消毒。消毒可选用20%石灰乳或2%氢氧化钠等药物。同时，按常规对鹿场进行杀虫和灭鼠工作。

六、鹿毛球病

鹿毛球病又称毛结石，是圈养鹿的常见病。表现为慢性消化功能紊乱，食欲减少，消瘦，毛色无光干燥，是一种不易看出的慢性疾病，多在毛球阻塞死亡或其他病死亡后，在剖检中才能发现毛球。毛球病多发生在1～3岁的年轻鹿。

【诊断要点】

（一）病因

1. 圈养密度过大，使采食行动落后的鹿和“受气鹿”，吃不到足够的精、粗饲料，日久则营养缺乏，消化系统和神经系统机能紊乱，味觉异常，出现食毛癖而发病。

2. 长期饲料单一，钙、磷不足或其比例不当，缺乏蛋白质饲料、食盐、铜、钴、硒、锰等微量元素及维生素时，使鹿发生异嗜，经常觅食脱落的鹿毛或啃食其他鹿的被毛而致病。

3. 圈舍卫生状况差，投喂饲料时不提前扫净饲槽，以及随意将粗饲料投放在地上，日久则使鹿随着采食饲料吃入大量鹿毛而发病。

4. 鹿发生肝片吸虫病、前后盘吸虫病或某些慢性消化系统疾病后，引起营养不良，出现异嗜，吃入鹿毛而继发本病。

（二）症状

本病病程较长，患鹿常常呆立，有时回头顾腹，有的在采食过程中偶然停歇。平日爱舐食粪便、尿液和脱落的鹿毛，有的经常啃食其他鹿的被毛，啃咬木桩、木槽，舐食砖墙。患鹿体况逐渐消瘦，被毛蓬松而无光泽，换毛季节脱毛滞后。患病的成年公鹿脱盘迟缓，生茸不良，鹿茸生长发育缓慢，干、枝比较瘦，短而色暗；患病的产仔母鹿往往泌乳不足，其仔鹿瘦弱而常逐之吮乳。患鹿食欲不佳，采食量渐少，瘤胃蠕动减弱，反刍缓慢、无力而不规律，往往出现前胃弛缓、慢性瘤胃臌气、瓣胃秘结或肠便秘与臌气，严重者发生机体衰竭或胃肠堵塞而死亡。

（三）病理变化

病鹿消瘦，骨骼显露，可视黏膜苍白，皮下脂肪减少。肝脏稍肿大，呈淡黄色，被膜紧张。毛球或毛积石主要见于瘤胃内，其次是网胃和真胃内。患鹿胃肠内的毛球或毛积石的数量可为1个或多个，其大小如红枣大、核大、鸭蛋大，或者更大。其状常为圆形、椭圆形或近似纺锤形。毛球质地稍硬，略具弹性，几乎全由鹿毛交织而成，仅混有极少量粗饲料碎渣，外观颇似暗褐色的毡球。毛积石的表层有钙等盐类物质沉着，质地较硬，表面稍光滑，呈暗黄白色，状若禽蛋。堵塞于胃或肠道内的毛球或毛积石，常致局部组织充血、出血、坏死、溃烂，甚至穿孔而引起不同程度的腹膜炎。

（四）诊断

本病没有典型的示病性症状，生前难以诊断，死后，在胃肠道内检出毛球或毛积石，方能确诊。

（五）鉴别诊断

本病应与前胃弛缓、慢性瘤胃臌气、营养缺乏症等进行鉴别。

【防治要点】

(一)治疗原则及方法

治疗原则：消除病因，对症治疗。

小毛球病病鹿可用大剂量泻药。大毛球病病鹿准确做出诊断后，可施行瘤胃手术，探查取出瘤胃、网胃内的毛球及其他异物(如金属、塑料、破布、尼龙绳等)。注意：在切瘤胃前，先行腹腔探查，触摸皱胃有无毛球，如果有且直径大，数量多，可进行皱胃手术取出毛球。

(二)防治措施

科学饲养，加强管理，防止其嗜食鹿毛。

1. 合理组群，每一圈群的鹿数不宜过多。

2. 经常清扫圈舍，每天至少全面而彻底地清扫圈舍1次。

3. 对鹿群应有针对性地做好定期驱虫工作。可用伊维菌素制剂对鹿体内、外多种寄生虫进行驱杀。

4. 对有慢性病的鹿，应加强饲养管理，积极进行隔离治疗，防止因长期缺乏营养而发生异嗜、经常舐食鹿毛。

5. 科学地调剂日粮，合理饲喂蛋白质饲料、食盐、钙、磷、硒、钴、铜、锰及维生素。

6. 积极预防鹿发生食毛癖，提倡利用青绿饲料和玉米秸青贮饲料喂鹿。

七、鹿前后盘吸虫病

鹿前后盘吸虫病是由同盘科的各属吸虫寄生在鹿等反刍兽的瘤胃和胆囊壁上引起的一种吸虫病。成虫感染数量很多，但危害一般较轻；童虫移行过程中寄生在皱胃、小肠、胆管和胆囊时，可引起严重的疾病，甚至导致死亡。是黑龙江省牛、羊危害比较严重的寄生虫病之一。

【诊断要点】

(一)流行病学特点

终末宿主为鹿等反刍动物，中间宿主为扁卷螺。

感染来源是患病和带虫的鹿及感染该病的中间宿主，感染途径为经口感染。

成虫在鹿等反刍动物瘤胃内产卵，后随粪便排至体外，虫卵在适宜的环境条件下孵出毛蚴，毛蚴于水中遇到适宜的中间宿主——扁卷螺，即钻入其体内，发育为胞蚴、雷蚴和尾蚴。尾蚴离开螺体后，附在水草上形成囊蚴。尤其是在多雨年份的夏秋季节，长期在湖滩地放牧的鹿采食水淹过的青草而感染。

鹿吞食粘含有囊蚴的水草而感染。囊蚴在肠道逸出为童虫，童虫附着瘤胃黏膜之前先在小肠、胆管、胆囊和真胃内移行，寄生数十天，最后到瘤胃内发育为成虫。在中间宿主体内发育期约35 d；进入瘤胃约3个月发育为成虫。

(二)症状及病理变化

急性型发生于夏秋季，由大量感染的幼虫引起。鹿表现精神委顿，食欲降低，顽固性下痢，粪便带血、呈粥样或水样，恶臭；动物迅速消瘦、贫血，体温升高，嗜中性细胞增多并核左移，嗜酸性细胞和淋巴细胞增多。肩前及腹股沟淋巴结肿大；颌下水肿，有时发展到整个头部至全身。后期动物极度瘦弱表现为恶病质状态，卧地不起，衰竭死亡。

慢性型发生于冬春季，由成虫寄生引起，只表现慢性消耗性的症状。消化不良和营养障碍。

病理变化可见尸体消瘦。淋巴结肿大。真胃和小肠黏膜水肿，有出血点，有时见有纤维素性炎及坏死灶。瘤胃黏膜肿胀、损伤。肝脏瘀血，胆汁稀薄，颜色变淡，在小肠、真胃、网胃和瘤胃见有大量幼虫。成虫期在瘤胃壁上有大量成虫寄生。

鹿同盘吸虫虫体粉红色，形似梨形。长 8.8～9.6 mm，宽 4～4.4 mm。腹吸盘在虫体后端，大小是口吸盘的 2～5 倍。缺咽，肠管弯曲，伸达腹吸盘边缘。睾丸两个，呈横椭圆形，前后排列位于虫体的中后部。生殖孔开口于肠管分叉处。卵巢呈圆形，位于睾丸后侧缘。子宫弯曲，内充满虫卵。卵黄腺发达，呈颗粒状，分布于虫体两侧，从食道末端直达腹吸盘。(图)

(三)诊断

急性型根据流行病学、症状和剖检确诊。

发病期腹泻严重，下痢便中往往混有被排出的幼虫，可用水洗沉淀法检查。

慢性型根据粪便检查虫卵和剖检确诊。粪便检查用沉淀法，只有发现大量虫卵时才可确诊，虫卵呈椭圆形，淡灰色，内有一个卵细胞，卵黄细胞不充满整个虫卵，常偏于一端。

【防治处理】

(一) 治疗原则及方法

1. 氯硝柳胺，每千克体重 50～60 mg，对童虫的疗效较好。

2. 硫双二氯酚，每千克体重 50～75 mg，一次口服，间隔 1～2 d 重复用药一次，对童虫有较好的作用。

3. 六氯乙烷，每千克体重 40～60 mg，分 2 次口服，间隔 1～2 d 重复用药一次。

4. 丙硫咪唑，每千克体重 20～30 mg，配成 5%的悬混液一次口服。

(二)防制措施

1. 定期驱虫，在秋季和冬季驱虫最好，以防虫卵污染牧场，粪便发酵处理。

2. 消灭中间宿主。

3. 加强饲养管理，不要在低洼地放牧，以减少感染机会。

项目 3　肉用型动物病防治

任务一　诊断

案例：北方某兔养殖场存栏兔 977 只，其中公兔 30 只、种母兔 160 只、育成兔 450 只、幼兔 337 只。进入 11 月末，兔群开始发病，病兔精神沉郁，食欲减退，不愿活动，死亡前四肢划动、抽搐或惨叫，死亡后出现“角弓反张”，耳根发绀，少数兔鼻孔流出红色液体。成年兔死亡 142 只，死亡率 73.68%；3～5 月龄育成兔死亡 357 只，死亡率 79.3%；2 月龄以下幼兔死亡 30 只，死亡率 0.89%。

案例分析：特点是北方兔场进入冬季后，2 月龄以上育成兔和成年兔发病率和死亡率均高，该病具有明显的年龄、季节特点，发病急呈暴发性流行，2～3 d 内迅速传遍全群，发病率和死亡率高。

1. **现场诊断**

【材料准备】

临床检查器械、解剖器械和消毒药品等。

【工作过程】

初步诊断：

(1)调查发病情况

深入兔场，通过询问、现场观察等方式，了解兔群的发病时间、发病日龄、发病率、死亡率、死亡的急慢及用药情况；了解兔群的免疫接种情况，所用疫苗的种类、来源、运送及贮存方法，接种剂量；了解本场、本地及邻近地区是否发生过类似疾病，是否确诊，是否采取控制措施；了解发病前兔养殖场是否由其他地方引进动物等。

综合分析获得的信息，确定发病类型。如传染病、寄生虫病、营养代谢病、中毒病等。

(2)临床检查

对兔进行个体检查，特别注意病兔的体温变化、皮肤及黏膜的颜色变化、粪尿的性状颜色、营养状况、精神状态等，掌握其特征性临床症状。必要时对血、粪、尿等进行常规实验室检查。结合临床检查结果及发病特点，对具有特征性症状的典型病例可做出诊断，对非典型病例提示可疑疾病的大致范围。

(3)病理剖检

对死亡兔尸体进行剖检。兔剖检程序按照规定的方法和顺序进行，全面剖检观察，详细记录，特别注意疑似疾病脏器的典型病理变化，必要时可采集病理组织块进行病理组织学检查。根据剖检结果进行分析判断，对具有特征性眼观病理变化的病例结合特征性临床症状可以做出诊断，对没有特征性眼观病理变化的提示可疑疾病及时提供下一步诊断线索。

(4)综合分析

根据流行病学调查结果(见表1-8)、临床症状及剖检变化，在诸多的症状和病变中提取特征性临床症状(见表1-9)及主要剖检变化(见表1-10)，提示可疑疾病。通过类症鉴别的方法(见表1-11)，做出初步诊断。

表1-8 发病特点

发病情况及流行病学调查	发病特点	确定病型
①发病情况：北方某兔养殖场存栏兔977只，其中公兔30只、种母兔160只、育成兔450只、幼兔337只。11月末兔突然发病，精神沉郁，食欲减退，体温升至41℃以上，2～3 d迅速传遍全群，尤其是2月龄以上育成兔和成年兔大批死亡，该病来势急呈暴发流行，发病第3 d死亡529只兔，病兔死亡率达95%以上 ②病兔精神沉郁，食欲减退，不愿活动，死亡前四肢划动、抽搐或惨叫，死亡后出现“角弓反张”，耳根发绀，少数兔鼻孔流出红色液体 ③用药情况：发病后应用青霉素、链霉素、磺胺类药物肌肉注射，不见好转 ④兔场免疫情况：目前没有进行免疫接种 ⑤近期没有从外地引进兔、饲料	①季节性明显 ②明显年龄特点 ③死亡率高 ④传染性强 ⑤有败血症症状	以败血症为主症的传染病

表 1-9 症状特点

临床症状	症状特点	提示疾病
兔病初时精神委顿、被毛粗乱、食欲下降或废绝、饮欲增加，高热达41℃以上，经数小时至24 h体温急剧下降到37℃左右，多尿，呼吸迫促，濒死时也常见笼内狂奔、啃咬笼架、抽搐、尖叫、四肢划动，天然孔流出淡红色液体。死前，肛门松弛，被毛玷污黄色黏液，粪球外附黏液；死后呈角弓反张，鼻孔流出红色泡沫状液体。病程约1～2 d。多数病兔鼻部皮肤碰伤，约10%鼻出血。孕兔多流产和产死胎，有的从阴门流出鲜血	①突然发病死亡 ②体温41℃以上 ③天然孔流出淡红色液体 ④死前抽搐。尖叫、四肢划动 ⑤死后角弓反张	兔病毒性出血症 巴氏杆菌病 A型魏氏梭菌病 大肠杆菌病 沙门氏菌病 肉毒梭菌毒素中毒症 中毒性疾病

表 1-10 剖检变化特点

病理剖检变化	剖检特点	提示疾病
①气管外观呈“红气管”，管腔内有粉红色泡沫样液体；肺瘀血呈暗红色或青紫色 ②肝脏瘀血肿大呈深红色至紫红色，呈“槟榔肝”外观 ③脾脏肿大明显高度充血、出血，呈蓝紫色 ④心包积液，心包膜、心肌有针尖大小出血点 ⑤胃黏膜出血，十二指肠和空肠黏膜有小点出血；肠系膜淋巴结肿大、出血 ⑥肾脏瘀血肿大，呈青紫色或土红色，表面散在针尖大出血点 ⑦子宫的浆膜和黏膜呈现血管怒张，散布出血点 ⑧脑和脑脊髓膜血管扩张充血、瘀血、水肿	①全身浆膜、黏膜、心包膜、心肌出血 ②肝、脾、肾、肺、肠系膜淋巴结肿大、充血、出血 ③气管内有大量的红色泡沫液体，呈红气管 ④脑和脑脊髓膜血管扩张充血、瘀血、水肿	兔病毒性出血症

表 1-11 鉴别诊断

提示疾病	主要排除理由	初步诊断
巴氏杆菌病	主要侵害幼兔，败血症型幼兔在24 h内死亡	兔病毒性出血症
A型魏氏梭菌病	体质强壮兔发病率高，呈剧烈腹泻，排腥臭黑褐色水样便	
大肠杆菌病	侵害1～3月龄幼兔，死前剧烈腹泻，排大量黏液样水样便	
沙门氏菌病	主要侵害幼兔和孕兔，以发热、腹泻为主症	
肉毒梭菌毒素中毒症	饲料引起，急性兔数小时死亡，病兔死前肌肉松弛、瘫痪、呼吸困难	
中毒性疾病	表现群发性，病兔体温不高	

(5)初步诊断结果

综合分析流行病学特点、临床症状及剖检病理变化，初步诊断为兔病毒性出血症。确诊还需进行病原分离或血清学等实验室诊断。

2. **实验室诊断**

【材料准备】

器材：手术刀，剪刀，研钵和钵杵，涂有炭及聚乙烯醇缩甲醛的铜网，滤纸，超声仪，电镜，离心管，离心机，4℃冰箱，37℃温箱，微量可调移液器及配套吸头，96孔V形微量滴定板，微型振荡器，酒精灯，灭菌锅等。

药品：磷钨酸溶液、葡萄糖(化学纯)、柠檬酸钠(化学纯)、柠檬酸(化学纯)、蒸馏水、生理盐水、标准阳性血清、人O型血、青霉素、链霉素等。

实验动物：健康兔、可疑病兔。

【检验过程】

(1)病料采集

无菌采集病兔的病变组织(肝、脾、肾、气管环、心血等，其中病毒滴度以肝脏最高，其次是脾、肾、肺)备用。

(2)病原鉴定

免疫电镜负染(肝脏制成10%乳剂，超声波处理、高速离心，收集病毒浓缩物，染色后置电镜下观察，病毒颗粒直径32～36 μm，无囊膜，表面有短的纤突)。

(3)血清学检查

血凝和血凝抑制试验、间接或竞争ELISA、酶联免疫吸附试验、免疫组化试验。

①微量血凝试验

A. 可疑兔及正常兔肝悬液的制备：分别将肝脏剪碎、按1∶10加入生理盐水后匀浆，再以4 000 r/min，离心30 min，取上清液做血凝试验。

B. 阿氏液的配制：葡萄糖2.05 g、氯化钠0.42 g、柠檬酸钠0.8 g、柠檬酸0.055 g、蒸馏水100 mL，将药品混合加热溶解、过滤，68.94 kPa 15 min灭菌，4℃保存备用。

C. 1%人O型红细胞悬液的制备：取新鲜人O型红细胞于阿氏液中保存(置4℃可保存一周)。用时取人O型红细胞以20倍量生理盐水混匀洗涤红细胞，2 000 r/min离心15 min，弃上清，重复洗涤4次，最后一次离心前，计算红细胞悬液体积(在离心后扣减弃去上清液的体积，即为红细胞的体积)。洗涤后的红细胞用生理盐水配成1%悬液，置4℃备用。

D. 操作：

a. 在96孔V形微量滴定板上，从第2孔至第11孔，每孔加入生理盐水0.025 mL。

b. 然后在第1、第2孔加入1∶10的可疑兔肝悬液0.025 mL。

c. 从第2孔开始，充分混合后用0.025 mL移液管作等量倍比稀样至第10孔，最后1孔弃去0.025 mL。

d. 第11孔是生理盐水对照，第12孔加1∶10的正常兔肝悬液对照。

e. 每孔各加1%人O型红细胞0.025 mL，立即在微型振荡器上摇匀，置4℃冰箱45 min，待对照孔的红细胞完全沉积后观察结果。

E. 结果判定和红细胞凝集效价表示方法：

a. “++++”符号为100%凝集，无红细胞沉积。

b. “+++”符号为75%以上凝集，有少于25%的红细胞沉积。

c. “++”符号为50%～75%凝集，有少于50%的红细胞沉积。

d. “+”符号为凝集的红细胞少于50%，沉积的红细胞多于50%。

e. “－”符号为100%的红细胞沉积。

出现++的最高稀释度作为其凝集价，凝集价≥1∶160(即第4孔)的判为阳性，如在1∶(20～80)，定为可疑，应重做，重做后仍为可疑的判为阳性。

②微量血凝抑制试验

A. 操作：

a. 从第1排开始到第11孔每孔加生理盐水0.025 mL。

b. 第2孔加可疑兔肝组织悬液0.025 mL。

c. 从第2孔开始，充分混合后用0.025 mL移液管作等量倍比稀释至第10孔，最后1孔弃去0.025 mL。其他各排与此相同。

d. 第12孔为正常兔肝悬液对照。

e. 第2排起每孔加阳性血清0.025 mL，于微型振荡器上摇匀，37℃温箱放置10 min。

f. 每孔加入1%人O型红细胞0.025 mL，立即在微型振荡器上摇匀，置4℃冰箱45 min，待对照孔红细胞完全沉积后观察结果。

B. 结果判定：第1排微量血凝试验和其他微量血凝抑制试验相应两排孔的血凝效价相差2个滴度以上(含2个滴度)为阳性。

③现场快速诊断(玻片血凝法)：用直径5 mm滤纸片插入可疑兔肝片刻，取出滤纸片放入预先已经滴有1%人O型红细胞的玻片上，若有兔出血病病毒，肉眼可直接观察到血凝现象。

(4)动物实验

病料1∶5加入无菌生理盐水，制成匀浆，纱布过滤，加入双抗(每毫升各加青霉素、链霉素1 000国际单位)作用1 h，分别给2只健康兔注射，每只1 mL，分别于70 h后和96 h后死亡。症状、病变与自然发病基本一致。

任务二　疫情处理

【工作过程】

1. 疫情报告

兔病毒性出血症属二类传染病，发现患有本病或疑似本病的兔，应立即向当地动物防疫监督机构报告。

2. 疫情处理

(1)根据流行病学调查、临床症状和病理变化等初步诊断为兔病毒性出血症疑似时，应立即对病兔及同群兔采取隔离、消毒、限制移动等临时性措施。同时采集病料送实验室确诊。

(2)确诊兔病毒性出血症后，在迅速展开疫情调查基础上由同级畜牧兽医主管部门划定疫区和受威胁区，并采取严格控制、扑灭措施，防止疫病的扩散。

(3)在疫区内采取彻底的消毒措施；对受威胁区易感动物展开紧急预防免疫接种。

任务三　预防

【工作过程】

1. 各小组根据兔场实际情况讨论和制定该病综合防治措施。

2. 供参考的综合防治措施：

(1)在疫区于发病季节前定期用兔瘟疫苗或二联苗(兔出血症、巴氏杆菌病)或三联苗(兔出血症、巴氏杆菌病、魏氏梭菌病)免疫注射。

(2)平时坚持自繁自养；从无兔出血症地区引进种兔，并进行严格检疫和隔离观察，确认无病时，方可混群。

(3)强化兽医卫生防疫制度，搞好环境卫生，做好兔舍、兔笼、用具及周围环境的定期消毒(1%氢氧化钠)，严禁外人进入兔舍。

(4)发生兔瘟时，扑杀发病兔和同群兔，并进行无害化处理。对受威胁地区的兔做紧急预防接种，并采取一般性的综合防疫措施。病死兔应进行无害化处理，深埋、焚烧，对被污染的兔舍、环境、用具等进行彻底消毒。

(5)应急疗法：目前尚无特效药物治疗，可选用抗兔出血症高免血清，皮下注射，每只 4 mL，每日一次，连用 2～3 d。

处方 1：

板蓝根注射液 2 mL，维生素 C 注射液 2 mL，混合肌注，连用 3～5 d。

处方 2：

聚肌胞注射液 1 mL，维生素 C 注射液 2 mL，醋酸可的松注射液 2 mL，肌肉注射；同时用板蓝根冲剂自由饮用。

任务四　兔病毒性出血症免疫接种

【材料准备】

器材：金属注射器、针头、镊子、剪毛剪、煮沸消毒器、体温计、听诊器等。

药品：兔出血症疫苗或二联苗(兔出血症、巴氏杆菌病)或三联苗(兔出血症、巴氏杆菌病、魏氏梭菌病)及相应稀释液、75%酒精、5%碘酊、来苏儿或新洁尔灭。

其他：脱脂棉、免疫接种登记表、工作服、工作帽、胶靴、口罩等。

【工作过程】

1. 预防接种前的准备

(1)制定预防接种计划

确定免疫接种对象及数量，确定所用疫苗并计算免疫接种疫苗的用量，确定免疫接种方式，确定免疫时间、地点和人员安排，按照计划绘制免疫接种登记表。

(2)器械消毒

清洗金属注射器及针头，高压灭菌或煮沸消毒。

(3)人员消毒与防护

免疫接种人员消毒手臂，穿工作服、胶靴，戴口罩、帽子、手套等。

(4)检查待接种兔健康状况

检查其精神、食欲、体温、体况等，对体温不正常的兔，发病、瘦弱兔，幼小的、年老的、怀孕后期的兔不予接种或暂缓接种。进行登记，以便以后补种。

(5)检查疫苗外观质量

凡疫苗瓶破损、瓶盖或瓶塞密封不严或松动、无标签或标签不完整(包括疫苗名称、批准文号、生产批号、出厂日期、有效期、生产厂家等)、超过有效期、色泽改变、发生沉淀、破乳或超过规定量的分层、有异物、有霉变、有摇不散凝块、有异味、无真空、冻结等，一律不得使用。同时，详细阅读使用说明书，了解疫苗的用途、用法、用量和注意事项等。

2. 免疫接种

(1)稀释疫苗

按疫苗使用说明书注明的头份，用规定的稀释液，按规定的稀释倍数和稀释方法稀释疫苗。无特殊规定，可用注射用水或生理盐水，有特殊规定的应用规定的专用稀释液稀释疫苗。

(2)免疫程序

动物保定，接种部位常规消毒。

每只兔肌肉注射 1 mL，5～7 d 后可产生坚强的免疫力，免疫期可达 6 个月，一般仔兔应于 20 日龄首免，50 日龄二免，以后每 6 个月免疫一次，首免和二免最好用单苗免疫，可产生坚强的免疫力。

【注意事项】

(1)疫苗使用前必须充分振荡，使其混合均匀后应用。免疫血清则不应振荡，沉淀不应吸取，并随吸随注射。

(2)吸取疫苗时，先除去封口上的火漆或石蜡，用酒精棉球消毒瓶塞。

(3)在疫苗瓶盖上固定一个消毒针头专供吸取疫苗液用，每次吸后用酒精棉将针头包好。吸出疫苗液不可再回注于瓶内。给动物注射用过的针头不能吸液，以免污染疫苗。

(4)严格执行消毒及无菌操作。注射时最好每注射一只兔调换一个针头。在针头不足时可每吸液一次调换一个针头，但每注射一只后，应用酒精棉将针头拭净消毒后再用。

(5)针筒排气溢出的疫苗液，应吸积于酒精棉上，并将其收集于专用瓶内。用过的酒精棉花、碘酒棉花和吸入注射器内未用完的疫苗液都放入专用瓶内，集中烧毁。

(6)兔场应定期对兔进行兔出血症 HI 抗体滴度监测，如 HI 抗体滴度在 1∶2^4 以下时方可进行免疫；免疫前对兔出血症疫苗的效价进行监测，当 HI 抗体滴度低于 1∶2^4 时应立即停止使用该批疫苗。

(7)接种疫苗的动物，应加强护理。

必备知识

肉用型动物病防治

特种兽畜类的肉用型动物，包括獭兔、黄牛、驴、熊、果子狸、肉狗、蛇、小香猪等。

一、兔出血症病

兔病毒性出血症又名病毒性出血热、病毒性出血性肺炎或出血性肺炎，简称兔出血症，俗称“兔瘟”，是由兔病毒性出血症病毒(RHDV)引起的兔的一种急性、热性、败血性、高度接触传染性、高度致死性、烈性传染病之一。

临床上以传染性极强，天然孔出血，全身实质脏器水肿、瘀血和出血性变化为主要特征。世界动物卫生组织将其列为 B 类疫病。该病不仅潜伏期短、发病急、病程短、传播快、发病率和病死率极高，而且常呈暴发性流行，常给养兔业造成极大的经济损失，已成为危害养兔业最严重的传染病之一。

【诊断要点】

（一）流行病学

传染源：病兔与带毒兔，病毒主要存在于肝、脾、肾；其次是肺、肠道及淋巴结。

传播途径：经消化道、呼吸道间接接触和伤口、黏膜等直接接触传染。

自然条件下只感染家兔，毛用兔比皮用兔易感，尤其是长毛兔最为易感。本病一年四季均可发生，北方以冬春季多发。主要侵害2月龄以上的育成兔，成年兔和哺乳母兔病死率高，哺乳期仔兔则很少发病死亡。本病发病急，常呈暴发流行，传播迅速，一旦发病，常在2～3 d内迅速传遍全群，发病率和病死率均高达95%以上。

（二）临床症状

潜伏期一般为1～3 d。《陆生动物卫生法典》规定兔出血症的感染期为60 d。

根据病程可分为最急性型、急性型和慢性型三种类型。

最急性型：多见于新疫区或流行初期。病兔常无明显症状而突然死亡。死前，常在夜间，四肢呈划水状，抽搐，骤然惨叫几声后即死；死后，呈角弓反张，耳根发绀，天然孔流血样液体(见彩图1-6)。病程多在12 h内。

急性型：多见于流行中期。病初精神委顿、被毛粗乱、食欲下降或废绝、饮欲增加，高热达41℃以上，经数小时至24 h体温急剧下降到37℃左右，多尿，呼吸迫促，濒死时也常见笼内狂奔、啃咬笼架、抽搐、尖叫、四肢划动，天然孔流出淡红色液体。死前，肛门松弛，被毛玷污黄色黏液，粪球外附黏液；死后呈角弓反张，鼻孔流出红色泡沫状液体。病程1～2 d。多数病兔鼻部皮肤碰伤，约10%鼻出血。孕兔多流产和产死胎，有的从阴门流出鲜血。

慢性(温和)型：多见于老疫区或流行后期。潜伏期和病程较长，精神不振，食欲减退，体温轻度升高(41℃左右)，流涎、鼻孔流出黏液性或脓性分泌物，迅速消瘦，衰弱而死。有的虽可耐过，但生长发育不良，仍带毒成为传染源。

（三）病理变化

1. 呼吸道：如鼻腔、喉头及气管黏膜瘀血，呈暗紫色，外观呈“红气管”(见彩图1-7)，或弥漫性出血，管腔内有粉红色泡沫样液体；肺瘀血、水肿及出血，呈暗红色或青紫色，肝变性。

2. 肝脏：瘀血肿大，呈深红色至紫红色，质脆易碎，间质增宽，有出血点或出血斑，呈“槟榔肝”外观，有的肝表面有灰白色坏死灶，有的呈土黄色；胆囊肿大，黏膜脱落。

3. 脾脏：肿大明显，有的可肿大4～5倍，高度充血、出血，呈蓝紫色，质脆。

4. 心脏：心包积液，心包膜、心肌有针尖大小出血点，尤以心房及冠状沟附近明显，心室高度扩张，外观呈暗红色或灰白色(见彩图1-8)。

5. 消化道：胃内容物充盈，黏膜出血或脱落；十二指肠和空肠黏膜有小点出血；圆小囊明显肿大，囊内积有蛋白渗出物(圆小囊是家兔回肠末端具有丰富淋巴样组织的部位，也称回肠膨大)；肠系膜淋巴结肿大、出血。

6. 泌尿道：肾脏瘀血肿大，呈青紫色或土红色，表面散在针尖大出血点；肾上腺充血、肿大，有的散布出血斑点，切面髓质呈暗红色；膀胱积尿，充满黄褐色尿液，黏膜脱落(见彩图1-9)。

7. 生殖道：子宫的浆膜和黏膜呈现血管怒张，散布出血点，孕兔子宫内有死胎。

8. 其他：胸腺胶样水肿，胸腺和胰脏均散布出血点；脑和脑脊髓膜血管扩张充血、瘀血、水肿。

（四）实验室诊断

在国际贸易中，尚无指定诊断方法，替代诊断方法为血凝抑制试验（HI）。

1. 病料采集：无菌采集病兔的病变组织（肝、脾、肾、气管环、心血等，其中病毒滴度以肝脏最高，其次是脾、肾、肺）备用。

2. 病原鉴定：免疫电镜负染（肝脏制成10％乳剂，超声波处理、高速离心，收集病毒浓缩物，染色后置电镜下观察，病毒颗粒直径32～36 μm，无囊膜，表面有短的纤突）。

3. 血清学检查：血凝和血凝抑制试验（10％肝脏乳剂3 000 r/min离心，取上清，与0.75％人O型红细胞进行微量血凝试验，4℃作用1 h，凝集价大于1∶160，判为阳性；再用已知的阳性血清做血凝抑制试验，血凝抑制滴度大于1∶80，则证实病料中含有该病毒）、间接或竞争ELISA、酶联免疫吸附试验、免疫组化试验。

4. 动物实验：病料1∶5加入无菌生理盐水，制成匀浆，纱布过滤，加入双抗（每毫升各加青霉素、链霉素1 000国际单位）作用1 h，分别给2只健康兔注射，每只1 mL，分别于70 h和96 h死亡。症状、病变与自然发病基本一致。

（五）鉴别诊断

兔出血症最急性型常无任何症状，突然倒地抽搐，尖叫数声，数分钟内死亡，鼻孔流出血样鼻液；主要侵害青壮年兔；病原为兔病毒性出血症病毒；在临床上，有时易与下述兔病相混淆。

1. 兔巴氏杆菌病：病原为多杀性巴氏杆菌。主要侵害幼兔。败血型病兔在24 h内死亡，部分病兔不显症状而突然倒毙。

2. A型魏氏梭菌病：病原为A型魏氏梭菌。最急性型病兔突然发病，几乎不显任何症状，在2～3 h内死亡；体质强壮、肥胖的兔发病率高，常在1～3 h死亡。病程较长者呈现剧烈水泻，排黑褐色水样粪，并散发腥臭味。

3. 大肠杆菌病：病原为致病性大肠埃希氏菌。主要侵害1～3月龄幼兔，急性型病兔在1～2 d内死亡；死前剧烈腹泻，排带有大量黏液的水样粪。

4. 沙门氏菌病：病原主要为鼠伤寒沙门氏菌和肠炎沙门氏菌。主要侵害幼兔和孕兔，少数病兔不显症状而突然死亡，在临床上，以发热、腹泻和孕兔流产为主要特征。

5. 肉毒梭菌毒素中毒症：病原为肉毒梭菌，饲料中有变质鱼粉引起。急性型者在数小时内死亡，病兔死前肌肉松弛、瘫痪、呼吸困难。

6. 中毒性疾病：有误食染毒饲料或用药错误病史。残剩饲料和胃内容物中，可检出相应的毒物。表现群发性，病兔体温不高。

【防治要点】

在疫区于发病季节前用兔瘟疫苗免疫。发生兔瘟时，扑杀发病兔和同群兔，并进行无害化处理。对受威胁地区的兔做紧急预防接种，并采取一般性的综合防疫措施。病死兔应进行无害化处理，深埋、焚烧，对被污染的兔舍、环境、用具等进行彻底消毒。

(1)防病要点

①针对传染源：平时坚持自繁自养；从无兔出血症地区引进种兔，并进行严格检疫和隔离观察，确认无病时，方可混群。

②针对传播途径：强化兽医卫生防疫制度，搞好环境卫生，做好兔舍、兔笼、用具及周围环境的定期消毒(1%氢氧化钠)，严禁外人进入兔舍。

③针对易感兔群：定期注射兔出血症疫苗或二联苗(兔出血症、巴氏杆菌病)或三联苗(兔出血症、巴氏杆菌病、魏氏梭菌病)，每只肌肉注射 1 mL，5～7 d 后可产生坚强的免疫力，免疫期可达 6 个月，一般于 20 日龄首免，50 日龄二免，以后每 6 个月免疫一次。

(2)应急疗法

尚无特效药物治疗，可选用抗兔出血症高免血清，皮下注射，每只 4 mL，每日一次，连用 2～3 d。

处方 1：

板蓝根注射液 2 mL，维生素 C 注射液 2 mL，混合肌注，连用 3～5 d。

处方 2：

聚肌胞注射液 1 mL，维生素 C 注射液 2 mL，醋酸可的松注射液 2 mL，肌肉注射；同时用板蓝根冲剂自由饮用。

二、兔黏液瘤病

兔黏液瘤病是由兔黏液瘤病毒引起的家兔和野兔的一种急性、高度接触传染性、高度致死性、自然疫源性传染病。

临床上以颜面部(眼睑)和天然孔周围(耳根)皮下发生黏液瘤样肿胀为主要特征。

【诊断要点】

(一)流行病学

传染源：病兔和带毒兔为主要传染源。主要存在于病兔分泌物和排泄物中，特别是病变部位皮肤的渗出液中。

传播途径：除直接接触病兔或其污染物外，节肢动物特别是蚊子、跳蚤、蝇、虱、疥螨等吸血昆虫为主要传播者。

本病只有兔发生，不感染其他动物和人。各种年龄兔都易感。品种间存在差异，家兔和欧洲野兔最易感，死亡率高达 95%以上；美洲棉尾兔和田兔抵抗力较强，是自然宿主和带毒者；加州大尾兔是贮存宿主。

多呈季节性发生，每年 8～10 月，吸血昆虫大量滋生的季节是发病高峰期。洼湿地带发病较多。

(二)临床症状

潜伏期长短不一，一般为 3～8 d，长的可达 14 d。

急性病例呈现耳聋，体温升高 42℃，眼睑水肿，2 d 内死亡。

大多数病例发病后 5～7 d 眼睑水肿、下垂，肛门、生殖器及口、鼻周围发炎、水肿。由于皮下组织的黏液性水肿，全身各部可见肿瘤，头部呈狮子头形状，耳朵也剧烈肿胀而下垂。后期(9～10 d)出现皮肤出血，并伴发坏死。发生鼻炎和肺炎。死前呈现惊厥，死亡率高达 90%～100%。

流行后期一般良性经过，只在体表发生分散孤立的黏液瘤结节，萎缩破溃，被痂皮覆盖。

(三)病理变化

剖检最突出的变化是皮肤肿瘤和皮肤以及皮下显著水肿。特别是颜面部和天然孔周围的水肿。切开病变部位皮下胶冻状液体聚集。

皮肤出血，脾脏、淋巴结肿大、出血，心内外膜有出血点，胃肠道黏膜下有瘀血。

(四)实验室诊断

1. 电镜观察

病变部位渗出物涂片、镜检，并与痘病毒相区别。

2. 病原分离

病变组织用磷酸缓冲液(PBS)清洗，按 1∶(5～10)比例制成匀浆，反复冻融 3 次或超声波处理，经 1 500 r/min 离心 10 min，取上清。

3. 分离培养

接种兔肾原代细胞，24～48 h 后出现细胞病变(细胞融合形成合胞体，染色质呈嗜碱性凝集，有时出现嗜伊红的细胞浆包涵体，呈散在性分布；感染细胞变圆、萎缩，核浓缩，溶解脱落，甚至单层完全脱落)。

4. 血清学实验

琼脂扩散试验、补体结合试验、血清中和试验、酶联免疫吸附试验。

5. 动物实验

皮下接种幼龄易感兔，2～5 d 出现病损。

【防治要点】

本病无特异治疗方法，定期接种疫苗(3 周龄以上预防注射弱毒苗，4～7 d 产生免疫力，免疫保护期可达 5 年，免疫保护率可达 90%以上)，可用磺胺类或抗生素类药物对症治疗。

我国目前无本病发生的报道，从国外引兔及其产品时要严格检疫，防止本病的传入。新引进种兔必须隔离饲养 14 d，检疫合格者方可混群。

控制传染媒介，消灭各种吸血昆虫，严防野兔进入兔场。

兔群一旦发生此病，应坚决采取扑杀、消毒(2%～5%福尔马林溶液)、焚烧等措施。对假定健康群，立即用疫苗进行紧急预防接种。

三、野兔热

土拉杆菌病又名土拉伦斯病或野兔热或兔热病(又称土拉热)，是由土拉热弗朗西氏菌引起的一种急性、热性、败血性、人畜共患传染病。

临床上，以体温升高，淋巴结肿大，肝脏和脾脏肿大、充血，灶性坏死为主要特征。

本病多发生在北半球。自 1957 年以来，相继在我国内蒙古、西藏、黑龙江、青海、新疆和河北等地的动物和人体内分离到本菌。世界动物卫生组织将其列为 B 类疫病。

【诊断要点】

(一)流行病学

传染源：病畜和带菌动物。主要是野兔和其他啮齿类动物，栖居于水边洞穴和溪边的水鼠等，也是不容忽视的传染源。

传播途径：经消化道和呼吸道，以及损伤的皮肤和黏膜感染，还可以通过吸血昆虫和一些节肢动物叮咬传播，已发现有 83 种节肢动物能传播该病，主要有蜱、螨、牛虻、蚊、虱、吸血蝇类等。另外，鼠类在传播本病中具有十分重要的作用，不可低估。

易感性：本菌感染很广，野兔和其他野生啮齿类动物(如棉尾兔、麝香鼠、灰野鼠和水鼠等)是主要易感动物及自然宿主，已发现有136种啮齿动物是本菌的自然贮存宿主。各种家畜(如猪、牛、山羊、骆驼、马、驴等)和禽类，犬和猫及各种毛皮兽(如水貂、银黑狐和兔等)均易感。人也可感染。

流行特点：本病一年四季均可发生，一般多见于春末、夏初季节，但也有秋末冬初发病的，主要与啮齿动物以及吸血昆虫繁殖活动有关。无年龄特异性，但幼兔易感性高，发病率和病死率均高。在野生啮齿动物中，常呈地方性流行，洪灾或其他自然灾害可导致大流行，家畜中以绵羊尤其是羔羊发病较严重，损失较大。

(二)临床症状

本病潜伏期长短不一，一般为2～3 d。《陆生动物卫生法典》规定为15 d。

兔：病程一般较长，呈高度消瘦和衰竭，颌下、颈下、腋下和腹股沟等体表淋巴结肿大，鼻腔黏膜发炎，体温升高1℃～5℃。脾、肝肿大充血，上有点状白色病灶，肺充血、肝变。

急性型：多呈急性败血症经过。体温升高2℃以上，精神极度萎靡，蹲着不动，下痢，体表淋巴结急性肿大，后肢麻痹，昏迷，迅即死亡。

慢性型：成年兔多呈慢性经过。症状多不典型。一般伴发鼻炎，打喷嚏，体温升高1℃以上，食欲减退，逐渐消瘦，下颌、颈部和腋下淋巴结均肿大、化脓，流出淡红色、稀薄浓汁；白细胞数增多。病程较长，多经10～24 d转愈或死亡。

人：病人潜伏期1～10 d。突然发病，表现高热、头及全身肌肉疼痛、出汗、虚弱等。由于感染途径不同，有腺肿型、肺炎型、胃肠型、伤寒型等，一般呈良性经过。

(三)病理变化

全身淋巴结肿大，散布数量不等、大小不一的坏死结节；肝脏、脾脏等实质脏器散布数量不等的白色小坏死灶；肾脏肿大；肺脏散布局灶性、纤维素性肺炎变化；心脏扩大，心肌弛缓，心内、外膜散布数量不等的出血点。

(四)实验室诊断

在国际贸易中，无指定诊断方法，替代诊断方法为病原鉴定。

1. 病料采集

可采集血液、淋巴结、肝脏、脾脏、肾脏和胎盘等病灶组织。

2. 病原分离

组织器官如肝、脾、淋巴结等压片或固定切片，或血液涂片，染色、镜检可以检查到细菌(革兰氏阴性、多形态、近似球形的杆菌；美兰染色两极着色)。

3. 分离培养

接种于胱氨酸—葡萄糖—血液琼脂培养基，37℃培养24 h，长成很小、透明、宛如黏液状水滴的菌落。

4. 生化反应

分解葡萄糖、麦芽糖、甘露糖、果糖，产酸不产气，分解蔗糖不产酸，触媒阴性，在含半胱氨酸培养基可产生硫化氢。

5. 血清学检查

试管凝集试验(病初与发病2周后的双份血清，凝集价升高者判为阳性)，酶联免疫吸附试验，土拉杆菌皮内试验(土拉杆菌素0.1～0.2 mL注射于家兔尾根皱褶处皮内，分别于 24 h 和 48 h 观察，局部红肿、发硬、疼痛炎性反应者判为阳性)，免疫荧光抗体试验(病变组织压片，固定，用荧光色素标记抗土拉热弗朗西氏菌血清与正常家兔血清混合液染色，镜检，发现荧光反应强烈者判为阳性)是一种非常可靠的方法。

6. 动物实验

病料与 0.85%氯化钠溶液按 1∶3 制成悬液，取悬液 0.5 mL 皮下接种豚鼠，一般 4～10 d 死亡，剖检发现肝、脾等实质脏器均散布多发性坏死灶。

(五)鉴别诊断

1. 兔伪结核病

病原为伪结核耶尔森氏菌，病兔常出现脓性结膜炎，病变部位是盲肠的蚓突(盲肠末端)、回盲部的圆小囊和肠系膜淋巴结。

2. 兔慢性型巴氏杆菌病

病原为多杀性巴氏杆菌，病兔典型症状为鼻炎，病变常见内脏器官不同程度的坏死灶。

【防治要点】

在本病流行地区，应驱除野生啮齿动物和吸血昆虫。经常进行杀虫、灭鼠。厩舍进行彻底消毒。发现病畜，按《中华人民共和国动物防疫法》规定，采取严格控制、扑灭措施，防止扩散。扑杀病畜和同群畜，并进行无害化处理。被污染的场地、用具、厩舍等应彻底消毒，粪便堆积发酵处理。

链霉素每千克体重 5 万～8 万 IU，肌内注射；金霉素每千克体重 0.5 mg，口服；土霉素每千克体重 20 mg，溶解后肌内注射；卡那霉素每千克体重 10～30 mg，肌内注射；以上药物均按每天 2 次，连用 3 d 使用。最好在分离到菌体后先做药敏试验，筛选最敏感药物治疗。

用凝集试验和变态反应试验，对兔群反复检测，及时淘汰阳性兔，直至全群变为阴性。

流行区可选用优质弱毒苗进行免疫预防。

四、兔水疱性口炎

兔水疱性口炎又称兔传染性口炎或兔传染性水疱性口炎，简称兔口炎，俗称流涎病或流口水病，是由水疱性口炎病毒引起的一种急性、热性、人兽共患传染病。

临床上，以口腔黏膜发生水疱性炎症并流大量泡沫样口涎为主要特征。

【诊断要点】

(一)流行病学

传染源：患病动物是主要的传染源，病毒从水疱液或唾液中排出。在水疱形成前 46 h 就可从唾液中排出该病毒。

传播途径：病毒是通过上皮和黏膜侵入机体的，因此通常通过损伤的皮肤和黏膜而感染；也可经消化道感染和双翅目昆虫(如蝇、虻、蚊等)叮咬而传播。

易感动物：宿主范围较广，能感染多种动物、昆虫和人类。家畜中可感染马、牛、兔、猫等，野生动物中可感染野牛、鹿、野猪、浣熊、刺猬等。

易感性：有一定年龄差异，主要侵害 1～3 月龄兔，特别是断乳后 1～2 周，成年兔较少发生。

流行特点：该病常呈季节性暴发，一般 5 月至 10 月多发，尤其 9 月，大多发生于晚夏，于深秋季节停止流行。饲料不足、营养不全，饲料霉烂或有刺激性，饲养管理不良，气候骤变，口腔损伤、咽炎、感冒等疾病，均能诱发本病。

(二)临床症状

潜伏期长短不一，一般为 3～7 d。病兔多呈急性型。

病兔体温于感染 48 h 后开始升高，达 40.5℃，常可持续 3～4 d，突然下降至正常。病初，口腔黏膜出血潮红、充血；随后在唇、舌、硬腭及口腔黏膜等处，出现数量不等、粟粒大至扁豆大的水疱和白色结节，水疱内充满清凉的纤维素性液体，接着变为脓疱；脓疱破裂后，形成烂斑和溃疡。同时伴有大量口涎从兔口角流出，沾湿下颌、髯、颈、胸部和前爪，使该处被毛黏在一起，连成一片，经常被口涎浸湿的皮肤发生炎症和脱毛。由于口腔受损，使病兔采食、咀嚼、吞咽均困难，食欲减退或不食，加之唾液大量流失，进而发生消化不良、腹泻、脱水，逐渐消瘦，5～10 d 后多因衰竭而死，病死率高达 50%以上。

如继发细菌感染，则引起病兔唇、舌和口腔黏膜发炎、坏死，并散发恶臭。体温升至 40℃～41℃。

(三)病理变化

口腔：唇、舌和口腔黏膜均呈现潮红，并散布数量不等、大小不一的白色小水疱，水疱破裂形成溃疡；咽、喉头部聚集多量泡沫样唾液；唾液腺肿大、发红。

胃肠：胃扩张，并充满黏稠的液体；肠道黏膜，特别是小肠黏膜常呈卡他性炎症变化。

(四)实验室诊断

1. 病料采集

无菌采集水疱皮和水疱液等作为病料。

2. 电镜观察

病毒粒子呈子弹状或圆柱状，长度约为直径的 3 倍，大小为(150～180)nm×(50～70)nm，有囊膜，表面均匀密布长约 10 nm 的纤突，病毒粒子内部为紧密盘旋的螺旋对称的核衣壳，犹如缠绕于一个长形中空轴上的许多横行线条。

3. 分离培养

无菌采取水疱皮研磨，制成 10%悬液，或直接无菌采取水疱液，接种于 7～13 日龄鸡胚的绒毛尿囊膜或尿囊腔，37℃孵育 3～4 d，鸡胚于 24～48 h 死亡；或者接种于猪肾细胞核鸡胚成纤维细胞，18～24 h 产生细胞病变，细胞圆缩、脱落，肾细胞单层上产生大小不同的蚀斑。

4. 血清学试验

无菌采取急性期血液，用酶联免疫吸附试验、琼脂扩散试验、病毒中和试验和补体结合试验检测。其中，酶联免疫吸附试验较为快速、可靠、灵敏度高，应用广泛。

5. 分子生物学诊断

聚合酶链式反应可用于持续性感染的检测及血清型的鉴定。

6. 动物实验

病料处理后接种于成年鸡舌面皮内，或豚鼠足垫皮内，使接种部位发生水疱；也可舌面皮内接种牛、马、猪，一般 24 h 可发生水疱。

(五)鉴别诊断

兔痘：病原为兔痘病毒，病兔的口腔和唇黏膜上也发生丘疹和水疱，但显著的病变是皮肤的损害，丘疹多见于耳、口、眼、腹部、背部、阴囊等处皮肤，尤其是眼睑发炎、肿胀、流泪、羞明。

【防治要点】

(一)治疗原则及方法

及时治疗可有效控制死亡。治疗原则是卫生消毒、局部处理、防继发感染、对症治疗。

处方 1：

先用防腐消毒液(如 2%硼酸、2%明矾、0.1%高锰酸钾或 1%盐水)10～20 mL，冲洗口腔，然后涂擦甘油(2 mL)、明矾(7 份)与少量白糖(3 份)的混合剂，黄芪粉或调成粥状的四环素，每日 2 次。口服磺胺二甲嘧啶、磺胺嘧啶，每千克体重 0.2～0.5 g，每日 1 次。

处方 2：

青黛 10 g、黄连 10 g、黄芩 10 g、儿茶 6 g、冰片 6 g、桔梗 6 g、明矾 3 g，研细末，每次用 0.5～1 g 撒布于口腔，每日 2 次，连用 2～3 d。吗啉胍片 0.2 g、维生素 B_1 0.1 g、维生素 B_2 0.1 g，口服，每日一次，连用 3 d。

处方 3：

口服补液盐(氯化钠 3.5 g、氯化钾 1.5 g、小苏打 2.5 g、葡萄糖 20 g，加温开水 1 000 mL溶解)，自由饮用，连用 2～3 d。生理盐水冲洗口腔后，取黑木耳、云南白药粉各等份混合均匀，2～3 g，加入蜂胶 0.5～1.0 g，调成糊状，涂于口腔病变部位，每天 2～3 次，连用 3～5 d。继发感染者，可选用庆大霉素，并配合维生素 C、维生素 B_1、地塞米松等。

(二)防治措施

加强饲养管理，提高机体抵抗力。经常检查饲料质量，严禁用过于粗糙的饲料、芒刺等饲喂幼兔，以免损伤黏膜而诱发本病。

五、兔巴氏杆菌病

兔巴氏杆菌病是由多杀性巴氏杆菌引起的多形性、细菌性传染病。又名出血性败血症。在临床上由于多杀性巴氏杆菌的毒力强弱不同，感染途径和病程不同，故表现为急性败血症、传染性鼻炎、地方流行性肺炎。中耳炎、结膜炎、子宫积脓、睾丸炎等多种临床病型，而且各具特征，本病是引起 9 周龄至 6 月龄家兔死亡的主要传染病之一，给养兔业带来严重的经济损失。

【诊断要点】

(一)流行病学特点

易感动物：家畜、家禽和野兽均可感染，其中兔、水貂、紫貂、银黑狐、海狸鼠、毛丝鼠等多种毛皮动物最易感。

传染源：患病和带菌动物。30%～75%的家兔鼻黏膜、呼吸道黏膜和扁桃体带有巴氏杆菌，但不显症状。当各种因素如气温突变、饲养管理不良，长途运输等使兔体抵抗力降低时，体内的巴氏杆菌大量繁殖，其毒力增强，从而引起发病。

感染途径：兔不断从排泄物和分泌物排出毒力较强的多杀性巴氏杆菌，污染饲料、饲草、饮水用具及周围环境，经消化道感染；病兔咳嗽、打喷嚏排出病菌，经呼吸道传染；还可经过吸血昆虫、损伤的皮肤和黏膜感染。

年龄特点：各种年龄兔均可感染，尤其是9周龄至6月龄兔群危害较大，病死率高。

流行特点：本病一年四季均可发生，但多见于冷热交替、气候剧变、闷热、潮湿、多雨的春、秋两季较为多见，呈散发或地方性流行。

发病诱因 饲料不全价、卫生条件差、缺乏多种维生素和矿物质，长途运输等，均可导致兔体抗病能力下降而引发本病。

(二)症状

潜伏期长短不一，自几小时至5 d不等或更长。

由于多杀性巴氏杆菌的毒力强弱、感染途径和病程不同，其临床症状和病理变化也各有不同，在临床上表现为以下临床类型：

1. 全身败血症型

本型可以继任何病型之后发生，或在其他病型之前发生，主要与鼻炎、肺炎和胸膜炎联合发生的败血症型较为常见。

最急性型：不见临诊症状，迅速死亡，夜间未见异常，次日清晨死于兔笼中。

急性型：病兔精神委顿，不食，呼吸困难，体温40℃以上，鼻腔流出浆液性、甚至脓性分泌物。有时病兔下痢，病兔死前体温下降，四肢抽搐。病程短者24 h，长者1～3 d。

亚急性型：病兔表现肺炎和胸膜炎，呼吸困难，打喷嚏，体温稍高，食欲差，有时腹泻，关节肿胀，眼有结膜炎。后期病兔消瘦，死于衰竭，病程1～2周或更长。

2. 鼻炎型

比较多见，其特点为浆液性、黏液性或黏脓性鼻液。病兔外鼻孔被毛潮湿、黏结甚至脱落，打喷嚏、咳嗽。有异常鼻塞音。病兔常用爪抓、擦鼻部，引起鼻孔周围被毛潮湿、缠结。病兔精神委顿，营养不良，消瘦，最后衰竭死亡。

3. 地方流行性肺炎型

病初食欲不振、精神沉郁。病兔肺虽发生实变，但往往无呼吸困难，也少见肺炎的症状。常继发败血症而迅速死亡，往往白天健康如常，次日早晨已经死亡。

4. 中耳炎型

中耳炎型也称斜颈病。斜颈是感染扩散内耳或脑部的结果，斜颈的程度也不一样，严重病例兔可向着头的一侧滚转，一直斜到抵住围栏为止，采食和饮水困难，不能吃饱和饮足，体重减轻，最后脱水而死。如感染扩散到脑和脑膜，轻者表现运动失调，阵发性抽搐，多以死亡告终。

5. 生殖器官感染症型

母兔发病高于公兔。母兔子宫内膜炎或子宫积脓，不定时地从阴道流出浆液性、黏液性或脓性分泌物，屡配不孕。如继发败血症，则病兔迅速死亡。

公兔睾丸炎或附睾炎，一侧或两侧睾丸肿大、质地坚实；少数病公兔睾丸出现脓肿。

6. 结膜炎型

多见于幼兔，主要表现眼睑中度肿胀，分泌物增多，初为浆液性，后变为黏液性，最后变为黏脓性，使眼睑粘连，结膜发红。慢性型眼睑红肿消退，但流泪不止。

7. 脓肿型

病兔全身各部位皮下均可发生脓肿，脓肿内含有白色或黄褐色奶油状脓汁，病程长的脓肿被纤维素包膜包裹。体表脓肿易查出，而内脏脓肿则不易查出。

(三)病理变化

1. 全身败血症型

因死亡迅速肉眼病变不明显，胸腔和腹腔器官有充血。浆膜下和皮下有出血，并发其他病型，可出现其他病型的病变。

急性型：病兔鼻腔黏膜充血，喉黏膜充血和出血，气管黏膜充血和出血，并有红色泡沫，肺脏充血、出血和水肿；心内膜、心外膜有出血点，胸、腹腔积有黄色液体；肝脏表面有许多坏死点，脾脏和淋巴结肿大、出血；肠道黏膜充血。散布大小不等的出血点或出血斑。

亚急性型：鼻腔和气管黏膜充血、出血，肺脏充血、出血；有些病例肺脏脓肿，胸腔积液，胸膜和肺脏有乳白色、纤维素渗出物附着；淋巴结肿大。

2. 鼻炎型

鼻腔内积有多量鼻液，其性质因病程长短不同，由浆液性变为黏液性、黏液脓性鼻液，鼻腔黏膜充血，鼻窦、副鼻窦内有分泌物，窦腔内层黏膜红肿。

3. 地方流行性肺炎型

呈急性纤维素性肺炎和胸膜炎变化。肺脏水肿、充血、出血，病变分为实变、膨胀不全、脓肿和灰白色结节病灶四种。胸膜面纤维素覆盖，严重可能有脓肿存在，形成脓腔、发生空洞。

4. 中耳炎型

一侧或两侧鼓室有奶油状的白色渗出物；病早期鼓室内壁变红；有时鼓膜破裂，脓性渗出物流入外耳道、中耳或内耳，引起感染，如扩散至脑部，引起化脓性脑膜脑炎。

5. 生殖器官感染症型

急性型一侧或两侧子宫肿胀，内有灰色、水样渗出物。慢性型子宫高度肿胀，宫壁变薄，呈黄褐色，宫腔内充满黏稠、奶油样脓性渗出物，覆于子宫内膜上。

(四)实验室诊断

根据流行病学特点结合临床症状和病理变化，可进行初步诊断。确定诊断必须进行微生物学诊断和血清学诊断。

1. 微生物学诊断

采病料：无菌操作，败血症病例可从心、肝、脾或体腔渗出物等采病料，其他病型主要从病变部位、渗出物、脓汁等取材。

涂片镜检：将被检病料做涂片，自然干燥后火焰固定，革兰氏染色，镜检见到两极染色的卵圆形杆菌，革兰氏染色阴性小杆菌；美兰染色后呈两极染色的卵圆形小杆菌。

分离培养：无菌操作，被检病料接种于绵羊鲜血琼脂培养基或血清培养基，于37℃温箱培养24 h，形成细小、半透明、圆整、光滑菌落。

动物接种：无菌操作，将被检的心血、肝脏和脾脏等磨细，用灭菌生理盐水作1∶(5～10)倍稀释，或将24 h斜面纯培养物，加入5～10 mL灭菌生理盐水洗下。

小鼠皮下或腹腔注射0.1～0.2 mL，于24～48 h内死亡。剖检内脏器官呈典型败血症的病理变化；死亡小鼠心血涂片和肝脏触片，革兰氏染色和瑞氏染色，镜检检出革兰氏染色阴性、两极浓染的小杆菌。

2. 血清学诊断

血清学分型——荚膜物质(K)抗原型鉴定。

(五)鉴别诊断

与兔病毒性出血症、土拉杆菌病、兔波氏杆菌病、兔李氏杆菌病、兔葡萄球菌病有类似症状，诊断时注意鉴别。

【防治要点】

(一)治疗措施

发病初期可用高免血清治疗，效果良好。青霉素、链霉素、四环素族等抗生素或磺胺类药物也有一定疗效。如将抗生素和高免血清联用，则疗效更佳。

(二)预防措施

1. 加强饲养管理与卫生防疫工作，严禁畜、禽和野生动物进场。

2. 有本病的兔场可用兔巴氏杆菌苗或禽巴氏杆菌苗作预防注射；免疫期为4～6个月，每年注射2次，可达到控制本病流行。

3. 一旦发现本病，立即采取隔离、治疗、淘汰和消毒措施。

4. 兔群应自繁自养，禁止随便引进种兔；必须引进时，应先检疫后，隔离观察1个月，健康者方可进场。

六、兔泰泽氏病

兔泰泽氏病是由毛样芽孢杆菌引起的一种以严重腹泻、脱水和迅速死亡为特征的消化道传染病。本病主要对仔兔和幼兔威胁最大，一旦感染，死亡率高达95%以上。所以常常严重威胁养兔业的发展。

【诊断要点】

(一)流行病学

易感动物：3～12周龄的幼兔，断乳前的仔兔和成年兔。

传染源：患病动物，排泄物及被毛样芽孢杆菌污染的环境、饲料、饮水。

感染途径：主要是经过消化道感染。

流行特点：本病秋末至春初多发，使机体抵抗力下降的各种因素都可以诱发泰泽氏病。

(二)症状

精神沉郁，食欲废绝，顽固性腹泻，所排粪便为灰褐色糊状或水样，肛门周围的被毛沾满稀粪。患兔机体消瘦，眼球下陷，病程短，死亡快，通常在出现腹泻症状后12～48 h内死亡。个别耐过的幼兔生长停滞，体重下降，软弱无力。

(三)病理变化

尸体脱水严重，肛门周围、后肢被毛被稀粪污染，盲肠、结肠浆膜、黏膜弥漫性出血，肠壁严重水肿，呈半透明胶冻样，肠内充满气体和褐色或灰色水样内容物；胃黏膜脱落；胸腔积液，呈无色或淡黄色，稍有混浊；心包积液，心肌有灰白色坏死；肝肿大，肝表面和实质有大量针尖儿到小米粒大的淡黄色结节或坏死灶。

(四)实验室诊断

无菌条件下取病死兔具有点状坏死的肝脏、心肌或回肠和盲肠部发生坏死的肠黏膜涂片，用姬姆萨染色法染色，可见有成丛的毛发状的芽孢杆菌。除此之外，还可以用酶联免疫吸附试验、原位杂交法、免疫磁珠分离纯化技术、间接免疫荧光法、聚合酶链反应等方法进行诊断。

(五)鉴别诊断

本病应注意与魏氏梭菌病、大肠杆菌病、球虫病等相鉴别。魏氏梭菌病在胃浆膜下可见一些黑色的小溃疡灶，胃黏膜脱落明显，小肠内可见一些胶冻样分泌物等特征性病变；大肠杆菌病的死亡率相对较低，用广谱抗生素治疗均有一定效果；球虫病主要以20～90日龄小兔发生为主，用抗球虫的药物具有良好治疗效果。

【防治要点】

(一)治疗原则及方法

治疗原则：早发现早治疗。

兔发病初期治疗有一定效果。用0.006%～0.01%土霉素饮水。青霉素，每千克体重2万～4万IU肌肉注射，每天2次，连用3～5 d。链霉素，每千克体重20 mg，肌肉注射，连用3～5 d。红霉素，每千克体重10 mg，分两次内服，连用3～5 d。此外，用金霉素、四环素等治疗也有一定效果。

(二)防治措施

1. 加强饲养管理，坚持兽医卫生防疫，定期进行全面消毒，保持兔舍清洁卫生。
2. 尽量减少和消除更换饲料、温度骤变等各种应激因素。
3. 平时在饲料或饮水中添加土霉素或青霉素对控制本病有一定的作用。
4. 发现病兔立即进行隔离治疗，无治疗价值者坚决淘汰。
5. 兔舍、兔笼和用具等彻底消毒，病死兔排泄物及时烧毁或深埋，以控制病原扩散。
6. 有条件的养殖场可以用病兔的肝脏制成灭活疫苗，进行免疫。或用小鼠肝脏制成组织灭活苗进行免疫。均有一定保护作用。

七、兔皮肤霉菌病

兔皮肤霉菌病是由须毛癣菌和石膏样小孢子菌等真菌引起的以皮肤角化、炎性坏死、脱毛、脱屑为特征的一种传染病。该病又称作秃毛癣。发病后直接影响皮毛的生长和质量，危害兔的健康，因而严重影响养兔生产的经济效益。人也可以感染本病，因此，也是一种重要的人畜共患病。

【诊断要点】

(一)流行病学

易感动物：各种品种兔均能感染，幼兔最易感，人、各种畜禽、野生动物也易感。

传染源：患病动物，受污染的土壤、饮水、饲料及用具等都是传染源。

感染途径：直接接触感染。

流行特点：本病一年四季均可发生，以冬春季节发病尤甚。

(二)症状

病兔怕冷，不活跃，食欲一般无异常。发病常起始于头部或头部周围，局部瘙痒，随后蔓延至四肢或躯干其他部位。兔被毛折断、脱落，形成圆形或不规则形脱毛区，表面覆盖灰白色鳞屑，并发生炎性变化，初为红斑、丘疹、水疱，最后形成痂皮。哺乳母兔常带菌，在乳房周围皮肤上形成病灶，皮肤局部炎症、结痂脱毛。部分兔并发结膜炎，脓性分泌物使上下眼睑黏连。少数因继发腹泻或消化道感染死亡。

(三)病理变化

本病无明显病理变化。

(四)实验室诊断

自病变部周围采集皮肤鳞屑，刮屑深度以刚好引起毛细血管出血为限。将刮屑置于玻片上，加入10%氢氧化钠1滴，盖上玻片，微微加热，用低倍镜和高倍镜观察，可见分枝的菌丝和孢子，孢子在毛干外缘，大部分在毛干内平行排列呈链状。用紫外线灯检查，无荧光反应。

(五)鉴别诊断

本病应注意与兔疥癣病、营养性脱毛相鉴别。

兔疥癣病由疥螨引起，主要寄生于头部或掌部的短毛处，以后蔓延至躯干部。病兔脱毛、奇痒、皮肤发生炎症和龟裂。从深部皮肤刮屑可检出疥螨。

营养性脱毛多发生于夏、秋两季，多见于成年兔和老年兔。皮肤无异常，断毛较整齐，根部有毛茬，多在1 cm以下。发生部位一般在兔的大腿、肩胛两侧及头部。

【防治要点】

(一)治疗原则及方法

治疗原则：对症治疗。

1. 全身治疗

用灰黄霉素，按每千克体重25 mg制成水悬剂内服，每日胃管投服1次，连用14 d，有良好的效果。

2. 局部治疗

首先于患处剪毛，用软肥皂、0.1%的新洁尔灭或硫化物稀释，以软化痂皮；然后涂擦3%的克霉唑软膏、10%的制菌霉素软膏或10%的水杨酸钠软膏等，每天1～2次，连涂数天。

(二)防治措施

1. 加强饲养管理。坚持常年灭鼠，搞好兔舍及兔体皮肤卫生，定期用2%～5%的氢氧化钠、0.5%的过氧乙酸或2%的福尔马林消毒环境、兔舍和用具。

2. 病兔接触过的环境、兔笼及用具等用福尔马林熏或用2%～5%的氢氧化钠、0.5%过氧乙酸严格消毒。污物粪尿用生石灰消毒后深埋或烧毁。饲养管理人员应注意个人卫生，严防感染。

3. 经常检查兔体被毛及皮肤状态，发现病兔应全群检查，并将病兔立即隔离、治疗或淘汰，病兔停止哺乳或配种，严防健康兔与病兔接触。

八、兔密螺旋体病(兔梅毒)

兔密螺旋体病又称兔梅毒、螺旋体病或兔花柳病，是家兔和野兔的一种普通性传染病。主要特征是外生殖器和颜面部皮肤或黏膜发生炎症、结节和溃疡。兔群一旦发生本病，传染极快，严重影响繁殖、增重及皮毛的质量，是养兔业中必须严加注意的重要疾病。

【诊断要点】

(一)流行病学

易感动物：各种品种兔都能感染，成年兔最易感，幼兔少见。

传染源：患兔、痊愈带菌兔及受污染的饲料、垫草、用具等是主要的传染源。

感染途径：主要通过交配经生殖器传染。

流行特点：本病在气候温和、雨水较多的季节易发生。

(二)症状

潜伏期2～10周，初见外生殖器周围发红、肿胀，形成粟粒大小结节，后肿胀部位表面有浆液性湿润渗出物，结成红紫色、棕色的痂，痂皮轻轻剥下，露出边缘不整，创面湿润，稍凹下，易出血，有疼痛感的溃疡面。少数可见于阴囊、鼻、眼睑、颜面、下颌、爪等部，皮毛脱落，愈合后能很快长出。慢性病变干燥、鳞皮状，有稍微突起区，易被忽视。种公兔患病时，对性欲影响不大，患病母兔受胎率大大下降。本病可自行康复，但免疫力弱，康复后可再度感染。

(三)病理变化

病变部的黏膜水肿有粟粒大的结节，在肿胀部有渗出物。慢性病例表皮糠麸样，干裂，呈鳞片状稍隆起，腹股沟淋巴结和咽淋巴结时见肿大。组织学变化见病灶深至真皮层的表皮网，表皮棘皮症，角化症，真皮上层有淋巴细胞、浆细胞，有时还有多型核白细胞，在表皮溃疡的近真皮部有多型核白细胞。

(四)实验室诊断

兔密螺旋体病原分离培养比较困难，革兰氏染色不易着色，而姬姆萨染色、镀银法染色效果较好。采取母兔生殖器黏膜溃疡面涂片，做姬姆萨染色，显微镜检查可见呈玫瑰红色的长10～16 μm，宽约0.25 μm，呈旋转运动的菌体，有的为完整环状弯曲，有的崩解为小片段。

另外，免疫荧光试验、玻片沉淀试验、快速血浆反应素凝集试验、活性炭凝集试验等均可诊断本病。

(五)鉴别诊断

本病主要与兔布氏杆菌病相鉴别。

布氏杆菌病公兔常为睾丸炎，母兔常为流产。而兔密螺旋体病主要表现在局部外生殖器的病变。

【防治要点】

(一)治疗原则及方法

治疗原则：对症治疗，抗菌消炎。

患部用0.1%的高锰酸钾溶液或2%硼酸溶液清洗干净后，再涂擦适量红霉素软膏或碘甘油，2 d 1次，连用1周；病兔用新胂凡纳明和青霉素两种药物联合进行治疗，将新胂凡纳明用蒸馏水配成5%的溶液，按每千克体重耳静脉注射新胂凡纳明50 mg，1周后重复1次，同时用青霉素每天50万IU，分2次肌肉注射，连用4 d。

(二)防治措施

1. 加强饲养管理，搞好兔舍卫生，定期消毒，消灭鼠害是防止本病的关键。

2. 兔群应自繁自养，引进种兔时必须进行检疫，隔离饲养观察一段时间，确认无本病感染时方可合群饲养。

3. 配种前应仔细检查兔的外生殖器官，并定期逐步淘汰阳性和可疑兔，建立健康无特定病原兔群。

九、兔豆状囊尾蚴病

兔豆状囊尾蚴病是由豆状带绦虫的幼虫寄生于兔的肝脏、网膜、肠系膜、腹腔脏器等处引起的疾病。本病主要特征是腹围增大，消化紊乱，仔兔生长发育迟缓，严重的可因急性肝炎而骤然死亡。

【诊断要点】

(一)流行病学

兔豆状囊尾蚴的终末宿主是犬、狼、狐等犬科动物，中间宿主为家兔。

感染来源为患病或带虫的犬科动物。感染途径经口感染。

孕节随粪便排至犬体外，孕节破裂，虫卵逸出，污染饲料和饮水。虫卵被兔吞食后，在其肠内六钩蚴逸出，然后钻入肠壁血管，随血流到达肝脏，并逐渐移行至肝脏表面，进入腹腔内需 15～30 d 发育为豆状囊尾蚴。终末宿主犬吞食含豆状囊尾蚴的中间宿主脏器而感染，在小肠内约 35 d 发育为成虫。

豆状囊尾蚴病是家兔常见的一种寄生虫病，分布广泛，感染率高。在流行区，家兔多为散养，以野外的青草或废弃的蔬菜为食。由于犬的四处活动，其排出的虫卵会污染的青草或蔬菜，当家兔采食了被虫卵污染的青草或蔬菜而感染。而剖杀家兔时，含豆状囊尾蚴的内脏又会被犬吃到，这种犬和家兔之间的循环感染造成了本病的流行。

(二)症状及病理变化

豆状囊尾蚴可引起家兔消化紊乱，食量减少，致使仔兔发育迟缓，成年兔因腹腔寄生大量的囊尾蚴包囊而致使腹部膨胀，消瘦。后期兔耳苍白，眼结膜苍白，呈现贫血症状。严重感染时可造成肝脏损伤，致使兔因急性肝炎而骤然死亡。

病理变化主要表现初期肝肿大，呈土黄色，质硬，表面有大量的小虫体结节，随后结节变大。后期虫体包囊在肝脏表面出现，并游离于腹腔中。严重的出现腹膜炎，腹腔网膜、肝脏、胃肠等器官黏连，肠系膜及网膜上有大量的豆状囊尾蚴包囊。

(三)诊断

生前诊断较困难，结合临床症状和流行病学进行初步诊断。可采用血凝试验进行诊断，此方法较为敏感，快速且简单易行。死后剖检在肝脏及腹腔中发现豆状囊尾蚴即可确诊。豆状囊尾蚴呈卵圆形，豌豆大小的囊泡，囊内含 1 个头节。大小为(6～12)μm×(4～6)μm。一般由 5～15 个或更多成串的附着在腹腔浆膜上。

【防治要点】

(一)治疗方法

1. 丙硫咪唑，每千克体重 30 mg，空腹灌服，每天 1 次，连用 2 d。
2. 吡喹酮，每千克体重 100 mg，一次口服，每天 1 次，连用 3 d。
3. 甲苯咪唑，每千克体重 35 mg，一次口服，每天 1 次，连用 2 d。

(二)防治措施

本病应以预防为主。

1. 兔场内严禁养犬，对饲养的犬应定期驱虫，一年不少于 3 次。

2. 严禁兔的饲料、饲草和饮水被犬粪污染。

3. 勿用病兔内脏喂犬。

十、连续多头蚴病

连续多头蚴病是由连续多头绦虫的幼虫寄生于兔等啮齿动物的肌间和皮下结缔组织中引起的疾病。人也偶有感染。本病主要特征为皮下肿块和关节活动不灵，个别的寄生于脑脊髓可出现神经症状。

【诊断要点】

(一)流行病学

连续多头蚴的终末宿主是犬、狼、狐等犬科动物，中间宿主为家兔等啮齿动物。

感染来源为患病或带虫的犬科动物。感染途径经口感染。

孕节随粪便排至犬体外，孕节破裂，虫卵逸出，污染饲料和饮水。虫卵被兔吞食后，在其肠内六钩蚴逸出，然后钻入肠壁血管，随血流到达肌间和皮下结缔组织，并逐渐发育为连续多头蚴，最常寄生的部位是咀嚼肌、股肌、肩部、颈部和背部肌肉。终末宿主犬吞食含连续多头蚴的兔肉，头节固定在小肠黏膜上发育为成虫。

(二)症状及病理变化

症状不明显，根据寄生部位不同而异，主要表现为皮下肿块和关节活动不灵，个别的寄生于脑脊髓可出现神经症状。

(三)诊断

连续多头蚴病可在皮下摸到可动而无痛的特征性包囊初诊，确诊需摘下包囊。

【防治要点】

可参照兔豆状囊尾蚴病。

十一、兔栓尾线虫病(蛲虫病)

兔栓尾线虫病又名为兔蛲虫病，是由蛔虫目、栓尾属的兔栓尾线虫寄生于兔盲肠和结肠而引起的一种消化道线虫病。主要临床特征为消化不良，逐渐消瘦，腹泻，尾部脱毛和皮炎。严重感染可致兔群大批死亡。

【诊断要点】

(一)流行病学

兔栓尾线虫终末宿主为家兔、野兔、獭兔等，感染率为30%～50%。

感染来源为患病或带虫的家兔和野兔。雌虫在终末宿主的肛门周围产卵，感染性卵在该处发育形成，兔经口吞食了感染性虫卵而感染，幼虫在小肠内孵出，到大肠发育为成虫。

(二)症状及病理变化

病兔表现精神不振，被毛无光泽蓬乱，食欲减退甚至废绝，逐渐消瘦，生长受阻。消化不良，腹泻，偶尔便秘。眼流泪有结膜炎症状，病兔由于雌虫在肛门周围排卵活动，引起尾根剧痒，兔表现心神不安，用嘴舌啃舔肛门，或以臀部摩擦蹭痒造成尾部脱毛和擦伤，引起皮炎。严重感染可致兔死亡。

主要病变是盲肠和结肠黏膜肿胀损伤发炎，上有大小不等的溃疡。肠内有大量的虫体。剖检见大肠内也有栓尾线虫寄生。

(三)诊断

实验室粪便检查可采用漂浮法，虫卵椭圆形，一侧较平，卵壳薄，内含胚细胞。

同时在肛门处、粪便中或剖检时在大肠内发现虫体即可确诊。栓尾线虫呈乳白色线头状，半透明，雄虫 4～5 mm，雌虫 9～11 mm。

【防治要点】

(一)治疗方法

1. 丙硫咪唑，每千克体重 10 mg，口服，每天一次，连用 2 d。

2. 2%阿维菌素粉，每千克体重 0.25 g 拌料喂给，10 d 后再重复用药一次。

3. 左咪唑，每千克体重 5～6 mg，口服，每天一次，连用 2 d。

4. 同时抗菌、消炎、助消化对症疗法。

(二)防治措施

1. 兔群每年进行两次定期驱虫，控制本病的发生和流行。

2. 加强兔舍、兔笼卫生管理，对食盒、饮水用具及周围环境定期消毒。及时清除粪便、发酵处理。

3. 引进种兔要隔离观察 1 个月，确认无病方可混群。

4. 加强饲养管理，避免各种应激刺激，提高兔群抗病能力。

十二、兔球虫病

兔球虫病是由艾美耳科艾美耳属的多种球虫，寄生于兔的肝脏和肠道黏膜上皮细胞引起的高度感染性的原虫病。

特征：主要感染 4～5 月龄的幼兔，感染率达 100%，病死率可达 40%～70%，临床以肠、肝混合感染，表现消瘦、贫血、腹泻和虚弱为主要特征。

为兔的四大疫病之一。

【诊断要点】

(一)流行病学特点

易感动物：各种品种的家兔对兔球虫都有易感性，但新引进兔的感染率高于本地兔；母兔感染率高于公兔，这样增加了仔兔感染的机会。

传染源：病兔和带虫兔，卵囊存在于粪便中。

感染途径：经口感染。

感染原因：仔兔主要是通过吃入母兔乳房上沾污的卵囊而感染，幼兔主要是通过被病兔污染的饲料、饮水而感染。此外，生产用具和饲养员等，都可传播本病。鼠类和蝇类也可转移、散播病原。

年龄特点：幼兔比成年高，尤以 4～5 月龄内幼兔多发，断奶后(约 1 个半月)到 3 月龄的幼兔最重，发病率可达 100%，死亡率可高达 70%。耐过的兔长期不能康复，体重可减少 12%～27%，随着年龄的增长，因带虫免疫原因，感染率逐渐下降。成年兔多为带虫兔。

高发季节：本病易流行于温暖、潮湿、多雨的季节，北方多在 7～9 月，南方在 5～7 月。

发病诱因：饲料不全价、卫生条件差、地面饲养的兔更易感染，兔群饲养密度过大，饲料中缺乏维生素、长途运输和各种应激刺激，都可促进球虫病发生。

(二)症状

病程为数日到数周。

根据兔球虫的种类和寄生部位的不同，兔球虫病可分为以下三种临床类型：

1. 肠型

多见于3～4月龄兔，尤其是20～60日龄幼兔最易感。

病兔突然倒地，颈部和两后肢肌肉强直性痉挛，头向后仰，两后腿划动，发出尖叫声，迅速死亡。拖延不死的病兔，表现食欲减退或废绝，精神沉郁，动作迟缓，喜卧不动，眼、鼻分泌物及唾液增多，体温略升高，贫血，顽固性腹泻，肛门周围被粪便污染，兔消瘦，腹部膨胀。

2. 肝型

由致病力最强的斯氏艾美耳球虫引起的。多发生于30～90日龄幼兔。

病兔表现腹水增多，肝区触诊时，病兔呈现明显痛感；口腔黏膜和眼结膜苍白，偶见轻度黄疸，由于腹水增多和肝肿大而呈现腹围增大。病后期，病兔常伴发顽固性腹泻、痉挛，甚至麻痹，很快消瘦，多因高度衰竭而死亡。

3. 混合型

由斯氏艾美尔球虫和肠道艾美尔球虫混合感染引起的，一般较常见于老兔场的兔群。

（三）病理变化

尸体消瘦，可视黏膜苍白或黄染。按临诊病理变化可分如下三种类型。

(1)肠型

不同种类的球虫寄生肠段不同，引起病变的肠段也不同。

肠黏膜均有炎性充血甚至出血，黏膜潮红、水肿，并散布数量不等的出血点，肠腔充满气体和褐色糊状或水样内容物。慢性病例的肠黏膜色淡灰，可见散在或弥漫性灰白色小结节，并有散在的脓性、坏死性病灶。盲肠蚓突部的浆膜下有许多白色硬结。膀胱积尿，尿色黄而浑浊。血液稀薄。结节镜检，可发现大量球虫卵囊。

(2)肝型

是由斯氏艾美尔球虫寄生在肝脏胆管上皮细胞所致。

肝肿大，表面和实质有数量不等，大小不一，形状各异的白色或黄白色结节状病变，沿小胆管分布，胆管内有不同发育阶段的虫体；胆管管壁增厚，切开时，其中有淡黄色浓稠的液体或有坚硬的钙化物。胆囊胀大，胆汁浓稠、色暗。腹腔积液。慢性型的胆管周围及小叶间结缔组织增生，使肝萎缩，胆囊黏膜卡他性炎症，胆汁浓稠，管腔中有大量球虫。

(3)混合型

患兔具有肠型和肝型球虫病的病理变化。

（四）实验室诊断

根据流行病学特点结合临床症状和病理变化，可进行初步诊断。粪便检查发现大量卵囊确诊。

1. 兔剖检诊断

剖检病死兔的肝脏和肠道均有球虫特征性病变。

2. 镜检

采取肠黏膜的白色小结节、肝脏的白色结节压片检查，或取粪便直接涂片检查，必要时采粪便做饱和盐水漂浮法检查卵囊。

病原体形态：目前我国已发现16种艾美耳球虫可寄生于兔的小肠和胆管黏膜上皮细胞。

卵囊：椭圆形或卵圆形，两层囊壁，内含有1团原生质。

孢子化卵囊：呈椭圆形，淡黄色，含4个孢子囊，每个孢子囊内含2个橘瓣形子孢子。

兔球虫有16种，其中危害较严重的有以下六种。

斯氏艾美耳球虫：寄生于肝脏胆管，致病力最强。

中型艾美耳球虫：寄生于空肠和十二指肠，致病力很强。

大型艾美耳球虫：寄生于大肠和小肠，致病力很强。

黄色艾美耳球虫：寄生于小肠、盲肠及大肠，致病力强。

无残艾美耳球虫：寄生于小肠中部，致病力较强。

肠艾美耳球虫：寄生于除十二指肠外的小肠，致病力较强。

【防治要点】

(一)治疗措施

及时治疗，治疗越早疗效越好，如感染后3天内及时治疗，可降低幼兔的病死率。同时有计划地交替、轮换或穿梭使用抗球虫药物，避免兔球虫产生抗药性。

临床上常用的药物有：

磺胺六甲氧嘧啶(SMM)，按0.1%混入饲料，连用3～5 d，隔1周再用1个疗程。

磺胺二甲基嘧啶(SM_2)与三甲氧苄胺嘧啶(TMP)，按5∶1混合后，按0.02%混入饲料，连用3～5d，停用1周后，再用1个疗程。

克球粉和苄喹硫酯合剂，分别按每千克饲料100 mg和8.35 mg混入。

氯苯胍，按每千克体重30 mg混入饲料，连用5 d，隔3 d再用1次。

莫能菌素，按40 mg/L混入饲料，连用1～2个月，可预防本病。

盐霉素，按50 mg/L混入饲料，连用1～2个月，可预防本病。

也可用大蒜、洋葱头捣汁或切碎，拌入饲料中，也是常用而有效的防治方法。

(二)预防措施

1. 加强饲养管理

①选择优质饲料，根据兔群病情，合理添加维生素、矿物质和氨基酸，尤其是兔球虫病暴发时，要加倍添加维生素A、维生素K、维生素C，同时保证粗饲料比例和减少饲料中蛋白质含量。

②幼兔必须与成年分开饲养，产仔应尽量避开潮湿的梅雨季节。

2. 搞好卫生防疫

①兔场选址布局一定要符合防疫要求，定期消毒，保持兔舍清洁、不干燥。

②定期消毒，由于兔球虫卵囊对多数化学消毒药物均有很强的抵抗力，对温度和紫外线较敏感，因此我们可采用不同的物理、生物、化学消毒方法，如笼具用开水或火焰消毒。

③坚持自繁自养，必须引进种兔时，至少做2～3次粪检，单独隔离饲养20～30 d，确认无病时方可混群。

④严把兔场关，避免工作人员机械传播；及时灭鼠灭蝇，避免犬、猫和禽进入饲养场。

十三、兔螨病

兔螨病是由疥螨科、痒螨科、肉食螨科的螨类寄生于家兔体表或表皮内引起的一种慢性、高度接触性、顽固性皮肤寄生虫病。又称为疥癣病，俗名“生癞”或“起疥”，是四大兔疫病之一。

特征：本病主要以剧痒、皮炎、表皮结痂、脱毛和皮肤增厚及消瘦为主要特征。发病率高达 40％，影响兔的生产性能、兔毛的数量和质量，严重的可引起兔的死亡。

【诊断要点】

(一)流行病学特点

传染源：病兔和带虫兔。成年兔带螨现象较多，可成为重要的感染源。

感染途径：主要通过健兔和病兔接触而感染，也可由兔笼、饲糟和其他用具物品而间接传播病原。

易感动物：几乎所有的动物均可感染。人感染疥螨病。

年龄特点：可发生不同年龄的兔群，幼兔比成年兔患病严重。

高发季节：幼一年四季均可发生，在秋、冬季节，尤其是日光不足、阴雨潮湿天气，最适于螨的生长繁殖和促使本病的发生。春末夏初，由于换毛，皮肤受日光充足，疥螨大量死亡，症状减轻或康复。痒螨和寄食姬螨寄生于体表，夏季对其发育不利，螨潜伏在体表隐蔽处，进入秋、冬季节则引起发病。

(二)症状

兔螨主要对兔机体产生机械性刺激作用，造成皮肤损伤，引起继发感染，严重的可导致死亡。

兔疥螨病：兔疥螨多寄生于口、鼻、脚爪，使兔产生痒感。病兔不停啃咬或搔抓引起炎症，出现灰白色痂块；嘴唇肿胀，影响采食。健康部位与患病部位界限明显，病变皮肤增厚，出现龟裂和糠皮状癣屑。

病兔皮肤剧痒终日啃咬、摩擦和烦躁不安，影响正常采食和休息，代谢障碍而日渐消瘦、贫血，甚至死亡。

兔背肛螨多寄生虫于口、鼻和耳，皮肤增厚并龟裂。

兔痒螨、兔足螨多寄生于外耳道，多从耳根开始，随后蔓延到整个耳部，引起外耳道炎，耳分泌物增多，干涸结成厚而硬的黄色痂皮，似纸卷样塞满耳道，耳下垂。兔频频摇头，搔耳不安，有脚爪搔抓患部。波及脑部时有神经症状。

寄食姬螯螨寄生于体表，感染处有小红疹，剧痒，脱毛。

(三)实验室诊断

根据临床症状可进行初步诊断。确诊需进行病原检查。

1. 实验室病原检查

(1)采病料涂片镜检

在病变与健部交界处刮取皮屑，放在载片上，滴加 2～3 滴 50％甘油，加盖片显微镜检查。

(2)虫体浓集法

取较多病料置于试管中，用 10％氢氧化钠溶液溶解皮屑，吸取沉渣滴于载片上镜检。

2. 病原体形态

兔疥螨：为疥螨科。虫体小近圆形，长 0.2～0.5 mm，淡黄色，背面隆起，腹面扁平，体表有鳞片和圆锥形皮刺，腹面有 4 对短粗分节的肢，后两对肢不超出体缘，足上的吸盘呈钟形、柄长不分节。

兔背肛螨：为痒螨科，形态与疥螨相似，但虫体更小，雌虫 0.17～0.24 mm，雄虫长 0.12～0.14 mm，躯体上指状刺、锥状刺和棘突等均细小或较少。肛门位于虫体背面。

兔痒螨：为痒螨科，长圆形，淡黄色体长 0.5～0.9 mm，刺吸式圆锥口器，腹面 4 对较长的肢，均超出体缘，躯体背面表皮有细皱纹。

兔足螨：为痒螨科，形态与兔痒螨相似，虫体较小，卵圆形，淡黄色体长 0.3～0.5 mm，口器较短，足长，跗节吸盘的柄不分节。

寄食姬螯螨：为恙螨亚目、肉食螨科。虫体呈淡黄色，雌虫卵圆形，大小为(340～500)mm×(240～285)mm，假头大，突出于体前端。须肢粗壮，远端有一钩状的须肢爪，可做 90 度弯曲，爪的内缘具细齿。

兔螨均为不完全变态生活史，其发育过程包括卵、幼虫、若虫和成虫 4 个阶段。

(四)鉴别诊断

1. 湿诊

病兔具有受温病史，多发生于腹下，皮肤出现密集的红点或红疹块、丘疹和水疱为主要特点，痒觉不明显，皮肤多鳞屑但无厚痂，温暖环境痒觉不加重，应用收敛药效果好。

2. 毛囊虫

病原为毛囊虫，以皮肤结节、脓疱和落屑为主要特征。

3. 痘病

病原为痘病毒，病兔具有明显的全身症状，局部形成特殊的痘疹和脓疱。

4. 秃毛癣

病原为毛癣菌，镜检病料可检出真菌孢子和菌丝体，无痒觉，常有圆形或椭圆形界限、表面有疏松、易脱落的皮屑。

5. 梅毒

病原为密螺旋体，交配感染，生殖器官皮肤黏膜溃疡、结痂。

【防治要点】

(一)治疗措施

临床上常用的药物有：

1. 患部处理

首先剪去兔患部及周围 3 cm 左右的被毛，除去痂皮和污垢，将污物收集后集中销毁，再用 2%的来苏儿溶液刷洗患部，保持干净卫生。

2. 全身疗法

伊维菌素：按每千克体重 0.3 mg 颈部皮下注射，间隔 1 周后，再注射 1 次，以杀死新孵出的幼虫。

3. 局部疗法

可选用新洁尔灭、敌百虫合剂进行局部涂抹，配方是 2 g 敌百虫与 100 mL 1∶50 新洁尔灭稀释液混合，现用现配，用毛刷蘸取少量涂于病变处皮肤处，每 3 天 1 次。也可选用螨净，按 1∶500 比例稀释，涂擦患部，间隔 7～10 d 再重复一个疗程，直至治愈为止。注意家兔不适于药浴，仅可依次分部位治疗。

(二)预防措施

1. 新购入的兔群，要隔离观察，确认无病后方可混群饲养。

2. 定期检查兔群，一旦发现病兔，必须立即淘汰或隔离治疗。

3. 定期消毒，兔舍、兔笼定期用火焰或2%敌百虫水溶液进行消毒，发现病兔隔离治疗，种兔停止配种。

4. 注意兔舍通风、干燥、光线充足，及时清除粪尿，勤换垫草，保持环境卫生，从根本上杜绝感染源的存在、发展和蔓延。

拓展阅读

兔肉中的“兽药残留”对人体的危害及控制措施

计 划 单

<table>
<tr><td>学习情境1</td><td colspan="4">特种兽畜病防治</td><td>学时</td><td></td></tr>
<tr><td>计划方式</td><td colspan="6">小组讨论，设计对某特种兽畜病诊断步骤，制定防治措施</td></tr>
<tr><td>序号</td><td colspan="4">实施步骤</td><td>使用资源</td><td>备注</td></tr>
<tr><td></td><td colspan="4"></td><td></td><td></td></tr>
<tr><td></td><td colspan="4"></td><td></td><td></td></tr>
<tr><td></td><td colspan="4"></td><td></td><td></td></tr>
<tr><td></td><td colspan="4"></td><td></td><td></td></tr>
<tr><td></td><td colspan="4"></td><td></td><td></td></tr>
<tr><td></td><td colspan="4"></td><td></td><td></td></tr>
<tr><td></td><td colspan="4"></td><td></td><td></td></tr>
<tr><td></td><td colspan="4"></td><td></td><td></td></tr>
<tr><td></td><td colspan="4"></td><td></td><td></td></tr>
<tr><td></td><td colspan="4"></td><td></td><td></td></tr>
<tr><td>制定计划说明</td><td colspan="6"></td></tr>
<tr><td rowspan="3">计划评价</td><td>班 级</td><td></td><td>第 组</td><td>组长签字</td><td colspan="2"></td></tr>
<tr><td>教师签字</td><td colspan="2"></td><td>日 期</td><td colspan="2"></td></tr>
<tr><td colspan="6">评语：</td></tr>
</table>

决策实施单

学习情境 1	特种兽畜病防治					
讨论小组制定的计划书，做出决策						
计划对比	组号	工作流程的正确性	知识运用的科学性	步骤的完整性	方案的可行性	人员安排的合理性	综合评价
	1						
	2						
	3						
	4						
	5						
	6						

制定实施方案		
序号	实施步骤	使用资源
1		
2		
3		
4		
5		
6		

实施说明：

班　级		第　组	组长签字	
教师签字			日　期	
	评语：			

作 业 单

<table>
<tr><td>学习情境1</td><td colspan="6">特种兽畜病防治</td></tr>
<tr><td>作业完成方式</td><td colspan="6">以学习小组为单位，课余时间独立完成，在规定时间内提交作业</td></tr>
<tr><td>作业题1</td><td colspan="6">分析水貂阿留申病毒感染的原因，如何进行实验室诊断？</td></tr>
<tr><td>作业解答</td><td colspan="6"></td></tr>
<tr><td>作业题2</td><td colspan="6">请拟定一例梅花鹿血尿病的病例，如何进行现场诊断？并制定一份综合防治方案(可加附页)</td></tr>
<tr><td>作业解答</td><td colspan="6"></td></tr>
<tr><td>作业题3</td><td colspan="6">分析兔瘟免疫失败的原因</td></tr>
<tr><td>作业解答</td><td colspan="6"></td></tr>
<tr><td rowspan="4">作业评价</td><td>班　级</td><td></td><td>第　组</td><td>组长签字</td><td colspan="2"></td></tr>
<tr><td>学　号</td><td></td><td>姓　名</td><td colspan="3"></td></tr>
<tr><td>教师签字</td><td></td><td>教师评分</td><td></td><td>日期</td><td></td></tr>
<tr><td colspan="6">评语：</td></tr>
</table>

效果检查单

<table>
<tr><td>学习情境 1</td><td colspan="5">特种兽畜病防治</td></tr>
<tr><td>检查方式</td><td colspan="5">以小组为单位，采用学生自检与教师检查相结合，成绩各占总分(100 分)的 50%</td></tr>
<tr><td>序号</td><td>检查项目</td><td colspan="2">检查标准</td><td>学生自检</td><td>教师检查</td></tr>
<tr><td>1</td><td>资讯问题</td><td colspan="2">回答是否正确、资料查询是否准确</td><td></td><td></td></tr>
<tr><td>2</td><td>现场诊断</td><td colspan="2">方法是否正确、操作是否规范、结论是否正确、剖检后动物尸体处理是否正确规范</td><td></td><td></td></tr>
<tr><td>3</td><td>实验室诊断</td><td colspan="2">能否选择适当的方法进行诊断、材料准备是否齐备、操作是否认真规范、判断是否准确、结论是否正确</td><td></td><td></td></tr>
<tr><td>4</td><td>治疗方法</td><td colspan="2">药物选择是否合理、使用方法是否正确、是否应用药敏试验选择用药、是否考虑用药的一些注意事项</td><td></td><td></td></tr>
<tr><td>5</td><td>预防措施</td><td colspan="2">措施制定是否合理、是否具有可行性、能否达到预期的目的</td><td></td><td></td></tr>
<tr><td>6</td><td>免疫接种</td><td colspan="2">免疫程序是否合理、免疫接种方法是否正确、疫苗的使用及保存是否正确</td><td></td><td></td></tr>
<tr><td>7</td><td>团队合作</td><td colspan="2">团队中是否分工明确、合作密切</td><td></td><td></td></tr>
<tr><td rowspan="3">检查评价</td><td>班　　级</td><td></td><td>第　　组</td><td>组长签字</td><td></td></tr>
<tr><td>教师签字</td><td colspan="2"></td><td>日　　期</td><td></td></tr>
<tr><td colspan="5">评语：</td></tr>
</table>

评价反馈单

学习情境 1	特种兽畜病防治				
评价类别	项目	子项目	个人评价	组内评价	教师评价
专业能力（60%）	资讯（10%）	查找资料，自主学习（5%）			
		资讯问题回答（5%）			
	计划（5%）	计划制定的科学性（3%）			
		用具材料准备（2%）			
	实施（25%）	各项操作正确（10%）			
		完成的各项操作效果好（6%）			
		完成操作中注意安全（4%）			
		使用工具的规范性（3%）			
		操作方法的创意性（2%）			
	检查（5%）	全面性、准确性（2.5%）			
		生产中出现问题的处理（2.5%）			
	结果（10%）	提交成品质量（10%）			
	作业（5%）	及时、保质完成作业（5%）			
社会能力（20%）	团队协作（10%）	小组成员合作良好（5%）			
		对小组的贡献（5%）			
	敬业、吃苦精神（10%）	学习纪律性（4%）			
		爱岗敬业和吃苦耐劳精神（6%）			
方法能力（20%）	计划能力（10%）	制定计划合理（10%）			
	决策能力（10%）	计划选择正确（10%）			
意见反馈					
请写出你对本学习情境教学的建议和意见					

评价评语	班　级		姓　名		学　号		总　评	
	教师签字		第　组	组长签字			日　期	
	评语：							

学习情境 2

特种珍禽病防治

学习任务单

学习情境 2	特种珍禽病防治			学　时	16
布置任务					
学习目标	1. 能够明确说出各珍禽病的主要流行特点、典型的临床症状和病理变化； 2. 能够运用流行病学调查、临床症状观察、病理剖检检查及此类疾病的类症鉴别等方法，进行疾病的现场诊断； 3. 能够正确运用疾病临床诊断技术、实验室诊断技术(如血清学试验方法、常规的病原鉴定方法)，对特种珍禽普通病、传染病及寄生虫病做出正确诊断； 4. 能够对诊断出的特种珍禽病予以合理治疗； 5. 能够根据养禽场的具体情况，制定防治措施； 6. 能够组织、实施防治措施； 7. 具有实事求是的工作态度、尊重科学规律、遵守职业道德				
任务描述	对养禽场常发的特种珍禽病做出正确诊断，予以治疗，制定出切实可行的防治措施并予以实施，具体任务： 1. 根据流行病学调查、临床症状、病理剖检变化、类症疾病鉴别等方法，对病例的解析、推断，进行特种珍禽疾病的现场诊断； 2. 依据现场诊断结果，设计实验室检验方案，进行传染病、寄生虫病及普通病的实验室诊断，做出疾病的正确诊断； 3. 对确诊疾病设计出治疗方案并予以合理治疗； 4. 对疫病进行疫情处理； 5. 制定养禽场防治措施并予以实施； 6. 免疫接种； 7. 免疫监测				
学时分配	资讯：8 学时	计划：0.5 学时	决策：0.5 学时	实施：6 学时	考核：0.5 学时	评价：0.5 学时
提供资料	1. 信息单； 2. 参考书； 3. 相关网站				
对学生要求	1. 以小组为单位完成学习任务，充分发挥团队集体智慧和协作精神； 2. 按任务资讯单内容，认真准备资讯问题； 3. 按各项工作任务的具体要求，认真设计及实施工作方案； 4. 严格遵守特种养禽场各项规章制度，遵守劳动纪律； 5. 严格遵守珍禽剖检、检验等技术的操作规程，避免散播病原； 6. 严格遵守养禽场消毒卫生制度，防止传播疾病； 7. 严格遵守相关实验室管理制度，避免安全事故发生				

任务资讯单

学习情境 2	特种珍禽病防治
资讯方式	阅读信息单及参考书；进入相关网站，观看 PPT 课件、视频；图书馆查询；向指导教师咨询
资讯问题	1. 鸽Ⅰ型副黏病毒病的病原是什么？其有何主要生物学特征？ 2. 目前我国鸽Ⅰ型副黏病毒病的流行有哪些特点？ 3. 鸽Ⅰ型副黏病毒病的临诊表现有哪些？ 4. 怎样进行鸽Ⅰ型副黏病毒病的实验室诊断？ 5. 鸽Ⅰ型副黏病毒病与鸽副伤寒、禽脊髓炎临床症状及剖检病变有何相似点？如何进行类症鉴别？ 6. 治疗鸽Ⅰ型副黏病毒病应选择哪些方法？ 7. 预防鸽Ⅰ型副黏病毒病可用哪些疫苗？如何进行免疫？ 8. 采取哪些有效措施可以预防鸽Ⅰ型副黏病毒病的发生？ 9. 鹧鸪溃疡性肠炎的发病日龄有什么特点？其病原体是什么？ 10. 鹧鸪溃疡性肠炎的特征性病变有哪些？ 11. 当火鸡群出现呼吸道症状和窦炎时，除了支原体感染外，还有哪些禽病进行类症鉴别？ 12. 火鸡组织滴虫病的特征性病理变化如何？治疗该病可选择哪些药物？ 13. 鸽毛滴虫病主要症状及特征性病理变化有哪些？ 14. 鸵鸟住白细胞虫病的主要病理变化特点有哪些？ 15. 如何鉴别珍珠鸡包涵体肝炎与传染性法氏囊病？ 16. 发生火鸡包涵体肝炎后怎样治疗？治疗时应注意什么？ 17. 分析肉用珍禽发生啄癖的原因。 18. 鸭瘟的临床症状及剖检变化是什么？ 19. 禽曲霉菌病病原是什么？它有何生物学特性？ 20. 鸭瘟与鸭巴氏杆菌病如何进行类症鉴别？ 21. 鸭病毒性肝炎的主要临床特征是什么？ 22. 鸭病毒性肝炎剖检病理变化如何？ 23. 鹌鹑痘的临床表现和剖检变化是什么？ 24. 怎样确诊鸭疫里默氏杆菌病？ 25. 如何防治禽羽虱病的发生？ 26. 禽球虫病发病日龄有什么特点？ 27. 球虫病有哪些临床表现及特征性病理变化？ 28. 禽球虫病应与哪些传染病和寄生虫病进行类症鉴别？ 29. 如何进行球虫病的实验室诊断？其卵囊和孢子化卵囊的形态如何？ 30. 治疗球虫病可选择哪些药物？治疗时需注意哪些事项？ 31. 怎样预防球虫病？ 32. 如果你是特禽养殖场的场长，请你制定出禽场的综合防治方案。
资讯引导	1. 廖明．兽医全攻略——特种养殖珍禽常见疾病．北京：中国农业出版社，2009 2. 王新华．鸡病诊疗原色图谱．北京：中国农业出版社，2008 3. 崔恒敏．鸭病诊疗原色图谱．北京：中国农业出版社，2008 4. 王增年．观赏鸟病诊疗原色图谱．北京：中国农业出版社，2008 5. 谷长勤．实用珍禽疾病诊疗新技术．北京：中国农业出版社，2006 6. 张玉军．经济动物生产技术．哈尔滨：黑龙江科学技术出版社，1999 7. 张振兴．特禽饲养与疾病防治．北京：中国农业出版社，2001 8. 韩晓辉．宠物寄生虫病．北京：中国农业科学技术出版社，2008 9. 中国特禽养殖网：http/www.eq3158.cn

相关信息单

项目1 肉用型特种珍禽病防治

任务一 诊断

案例：某新建肉鸽场饲养30 000对肉鸽，进入秋季有500对种鸽发病，出现精神沉郁，病鸽体温升高达42℃以上，呼吸困难、气喘，排黄绿色或黄白色稀水样粪，肛门周围被绿色粪便沾满，个别鸽出现扭头歪颈、转圈运动等神经症状。经干扰治疗后仅隔2个月又有两间育成鸽舍发病，从采取综合性措施至控制该病，先后时间达4个月，共病死种鸽3 000多对，育成鸽4 500对，乳鸽5 000多对。该鸽场损失12 500多对鸽，占当时存栏数的41.6%。

案例分析：该肉鸽养殖场进入秋季部分鸽出现精神沉郁，体温升高达42℃以上，呼吸困难、气喘，排黄绿色或黄白色稀水样粪，肛门周围被绿色粪便沾满，个别鸽出现扭头歪颈、转圈运动等神经症状。数月死亡12 500多对鸽。

1. 现场诊断

【材料准备】

临床检查器械、解剖器械和消毒药品等。

【工作过程】

初步诊断：

(1)调查发病情况

深入鸽养殖场，通过询问、现场观察等方式，了解鸽群的发病时间、发病日龄、发病率、死亡率、死亡的急缓及用药情况；了解种鸽群免疫接种情况，所用疫苗的种类、来源、运送及贮存方法，接种剂量；了解本场、本地及邻近地区是否发生过类似疾病，是否确诊，是否采取控制措施；了解此病发病前是否从外地引进新鸽等。

综合分析获得的信息，确定发病类型。

(2)临床检查

对肉鸽进行个体检查，特别注意鸽的体温变化、皮肤及黏膜的颜色变化、粪尿的性状颜色、营养状况、精神状态等，掌握其特征性临床症状。必要时对血、粪、尿等进行常规实验室检查。结合临床检查结果及发病特点，对具有特征性症状的典型病例可做出诊断，对非典型病例提示可疑疾病的大致范围。

(3)病理剖检

对死亡鸽尸体进行剖检。珍禽剖检程序按照规定的方法和顺序进行，全面剖检观察，详细记录，特别注意疑似疾病脏器的典型病理变化，必要时可采集病变组织块进行病理组织学检查。根据剖检结果进行分析判断，对具有特征性眼观病理变化的病例结合特征临床症状可以做出诊断，对没有特征性眼观病理变化的提示可疑疾病及提供下一步诊断线索。

(4)综合分析

根据流行病学调查结果(见表2-1)、临床症状及剖检变化，在诸多的症状和病变中提取特征临床症状(见表2-2)及主要剖检变化(见表2-3)，提示可疑疾病。通过类症鉴别的方法(见表2-4)，做出初步诊断。

表2-1 发病特点

发病情况及流行病学调查	发病特点	确定病型
①发病情况：肉鸽养殖场存栏30 000对肉鸽，秋季突然发病，来势迅猛，大多数鸽发病，数月死亡12 500多对鸽，占当时存栏数的41.6% ②3月龄以下的鸽易感，尤其是乳鸽和育成鸽比种鸽更易感 ③发病初、中期表现精神沉郁，食欲不振或食欲废绝，呆立，病鸽体温升高达42℃以上，呼吸困难、气喘；病鸽腹泻，排黄绿色或黄白色稀水样粪，肛门周围沾满绿色粪便。中、后期头颈扭曲或歪斜，转圈运动，极度消瘦脱水而死 ④用药情况：发病后应用青霉素、链霉素、磺胺类药物肌肉注射，不见好转 ⑤鸽场免疫情况：新建鸽场，目前为止种鸽没有进行免疫接种 ⑥近期没有从外地引进饲料及种鸽	①明显年龄特点 ②病来势迅猛 ③感染率死亡率均高 ④传染性强 ⑤有腹泻和神经症状 ⑥种鸽未进行免疫接种，乳鸽发病率、病死率高	以腹泻和神经症状为主症的传染病

表2-2 症状特点

临床症状	症状特点	提示疾病
①临床表现以腹泻和神经症状为特征 ②本病的潜伏期为1～10 d。乳鸽感染后2 d死亡 ③最急性病例无任何明显症状突然死亡 ④大多数病鸽，开始时表现精神沉郁，食欲不振或食欲废绝，羽毛松乱，呆立。随着病情的发展，体温达42℃以上，呼吸困难、气喘，排黄绿色或黄白色稀水样粪，肛门周围被粪便水玷污。个别扭头歪颈 ⑤病程稍长者，翅腿麻痹，不能站立、鸽体肌肉震颤、原地转圈，或头向后仰，共济失调，最后衰竭而死。病程3～7 d	①突然发病死亡，死亡率高 ②体温达42℃以上 ③潜伏期1～10 d ④排黄绿色或黄白色稀水样粪 ⑤扭头歪颈等神经症状	鸽Ⅰ型副黏病毒病 鸽副伤寒 禽脑脊髓炎 鸽型副黏病毒病

表2-3 剖检变化特点

病理剖检变化	剖检特点	提示疾病
①全身呈败血症 ②嗉囊充满酸臭米汤样的液体 ③咽部黏膜、喉、气管、肺脏充血 ④腺胃和肌胃黏膜交界处有条纹状出血，腺胃乳头出血，肌胃角质下层条纹状出血 ⑤肠道黏膜和泄殖腔充血、出血 ⑥盲肠扁桃体出血 ⑦脑膜及脑实质水肿 ⑧肾、肝肿胀增大，瘀血，出血 ⑨死鸽的胸、颈部皮下广泛出血；肌间组织有淡黄色、胶冻样物	①全身败血症 ②嗉囊充满液体 ③腺胃乳头出血，肌胃角质下层条纹状出血 ④呼吸道黏膜、肠道黏膜和泄殖腔充血、出血 ⑤肾、肝肿胀增大，瘀血，出血	鸽Ⅰ型副黏病毒病

表 2-4 鉴别诊断

提示疾病	主要排除理由	初步诊断
鸽副伤寒	鸽瘟与鸽副伤寒都有水样或黄绿色下痢及肢体麻痹，但鸽副伤寒缺乏颈部皮下广泛瘀斑性出血，颅骨、肌胃角质膜下斑状出血和胰腺大理石状病变	鸽Ⅰ型副黏病毒病
禽脑脊髓炎	禽脑脊髓炎头部有明显的震颤，与鸽瘟病震颤类似，但禽脑脊髓炎剖检可见腹部皮下和脑有蓝绿色区，少数幼龄鸽的单侧或双侧眼睛有同样的变色区	

(5)初步诊断结果

综合分析流行病学特点、临床症状及剖检病理变化，初步诊断为鸽Ⅰ型副黏病毒病。确诊还需进行病原分离或血清学等实验室诊断。

2. **实验室诊断**

【材料准备】

器材：手术刀，剪刀，镊子，研钵和钵杵，－20℃冰箱，超净台，注射器，酒精灯，蜡烛，37℃温箱，照蛋器，暗室，标记笔，打孔器，平皿，96 孔 V 形反应板，微量可调移液器及配套吸头，离心管，离心机，微量振荡器等。

药品：无菌生理盐水，青、链霉素，MV-Ⅰ标准阳性血清，阴性血清，抗凝剂(阿氏液)，pH 7.2 的 0.01 mol/L 磷酸盐缓冲液(PBS)，消毒剂(3%碘酊棉、75%酒精棉)等。

实验动物：9～10 日龄非免疫或 SPF 鸡胚，健康公鸡，健康乳鸽。

【检验过程】

(1)病料采集

在无菌操作下采取病鸽脑、肝、脾组织研磨，加无菌生理盐水制成 1∶10 的悬浮液，加青霉素、链霉素处理后，－20℃反复冻融 3 次，然后离心取上清液备用。

(2)鸡胚接种

取上清液按每只 0.2 mL 接种于 9～10 日龄非免疫或 SPF 鸡胚尿囊腔内，37℃继续孵化，每天上午、下午各照蛋观察 1 次。观察所接种鸡胚在 48～72 h 后是否死亡。无菌吸取尿囊液，观察鸡是否全身充血，在头、胸、背、翅和趾部有出血点。

(3)血凝试验、血凝抑制试验

①1%鸡红细胞悬液的制备：无菌采取鸡翅下静脉血，置于阿氏液中，注入离心管内，用 pH 7.2 的 PBS 洗 3 次，第 1 次、第 2 次洗涤均为 2 000 r/min，离心 3 min，倾去上清液，直至上清液清亮透明为止，最后一次洗涤为 3 000 r/min，离心 5 min，倾去上清液，吸取沉积在离心管底的红细胞，用 PBS 配成 1%鸡红细胞悬液。

②微量血凝试验(HA)：V 型血凝板一排的每孔中滴加 PBS 0.05 mL，共滴 3 排；吸抗原(收集到的尿囊液)滴加于第 1 列孔，每孔 0.05 mL，由左至右顺序倍比稀释至第 11 列孔，从第 11 列孔各吸 0.05 mL 弃之；每孔中加入红细胞悬液 0.05 mL，置微型混合器上振荡 1 min；置 37℃恒温箱 15～30 min，判定结果。

若初代鸡胚不死亡或尿囊液无血凝性，可盲传 3～4 代。如接种鸡胚出现病变且尿囊液 HA 效价在 1∶(2^6～2^7)，则表明可能存在鸽Ⅰ型副黏病毒。

③微量血凝抑制试验(HI)：V 型血凝板一排的每孔中滴加 PBS 0.05 mL，共滴 3 排；吸血清滴加于第 1 列孔，每孔 0.05 mL，由左至右顺序倍比稀释至第 10 列孔，从第 10 列孔各吸 0.05 mL 弃之(设阳性、阴性对照)；取 4 个 HA 单位的抗原加入 1～11 列孔，每孔 0.05 mL，置 37℃恒温箱 5～10 min；滴加红细胞悬液于各孔中，振荡混合后置 37℃恒温箱 15～30 min，判定结果。

测出 HI 抗体效价均位于 2^7～2^8，从而确诊该病为鸽Ⅰ型副黏病毒病。

(4)动物回归试验

将分离出的鸡胚尿囊液 10 倍稀释，肌肉注射 10 只乳鸽，每只 0.5 mL，观察其发病情况，记录发病、死亡状况。剖检病死鸽，并取病料制成匀浆离心，取上清液接种 10 日龄鸡胚，重新分离病毒。

任务二　疫情处理

【工作过程】

1. 疫情报告

鸽Ⅰ型副黏病毒是鸡新城疫病毒(NDV)的变异株，两者具有高度的免疫交叉性，并且易与新城疫混合感染，发病率、死亡率很高，对养鸽业危害较大。我国口岸动物检疫所已检出该病。因此，鸽场如果暴发鸽瘟应立即上报给当地防疫检疫部门。

2. 疫情处理

发生本病后应及时尽早注射鸽Ⅰ型副黏病毒高免血清，或精制鸽Ⅰ型副黏病毒高免卵黄抗体，可获得较高的治愈率。发生本病应立即封锁，隔离，严禁出售或引进种鸽，及时对病鸽进行无害化处理，对假定健康鸽群紧急预防接种，并带鸽消毒。同时应及时向有关专业技术单位求助，制定综合防疫措施。

任务三　治疗

【材料准备】

药品：高免血清、抗病毒药物、抗菌素药物、中药。

【工作过程】

治疗鸽Ⅰ型副黏病毒病尚无特效药，如已出现腹泻但还没出现神经症状前，马上进行药物预防性治疗，可减少损失，在接种高免血清或应用抗病毒药物同时，在饲料或饮水中添加抗菌药物同时配合中药疗法，有一定效果。

1. 选择药物

2. 治疗方案的确定

(1)各小组讨论治疗方案。

(2)供参考的治疗。

①特异性抗病毒治疗：接种高免血清，个体高免血清肌肉注射，每只 1～1.5 mL，或高免卵黄饮水，每只 1.5～2 mg。每天 1 次，连用 2～3 次。这种接种适用于疫情初期或受威胁的鸽群，有迅速控制疫情的作用。但有效持续期仅 7～14 d。

②应用抗病毒药物：可用病毒灵原粉 0.1%饮水，连用 5～7 d。

③为防止并发感染可在饲料或饮水中添加抗菌药物，适当投喂抗生素，如青霉素，每

千克体重 10 mg；链霉素，每千克体重 5 mg。同时，改善禽群的饲养管理，在饮水中补充适量的复合维生素，提高机体免疫。

④中药疗法：中医以清热解毒，为治疗原则，平时可用中草药预防。在保健砂中加入一些清热解毒、抗病毒类中草药，可以有效预防鸽瘟的发生。如甘草、龙胆草、穿心莲、银翘片等。发病时可用中草药方剂清瘟败毒散，按 0.5%拌料，连用 3～5 d。

任务四 预防

【工作过程】

1. 各小组根据鸽场实际情况讨论和制定该病综合防治措施。

2. 供参考的综合防治措施：

(1)加强鸽群的饲养管理，喂以营养充足的饲料，保证营养物质、维生素的需要量。

(2)搞好鸽舍卫生，减少应激因素，以提高鸽的体质，增强抗病能力。

(3)最好坚持“自繁自养”，如需要引种时不从疫区引种，新引入的种鸽应隔离观察1个月，确定健康后才能混群。

(4)鸽饲养应执行严格的隔离饲养制度，切断病原的传播途径。种鸽场要远离其他家禽饲养场，尤其是鸡场和鸽场。

(5)场区大门设消毒池，四周最好有生物隔离带，进入场区的车辆应严格消毒，车体进行喷雾消毒。场区分为办公区和生产区。生产区中不同阶段的肉鸽应分开饲养。

(6)鸽舍进口设置消毒池、饲槽、饮水器的清洗消毒，日常带鸽喷雾消毒等。

(7)疫苗接种：乳鸽阶段只能用弱毒苗进行免疫。常用的弱毒疫苗为鸡新城疫Ⅱ系、Ⅳ系，灭活苗为鸽Ⅰ型副黏病毒油乳剂灭活苗。7～20 日龄第一次接种，弱毒疫苗滴鼻，种鸽 1 月龄同样方法再接种一次。3 月龄时，弱毒疫苗滴鼻，同时颈部皮下或胸部肌肉注射鸽Ⅰ型副黏病毒油乳剂灭活苗，每只 0.5 mg。6 月龄时同样注射灭活疫苗一次，每只 1 mg。此疫苗不出现强反应，接种一次即具有良好的免疫力，非常安全。以后可于每年春、秋各接种一次。

必备知识

肉用型特种珍禽病防治

特种珍禽类的肉用型珍禽，包括山鸡、鹧鸪、肉鸽、火鸡、珍珠鸡、鸵鸟、红腹锦鸡等。

一、鸽Ⅰ型副黏病毒病

鸽Ⅰ型副黏病毒病又称“鸽瘟”，是由鸽Ⅰ型副黏病毒引起的一种高度接触性、急性、败血性传染病，主要表现为腹泻和神经症状。且易与新城疫合并感染。自 20 世纪 80 年代以来，本病已在我国很多地区发生、流行，并成为养鸽业危害严重的传染病之一。

【诊断要点】

(一)流行病学

易感动物：不同品种、品系和年龄的鸽都有易感性，临床发病多见于 3 月龄以下的鸽，且易与新城疫混合感染，在自然条件下，肉鸽、信鸽、赛鸽均可发病，乳鸽和育成鸽比种鸽更易感，没接种过疫苗的种鸽因无母源抗体，严重时发病率和死亡率均达到 100%。

该病毒也可感染鸡，在鸡新城疫的发生和流行上起着一定作用。

传染源：病鸽和带毒鸽是本病的主要传染源，其口、鼻分泌物和粪便中含有大量病毒，自口、鼻分泌物、粪便排毒。

感染途径：主要传播途径是呼吸道、消化道、眼结膜、创伤和泌尿生殖道，通过空气中的尘埃、污染的器具、饲料和饮水传播。从疫区引进种鸽是导致本病发生的重要因素，人员流动运输工具的机械传播也是不容忽视的原因，鸽与鸡的相互传染对本病的传播也起着不可忽视的作用。

高发季节：该病一年四季均可发生，临床上多以春秋多发，常呈地方流行性。本病的发病率和死亡率差异较大，日龄小、饲养环境差的鸽群发病情况较严重，反之则相对较轻，乳鸽、育成鸽的发病率可高达 50%～80%甚至高达 95%以上，流行期可高达 1～2 个月，病鸽生产性能严重下降。

（二）症状

本病的潜伏期为 1～10 d，通常是 1～5 d。主要临床特征是腹泻和神经症状。最急性病例无任何明显症状突然死亡，大多数病鸽，开始时表现精神沉郁，食欲不振或食欲废绝，饮欲增加，羽毛松乱，呆立。随着病情的发展，病鸽体温升高达到 42℃以上，呼吸困难、气喘，排黄绿色或黄白色稀水样粪，个别可表现扭头歪颈症状(见彩图 2-1)。

病程稍长者，病鸽出现翅腿麻痹，不能站立、鸽体肌肉震颤、原地转圈，有的头向后仰，共济失调，后期排墨绿色黏性稀粪，最后衰竭而死。病程 3～7 d，但也有的长达 10 d 以上。病程长的病鸽体重极轻，全身羽毛没有光泽，且肛门附近及后腹部的羽毛往往被粪便严重玷污。鸽体呈现极度衰竭。此时有神经症状的病例增多，但也有的鸽场病例增多并不明显。耐过鸽多数有神经症状后遗症，应彻底做淘汰处理。

（三）病理变化

急性死亡病鸽，与鸡新城疫的病变大致相似。全身呈败血症性病理变化，嗉囊充满酸臭混有气泡的液体。解剖病变主要见消化道广泛出血。腺胃和肌胃黏膜交界处有条纹状出血，腺胃乳头出血，肌胃角质下层出血；肠道黏膜和泄殖腔充血、出血，甚至溃疡，尤以十二指肠最为严重；盲肠、扁桃体出血；心冠沟、脑膜及脑实质水肿，并有小点状出血；呼吸道明显水肿、出血；肾、肝肿胀增大，瘀血，出血，脾脏肿大，颜色呈黑铜色，内有针尖至粟粒大的坏死结节；死鸽的胸、颈部皮下广泛出血；肌间组织有淡黄色、胶冻样物。

慢性死亡病例，消瘦脱水，皮肤较难剥离，剥离皮肤后可见肌肉干燥，稍潮红。泄殖腔充血、出血，肠道出血严重(见彩图 2-2)。具有神经症状病例可见脑膜充血，脑实质有针尖大小出血点。

（四）实验室诊断

1. 病原学诊断

鸽Ⅰ型副黏病毒，属副黏病毒科、风疹病毒属，是鸡新城疫病毒(NDV)的变异株，此病毒具有与鸡新城疫病毒相类似的特性：可使鸡胚发生全身性充血、出血变化及死亡，可凝集多种动物的红细胞，有时可使受感染鸡发病。但这些特性往往是多次的鸡胚传代才能表现出来，初次的传代一般见不到。该病毒一般只引起鸽发病，鸡新城疫病毒则可引起鸡、鸽等多种禽类发病，但鸽瘟可能为一种或者两种病毒共同引发。

在无菌操作下采取病鸽的肝、脾、肺、脑等病料，加入灭菌生理盐水制成1∶10匀浆悬液，离心，取上清液接种9～12日龄非免疫或SPF鸡胚尿囊膜或尿囊腔，出现鸡胚病变和死亡。若初代鸡胚不死亡或尿囊液无血凝性，可盲传3～4代，如接种胚出现病变和尿囊液检出血凝性(HA)，则表明存在鸽Ⅰ型副黏病毒和鸡新城疫病毒。用HI实验可以简单鉴别是鸽Ⅰ型副黏病毒还是鸡新城疫病毒。

2. 血凝与血凝抑制试验

用鸽血清进行红细胞凝集抑制试验已成为本病检查和抗体监测的一种手段，取病料匀浆悬液的离心上清液或感染鸡胚的尿囊液进行血凝性检测，可检出病毒抗原，但这种试验最好能连续进行2次，间隔时间5～7 d，若后一次比前一次的抗体滴度有明显升高，而事前又未曾有免疫接种的，可怀疑鸽群处于感染状态。

此外，凡适用于鸡新城疫的免疫血清学方法都可用于鸽Ⅰ型副黏病毒抗体的检测，如琼脂扩散法、酶联免疫吸附试验(ELISA)、病毒中和试验和单向辐射扩散法等。

3. 随着分子生物学技术的迅猛发展，运用核酸技术对鸽Ⅰ型副黏病毒病进行检测亦逐渐成熟。其中，尤以PCR、核酸探针技术、限制性内切酶片段长度多态性分析(RFLP)和核酸序列分析应用较为广泛，它们各有优缺点。

(五)鉴别诊断

诊断鸽瘟时需注意与鸽副伤寒和禽脑脊髓炎相区别。鸽瘟与鸽副伤寒都有水样或黄绿色下痢及肢体麻痹，但鸽副伤寒缺乏颈部皮下广泛瘀斑性出血，颅骨、肌胃角质膜下斑状出血和胰腺大理石状病变。

禽脑脊髓炎有明显的震颤(尤其是头部)，这与本病震颤类似，但禽脑脊髓炎剖检时可见腹部皮下和脑有蓝绿色区，少数幼龄禽的单侧或双侧眼睛有同样的变色区。

【防治要点】

(一)治疗原则及方法

治疗原则：目前治疗该病尚无特效药。但在出现神经症状前，治疗有一定效果，一旦出现神经症状，神经系统受到损伤，即失去治疗价值。

1. 特异性抗病毒治疗

接种高免血清，个体高免血清肌肉注射，每只1～1.5 mL，或高免卵黄饮水，每只1.5～2 mg。每天1次，连用2～3次。这种接种适用于疫情初期或受威胁的鸽群，有迅速控制疫情的作用。但有效持续期仅7～14 d。

2. 应用抗病毒药物

可用病毒灵原粉0.1%饮水，连用5～7 d。

3. 药物预防

为防止并发感染可在饲料或饮水中添加抗菌药物，并适当投喂抗生素，如青霉素，每千克体重10 mg；链霉素，每千克体重5 mg。同时，改善禽群的饲养管理，在饮水中补充适量的复合维生素，提高机体免疫。

4. 中药疗法

中医以清热解毒为治疗原则，平时可用中草药预防。在保健砂中加入一些清热解毒、抗病毒类中草药，可以有效预防鸽瘟的发生。如甘草、龙胆草、穿心莲、银翘片等。发病时可用中草药方剂清瘟败毒散，按0.5%拌料，连用3～5 d。

（二）防治措施

1. 加强鸽群的饲养管理

喂以营养充足的饲料，保证营养物质、维生素的需要量，搞好鸽舍卫生，减少应激因素，以提高鸽的体质，增强抗病能力。最好坚持"自繁自养"，如需要引种时不从疫区引种，新引入的种鸽应隔离观察1个月，确定健康后才能混群。鸽饲养应执行严格的隔离饲养制度，切断病原的传播途径。种鸽场要远离其他家禽饲养场，尤其是鸡场和鸽场。场区大门设消毒池，四周最好有生物隔离带，进入场区的车辆应严格消毒，车体进行喷雾消毒。场区分为办公区和生产区。生产区中不同阶段的肉鸽应分开饲养。

2. 疫苗接种

进行疫苗接种是预防鸽瘟的有效措施。疫苗有弱毒苗和灭活苗两种，乳鸽阶段只能用弱毒苗进行免疫。常用的弱毒疫苗为鸡新城疫Ⅱ系、Ⅳ系，灭活苗为鸽Ⅰ型副黏病毒油乳剂灭活苗。7～20日龄第一次接种，弱毒疫苗滴鼻，种鸽1月龄同样方法再接种一次。3月龄时，弱毒疫苗滴鼻，同时颈部皮下或胸部肌肉注射鸽Ⅰ型副黏病毒油乳剂灭活苗，每只0.5 mg。6月龄时同样注射灭活疫苗一次，每只1 mg。此疫苗不出现强反应，接种一次即具有良好的免疫力，非常安全。以后可于每年春、秋各接种一次。

对暴发本病的鸽场，可采取患鸽的肾、脾、脑、肝等脏器通过一定的程序研制成灭活组织(脏器)苗，肌内注射进行紧急免疫接种，是迅速控制本病的最佳方法。

3. 日常消毒

有效的日常消毒措施在很大程度上是减少疾病发生的有效措施。包括鸽舍入口设置消毒池、饲槽、饮水器的清洗消毒，日常带鸽喷雾消毒等。

二、鹧鸪溃疡性肠炎

鹧鸪溃疡性肠炎是由魏氏梭菌引起的一种急性细菌性传染病。本病对鹧鸪危害较大。主要以消化道溃疡和局灶性和弥漫性肝坏死为特征。

【诊断要点】

（一）流行病学

易感动物：鸡、火鸡、鸽、鹌鹑、鹧鸪，鹧鸪易感性最高，对6周龄以下的幼龄鹧鸪危害最大。发病率、死亡率均很高，几天之内死亡率可达到100%。

传染源：传染源为病禽和带菌禽，细菌自粪便排出体外，污染食物、垫料、饮水、空气、土地、食具和周围环境。特别是慢性病禽，是本病的主要传染源，因病菌的芽孢在土壤中可存活数月，鹧鸪场一旦发生本病则很难根除，影响成活率和生产成本。

感染途径：本病主要通过病菌感染的饲料和饮水经消化道感染，也可通过呼吸道、皮肤和损伤黏膜感染，蚊蝇也是本病的传染媒介。

高发季节：本病一年四季都可发生，饲喂腐败不洁的饲料，饮用不洁的水，阴雨天气，禽舍潮湿，饲养密度过大、通风不良，长期环境卫生较差时易诱发本病，并加重病情发展。

（二）症状

急性病例常常无明显症状就突然死亡，临床症状为腹泻，粪便中充满尿酸盐，白色水样便是本病的重要临床特征。随着病情发展，病鹧鸪精神极度萎靡，羽毛蓬乱无光泽，缩颈、拱背、目光呆滞，食欲完全消失，站立不稳，最后因脱水衰竭而死。死亡鹧鸪肌肉丰满，体格健壮，嗉囊中含有食物。病程一般为 2～4 d，如治疗不及时，死亡率很高，几天内可达 100%。

(三)病理变化

剖检可见十二指肠、空肠、盲肠内出血、充血，呈斑块状坏死，急性型小肠出血、充血严重，同时可见肠内有游离存在的颗粒状碎屑构成的柱状肠芯。早期肠道病变为小的黄色病灶，边缘出血，在浆膜和黏膜均能看到。随着病程延长，则溃疡面增大，出血性边缘消失，溃疡深入黏膜层，形成弹坑样溃疡，有时融合而形成大的坏死性伪膜性斑块。更严重的是，盲肠的溃疡可有一中心凹陷，病变呈血样内容物，有的形成干酪状物。溃疡深入肌层引起穿孔，导致腹膜炎和肠管粘连。肝脏有黄色局限性病灶，有的呈花斑状坏死区，有时灰黄色圆形小病灶布满整个肝脏。脾肿大出血。

(四)实验室诊断

1. 根据临床症状、流行特点、病理变化可作初步诊断。

2. 确诊需进行实验室诊断

(1)无菌采取坏死组织涂片，经革兰氏染色后镜检，可见革兰氏阳性大杆菌，呈直杆状或弯曲状，两端钝圆，一端有芽孢。

该菌具有梭状芽孢杆菌的一般特性，呈直杆状或稍弯曲，两端钝圆。芽孢位于菌体的亚极位，呈圆筒状。该菌在厌氧条件下生长，对各种物理化学因素有很强抵抗力。

(2)细菌分离培养：无菌采集病死鹧鸪肝脏和脾脏，划线接种于普通营养琼脂培养基和色氨酸磷酸琼脂培养基，普通营养琼脂培养基于 37℃下培养 24 h 观察无细菌生长。色氨酸磷酸琼脂培养基放入厌氧罐内，37℃下恒温培养 24 h 后观察，可见灰白色、圆形、隆起、半透明的菌落，经涂片、染色和镜检，可见菌体形态与压片相同。

挑选典型菌落接种于糖发酵管发酵葡萄糖、蔗糖、甘露糖、果糖、麦芽糖和棉子糖，产酸产气。不发酵乳糖、鼠李糖、山梨醇。不液化明胶，不产生吲哚和亚硝酸盐。

(五)鉴别诊断

本病注意与球虫病、坏死性肠炎、组织滴虫病相区别。

(1)球虫病

球虫病不引起肝的灶性坏死以及脾的肿大和出血，常见血便，粪便检查可见球虫卵囊。

(2)坏死性肠炎

该病由魏氏梭菌引起，与溃疡性肠炎症状很相似。病死鹧鸪以小肠后段黏膜坏死为特征。在肝组织涂片中，溃疡性肠炎病料可见到菌体和芽孢，坏死性肠炎仅见有菌体。

(3)组织滴虫病

本病盲肠肿大和充血，盲肠内有干酪样栓子，肝脏形成绿色大小不等、边缘凸起、中央凹陷的特征性坏死灶。取肝或盲肠内容物作病原学检查，可在显微镜下见到能活动的组织滴虫。

【防治要点】

(一)治疗原则及方法

1. 发病时须做药敏试验对药物加以筛选。平时可选用痢菌净、链霉素、喹诺酮类等药物进行预防。在饮水和饲料中添加链霉素每升水 1.1 g，第二天剂量减半。用 0.001%～

0.002%杆菌肽锌拌料连用 7 d。经过治疗 3 d 后病情基本得到控制，7 d 后全部恢复正常。

2. 全群采用 TMP 加 0.2%氟苯尼考饮水，每天饮水 3 次，连饮 5～7 d。饲料中添加多维，连喂 5～7 d。同时加强通风换气和消毒。

3. 经常添加微生物制剂，改善和恢复肠道正常菌群，可以提高禽群抵抗力。

(二)防治措施

1. 本病原菌主要存在于粪便及污染的垫料中，因此及时清理粪便、勤换垫料。禽舍、用具定期消毒。一般每周对禽舍进行一次消毒，可以用 0.10%百毒杀或 5%来苏水，并进行粪便生物热消毒，以减少病原扩散造成的危害。

2. 注意饲养密度，防止禽的拥挤，减少应激反应，做好日常的卫生工作，避免过热、过食等不良因素刺激，增强禽体抵抗力。药物预防可选用痢菌净、链霉素、喹诺酮类等。

三、火鸡组织滴虫病

火鸡组织滴虫病是由单毛滴虫科组织滴虫属的火鸡组织滴虫寄生于禽类盲肠和肝脏引起的疾病，又称盲肠肝炎或黑头病。主要特征为鸡冠、肉髯发绀，呈暗黑色；盲肠炎和肝炎。

【诊断要点】

(一)流行病学

易感动物：火鸡、鸡、雉、孔雀、鹧鸪、鹌鹑等。

传染源：患病和带虫的禽类，病原存在于粪便中鸡异刺线虫的虫卵内，鸡异刺线虫的虫卵是本病的携带者，火鸡通过吞食受感染的异刺线虫卵而发病。被病火鸡粪便污染的饲料、饮水、用具或土壤都是本病传播媒介。蚯蚓可作为本虫的转续宿主。

本病属直接发育型，以二分裂法繁殖。鸡异刺线虫的虫卵是本病的携带者，火鸡通过吞食受感染的异刺线虫卵而发病。当异刺线虫卵孵化后，组织滴虫逸出进入盲肠，然后附着在盲肠壁上以二分裂法繁殖，部分虫体通过血液到达肝脏。在盲肠内异刺线虫受到感染，组织滴虫侵入异刺线虫，在其卵巢中繁殖，并进入卵内，随鸡异刺线虫卵排到外界，由于有卵壳的保护，组织滴虫可在外界环境中生活很长时间。宿主体内的组织滴虫，也可直接随粪便排到体外，但由于虫体非常脆弱，排出数分钟即发生死亡，因此在临床上直接感染的方式意义不大。

高发季节：本病无季节性，但温暖潮湿的春夏季发生较多。火鸡在 3～12 周龄的易感性最高。

(二)症状及病理变化

火鸡精神沉郁，食欲减退或废绝，逐渐虚弱，羽毛松乱，翅下垂，蜷缩怕冷。下痢是最常见的症状，粪便恶臭呈淡绿色或淡黄色，严重时可排血便。后期有的病火鸡脸部和头部呈暗黑色，故称“黑头病”。

病变主要在盲肠和肝脏。最急性病例可见盲肠肿胀，肠壁肥厚，内腔充满浆液性或出血性渗出物，常形成干酪样的凝固栓子堵塞整个肠腔，肠管异常膨大变粗。如将肠管横切，则见干酪样凝固物呈同心圆层状结构，其中心为暗红色的凝血块，外围是淡黄色干酪化的渗出物和坏死物。盲肠黏膜出血、坏死并形成溃疡，间或有溃疡穿破肠壁，导致腹膜炎或粘连于其他内脏而引起死亡。肝脏肿大，呈紫褐色，表面出现黄绿色坏死灶，坏死灶大小不一，圆形或不规则形，中心凹陷，边缘稍隆起，散在或互相融合成片。

(三)诊断

根据症状、流行病学情况及特征性病变可以做出诊断。

采火鸡新鲜的盲肠内容物，用加温至40℃生理盐水稀释后，制成悬滴标本镜检，见到呈钟摆状往复运动的虫体后确诊。

火鸡组织滴虫为多形性虫体，随寄生部位和发育阶段的不同，形态变化很大。非阿米巴阶段的虫体近似球形，直径为3～16 μm，在组织细胞中单个或成堆存在，有动基体，但无鞭毛。阿米巴阶段虫体高度多样性，常伸出1个或数个伪足，有1根粗壮的鞭毛，细胞核呈球形、椭圆形。肠腔中的阿米巴形虫体细胞外质透明，内质呈颗粒状并含有吞噬细胞、淀粉颗粒等空泡。

【防治要点】

(一)治疗原则及方法

可选用以下药物：

氨硝噻唑，按0.1%浓度混料，连用7 d；

呋喃唑酮(痢特灵)，按0.04%浓度混料，连用7 d，休药期5 d；

甲硝哒唑(灭滴灵)，按0.02%浓度混料，连用7 d，休药期5 d；

二甲硝咪唑(达美素)，按0.04%浓度混料，连用7～14 d。为驱除异刺线虫可同时在饲料中加入左旋咪唑或丙硫咪唑，每千克体重20 mg。

(二)防治措施

幼禽和成禽分开饲养，防止健康带虫者传播。注意环境卫生与消毒，避免接触转续宿主。由于鸡异刺线虫在传播组织滴虫中起重要作用，所以杀灭异刺线虫卵是有效的预防措施，成年火鸡应定期驱除鸡异刺线虫。

四、鸽毛滴虫病

鸽毛滴虫病是由毛滴虫科毛滴虫属的毛滴虫寄生于鸽的消化道上段所引起的原虫病。主要感染幼鸽，病鸽表现出特征性的溃疡病变。

【诊断要点】

(一)流行病学

易感动物：各种鸽、火鸡、鸡、鹌鹑、隼、鹰和许多野生鸟类。

传染源：饮水为毛滴虫传播的主要途径，因毛滴虫在干燥的环境中不宜生存。野生和未驯化的鸽常常带有病原，并成为传染源。几乎所有的鸽子都是毛滴虫的携带者，可保持终身带虫。健康鸽的口腔、咽、食道和嗉囊可带虫，并通过种鸽的“鸽乳”直接传递给雏鸽，也可通过喙与喙之间的直接接触以及污染的饲料和饮水传播。其他鸟类感染可能通过鸽子、患病带虫的鸟污染的饮水和饲料传播。

本病通过纵的二分裂进行繁殖。一个虫体直接分裂成两个，两个分裂成四个，以此类推。尚未发现孢囊体、有性阶段或媒介。

幼鸽在形成足够保护力的免疫之前，一旦受强毒虫株的感染，死亡率高达50%。

(二)症状及病理变化

一般侵袭1～2周龄的雏鸽，育成鸽也能感染，成年鸽常为无症状感染。毛滴虫感染鼻、咽、喉后，一般不通过气管感染肺部。毛滴虫顺食道感染嗉囊，大量繁殖，造成大量黏性分泌物产生，因为经常甩头或呕吐，使得口腔周围羽毛潮湿或沾上食物。雏鸽和育成鸽感染后症状较为严重，表现为精神沉郁，食欲减少，羽毛蓬乱，互挤成团，尖叫，排白色水样或糊状粪，以迅速消瘦为特征，随之因极度衰弱而死亡。

病鸽口腔、头、喉部、嗉囊、食道黏膜上出现黄白色干酪样斑块或伪膜。干酪样物质积聚较多时，可部分或全部阻塞食道。口腔病变严重时，可以扩散到鼻咽部、眼眶和颈部软组织。严重时病变能扩展到前胃。毛滴虫进入肝脏引起干酪样损伤，始于表面，后扩展到肝实质，呈现为硬的、白色至黄色的圆形或球形病灶。

（三）诊断

典型的临床症状和眼观病变有很大的诊断价值，结合实验室检查便可确诊。采集口腔、嗉囊分泌物或刮取病变处黏液，加少量生理盐水做成压滴标本，镜检可见到呈梨形带有多条鞭毛的迅速移动的虫体即可确诊。

鸽毛滴虫是一种单细胞原虫性寄生虫，呈梨形，移动迅速，长 5～9 μm，宽 2～9 μm。虫体前端毛基体发出 4 根典型的游离鞭毛，一根细长的轴刺常延伸至虫体后缘之外。在虫体的一侧还具有鳍样的波动膜，始于虫体的前端，止于虫体的稍后方。

（四）鉴别诊断

念珠菌病的病理变化特征是病鸽口腔、食道、嗉囊黏膜表面形成乳白色膜，与黏膜结合牢固，不易剥离，膜的表面粗糙；维生素 A 缺乏症的病理变化特征是病鸽口腔、食道甚至嗉囊表面形成白色小脓包，突起于黏膜表面，在中心部形成凹陷。

【防治要点】

（一）治疗原则及方法

可选用以下药物：

灭滴灵（甲硝哒唑），是治疗滴虫病的首选药物，按 0.05%浓度混水，连续饮用 5 d，停服 3 d，再饮 5 d，效果较好；

二甲硝咪唑（达美素），按 0.05%浓度混水，连用 3 d，间隔 3 d，再用 3 d；

氨硝噻唑，按 0.1%浓度混料，连用 7 d；

10%碘甘油，涂搽在已除去了干酪样沉积物的咽喉溃疡面上，效果很好。

（二）防治措施

1. 加强卫生管理

保持笼舍通风、干净，减少粉尘是最有效的预防措施。饮水水源是交叉传染的主要传染源。勤换水，盛水容器应该每天清洗。

2. 加强饲养管理

不同日龄的鸽应分群分栏饲养，避免拥挤。在平时定期检查鸽口腔有无带虫，怀疑有病者，取其口腔黏液进行镜检。发现病鸽应隔离或淘汰，经彻底治愈后方可合群。不喂霉变饲料，注意补充维生素，可减少本病的发生。

3. 药物预防

定期检查鸽群，定期投药预防治疗。由于鸽毛滴虫是由成鸽传给雏鸽，种鸽应在哺乳前 10 d 就用药物预防或治疗，以防止其将毛滴虫传给乳鸽。

五、鸵鸟住白细胞虫病

鸵鸟住白细胞虫病是由疟原虫科住白细胞虫属的原虫寄生于鸵鸟的血液和内脏器官的组织细胞内引起的一种血孢子虫病。又称“白冠病”。本病发病急，病程短，传染和死亡快。主要特征为高热，贫血，共济失调，全身广泛性出血并伴有坏死灶。能引起较高的死亡率。

【诊断要点】

(一)流行病学

住白细胞虫在繁殖过程需要两个宿主，中间宿主是禽类，许多珍禽均可感染；终末宿主为吸血昆虫，其中卡氏住白细胞虫为库蠓，沙氏住白细胞虫为蚋。

传染源：患病和带虫的珍禽类，病原体存在于血液中。

住白细胞虫的发育史包括无性生殖和有性生殖，无性生殖在珍禽体内进行，有性生殖在吸血昆虫体内进行。

当带有住白细胞虫的库蠓或蚋吸血时，虫体的子孢子随其唾液进入鸵鸟等禽类体内，经血液到达肝、脾、肺、心等器官的组织细胞内进行裂殖生殖，产生无数的裂殖体和裂殖子。还有一部分进入血细胞内进行配子生殖，发育成雌、雄配子体。当库蠓或蚋叮咬吸食病鸟血液时，雌、雄配子体进入其消化道内继续配子生殖，产生雌、雄性配子，两者结合为合子，进一步发育为动合子，移行至库蠓或蚋消化道壁上形成卵囊，进行孢子生殖。囊内产生许多子孢子，卵囊成熟后子孢子逸出，移行至昆虫的唾液腺中。当库蠓或蚋再吸血时又将子孢子带入健康的宿主体内，重复上述的发育史。

住白细胞虫病的发生有明显的季节性，与传播媒介库蠓和蚋的活动密切相关，南方多发生于4～10月，北方多发生于7～9月。本病在我国福建、广东相当普遍，常呈地方性流行。6月龄以内的小鸵鸟易发病。

(二)症状及病理变化

病鸟体温升高，食欲下降，精神沉郁，腹泻，明显贫血，可视黏膜苍白，头部及喙苍白，严重的独蹲地上，闭目，头颈紧靠地，无力举起，共济失调。病鸟羽毛粗乱无光泽，排绿色水样粪便。死亡率较高。

全身各组织器官有小点出血或白色小结节，尤以颈部皮下大面积出血最严重。肌肉、心脏、肝脏和脾脏出血较明显，脏器表面多有针尖大、粟粒大隆起的点状出血或出血斑。肠管浆膜上有许多出血点，腺胃乳头出血。

(三)诊断

根据流行病学、临诊症状及剖检病变做出初步诊断。确诊需病原检查。

虫体检查。采心血或翅静脉血液，涂片经姬姆萨染色配子体呈蓝色，虫体的细胞核呈圆形或椭圆形，淡红色，中间核仁呈紫红色，宿主的细胞核常被挤在一侧。死亡剖检时，可取心肌、肌胃肌层和骨骼肌的小白点压片，可见到巨型裂殖体。

沙氏住白细胞虫，成熟配子体为长形，大小为4 μm×24 μm。大配子体的大小为6.5～22 μm，小配子体的大小为6～20 μm。宿主细胞变形为纺锤形。大小为6～67 μm，细胞核被配子体挤压成深色狭长的带状，围绕于虫体一侧。

【防治要点】

(一)治疗原则及方法

药物治疗宜在早期进行，可选用以下药物：

磺胺二甲氧嘧啶，以0.05%浓度饮水2 d，后用0.03%浓度继续饮水2 d；

氯苯胍，以0.006 6%浓度混料连服3～5 d，后改用0.003 3%浓度；

复方磺胺-5-甲氧嘧啶，按 0.03%浓度拌料，连用 5～7 d；

磺胺-6-甲氧嘧啶，按 0.2%浓度拌料，连用 4～5 d；

呋喃唑酮，按 0.04%浓度拌料，连用 4～5 d。

(二)防治措施

1. 消灭吸血昆虫

蠓的幼虫和蛹主要滋生于水沟、池沼、水井和稻田等处，不易杀灭。但成虫多于晚间飞入禽舍吸血，因而可用 0.1%除虫菊酯喷洒，杀灭蠓、蚋的成虫。

2. 药物预防

在流行季节，可用以下药物进行预防。磺胺二甲氧嘧啶以 0.002 5%～0.007 5%混料或饮水；碘胺喹啞啉以 0.005%混料或饮水；乙胺嘧啶以 0.000 1%混料；克球多以 0.012 5%浓度混料；痢特灵以 0.01%混料；氯苯胍以 0.003 3%混料。

六、珍珠鸡包涵体肝炎

包涵体肝炎是由禽腺病毒引起的，以肝脏受害为主，并在肝细胞中形成核内包涵体为特征的传染病。主要病征是突然发病，迅速死亡，贫血，肝脏肿大发黄并有坏死灶，肝细胞变性，并有包涵体。本病发病率较高。

【诊断要点】

(一)流行病学

易感动物：珍珠鸡、火鸡、鸽、鸡、鸭、鹅等均易感，3～10 周龄珍珠鸡更易感，几乎 100%感染，病死率约 40%。日龄大的珍珠鸡多呈隐性感染，从而成为最危险的传播者。

传染源：患病和带毒珍珠鸡是主要传染源。珍珠鸡感染后可成为终生带毒者，并可间歇性排毒。病毒主要通过粪便排出体外，污染环境。

感染途径：主要经呼吸道、消化道及眼结膜感染，也可通过种蛋传染给下一代。

感染后如果继发大肠杆菌病或梭菌病，则死亡率增高。本病的发生往往与其他诱发条件如传染性法氏囊病有关。病愈珍珠鸡能获终身免疫。本病易发生于免疫抑制鸡。在传染性法氏囊病流行的珍珠鸡群，本病为多见。在种鸡群或成年鸡群中往往不能察觉其临床症状，主要表现隐性感染。

(二)症状

该病感染后潜伏期很短。经自然感染的鸡潜伏期 1～2 d，初期不见任何症状死亡，2～3 d 后少数病鸡精神沉郁、食欲减退，肉垂、面部苍白贫血，羽毛蓬乱、无光泽，皮肤呈黄色，少数出现黄疸症状，黄白色水样下痢是本病特征。后期呆立嗜睡，转入死亡。3～5 d 达死亡高峰，死亡率达 10%。

种鸡和蛋鸡卵巢发育迟缓、开产期推迟、产蛋量下降。所产蛋出壳率降低。雏鸡死亡量增加，并发或继发感染其他疾病时，能造成很高的死亡率。

(三)病理变化

剖检可见皮下肌肉贫血、水肿、出血及黄染。肝脏肿大、脂肪变性呈黄色、表面有大小不等的点状出血，有针头大黄白色隆起病灶，使肝脏呈斑驳状；病程较长的肝脏萎缩、肝周炎。肾脏因尿酸盐沉积而肿大苍白，包膜下有出血点。有的脾脏表面有灰白色斑状或环状病灶。法氏囊和胸腺萎缩，黏膜菲薄。心包积液，心冠脂肪点状出血。血液稀薄，骨髓呈淡黄色油脂状。产蛋母鸡卵巢发育不良或不发育。

组织学变化肝细胞内出现核内包涵体，为本病的特征性病理变化。

(四)实验室诊断

1. 病原学诊断

鸡腺病毒是腺病毒科禽腺病毒属成员。无脂质囊膜，故对氯仿、乙醚等有机溶剂有抵抗力。对胰蛋白酶、石碳酸、5%乙醇以及不良环境均有较强的抵抗力。对热稳定，甲醛和碘制剂对腺病毒有灭活作用。

采集病变组织肝脏，经过常规的灭菌处理后接种于腺病毒阴性的4日龄鸡胚卵黄囊或绒毛膜尿囊。接种后5～10 d，鸡胚死亡。剖检死胚，若见胚胎出血，胚肝出血、坏死及特征性的肝细胞核内包涵体，即可证实腺病毒感染。

2. 包涵体检查

取肝脏病料作切片、涂片，染色后镜检，可见到细胞核内包涵体。

3. 荧光抗体试验

本病的血清学诊断应用荧光抗体法最为适宜。其中直接法用来检测抗原，一般用肾脏，鸡在感染病毒后1～7 d在细尿管上皮细胞的胞质中可检出荧光抗原，间质则检不出。出现CPF的肌酸激酶细胞、卵黄囊接种发生死亡的鸡胚等均可检出荧光抗原。间接法可检出感染鸡血清中的抗体。一般的方法是采发病期和恢复期双份血清作对比检查。

4. 其他血清学诊断方法

多用中和试验及琼脂扩散试验检查。鸡感染腺病毒后2～3 d就产生中和抗体，中和试验可用于病毒的鉴定，血清型的确定，抗体的检测以及病毒感染体的测定等。可按稀释病毒或稀释抗体法进行。琼脂扩散试验不受血清型的限制，抗原可对任何血清型抗体发生反应，适用于感染鸡群的抗体检查。

(五)鉴别诊断

鸡包涵体肝炎和传染性法氏囊病这两种病的病理变化有很多相似之处，鸡法氏囊病在发病日龄肌肉出血及快速死亡或康复方面都像鸡包涵体肝炎，但鸡包涵体肝炎并不能引起法氏囊胶冻样水肿和出血。

脂肪肝综合征也和包涵体肝炎有相似之处，但没有鸡包涵体肝炎的肌肉出血及肝细胞核内包涵体的特征。脂肪肝综合征由高能量饲料引起，无传染性。

【防治要点】

防治措施

目前无有效的疫苗用于预防本病。

1. 搞好常规禽场卫生消毒，减少诱发本病的应激因素，防止发生混合感染。

2. 加强饲养管理，饲料中添加多种维生素和微量元素，增加珍珠鸡的抵抗力。同时在饲料中还可添加庆大霉素等抗菌性药物减少其他细菌的感染。

项目2 药用、蛋用型特种珍禽病防治

任务一 诊断

案例：某养殖户饲养1 600只乌鸡，从30日龄开始陆续发生厌食，饮水减少，精神不

振，体质消瘦，鸡冠、肉髯、眼睛结膜苍白、贫血，胸下龙骨弯曲，嗉囊内充满液体，排浅黄色粪便，有明显症状的病鸡占全群的10%，平均每天死亡5只左右，40日龄时雏鸡死亡率上升，病鸡排出暗红色血样粪便，该乌鸡是5月中旬购入，实行地面平养育雏，使用全价饲养，但养饲养密度较大，饲主怀疑是球虫病，从35日龄开始使用磺胺喹恶啉钠、恩诺沙星投服3 d，死亡数没有减少，病情未好转。

案例分析：该乌鸡养殖场部分乌鸡出现精神沉郁，食欲不振，翅膀下垂，羽毛松乱，贫血，鸡冠苍白，胸下龙骨弯曲，嗉囊内充满液体。鸡冠、肉髯、眼睛结膜苍白、贫血，排浅黄色粪便，有明显症状的病鸡占全群的10%，平均每天死亡5只左右，40日龄时雏鸡死亡率上升，病鸡排出暗红色血样粪便。饲主怀疑是球虫病，从35日龄开始使用磺胺喹恶啉钠、恩诺沙星投服3 d，病情未好转。

1. 现场诊断

【材料准备】

临床检查器械、解剖器械和消毒药品等。

【工作过程】

初步诊断：

(1)调查发病情况

深入乌鸡养殖场，通过询问、现场观察等方式，了解乌鸡群的发病时间、发病日龄、发病率、死亡率、死亡的急慢及用药情况；了解种禽群免疫接种情况，所用疫苗的种类、来源、运送及贮存方法，接种剂量；了解本场、本地及邻近地区是否发生过类似疾病，是否确诊，是否采取控制措施；了解此病发病前是否从外地引进新种鸡等。

综合分析获得的信息，确定发病类型。

(2)临床检查

对乌鸡进行个体检查，特别注意乌鸡的皮肤及黏膜的颜色变化、粪尿的性状颜色、营养状况、精神状态等，掌握其特征性临床症状。必要时对血、粪、尿等进行常规实验室检查。结合临床检查结果及发病特点，对具有特征性症状的典型病例可做出诊断，对非典型病例提示可疑疾病的大致范围。

(3)病理剖检

对死亡乌鸡尸体进行剖检。珍禽剖检程序按照规定的方法和顺序进行，全面剖检观察，详细记录，特别注意疑似疾病脏器的典型病理变化，必要时可采集病理组织块进行病理组织学检查。根据剖检结果进行分析判断，对具有特征性眼观病理变化的病例结合特征临床症状可以做出诊断，对没有特征性眼观病理变化的提示可疑疾病及提供下一步诊断线索。

(4)综合分析

根据流行病学调查结果(见表2-5)、临床症状及剖检变化，在诸多的症状和病变中提取特征临床症状(见表2-6)及主要剖检变化(见表2-7)，提示可疑疾病。通过类症鉴别的方法(见表2-8)，做出初步诊断。

表 2-5 发病特点

发病情况及流行病学调查	发病特点	确定病型
①发病情况：乌鸡养殖场存栏 1 600 只乌鸡，夏季发病，因为气候潮湿多雨、气温较高的梅雨季节，来势迅猛，大多数雏乌鸡发病，死亡率占 10%左右，平均每天死亡 5 只左右，10 d 后死亡数量继续上升 ②3～5 周龄乌鸡易感，尤其是雏鸡和幼鸡比种鸡更易感 ③全价饲养，乌鸡厌食，精神不振，体质消瘦，鸡冠、肉髯、眼睛结膜苍白、贫血，嗉囊内充满液体，排浅黄色粪便，后排出暗红色血样粪便 ④用药情况：发病后应用磺胺类药物不见好转 ⑤新建鸡场，地面平养育雏 ⑥近期没有从外地引进饲料及种鸡	①明显年龄、季节特点 ②病来势迅猛 ③3～5 周龄雏鸡感染率、死亡率均高 ④传染性强 ⑤有腹泻症状 ⑥地面平养新建鸡场	珍禽以腹泻为主症的传染病

表 2-6 症状特点

临床症状	症状特点	提示疾病
①乌鸡突然发病，精神委顿，羽毛松乱，缩颈，闭目，呆立 ②食欲不振或废绝，体重减轻，结膜苍白，贫血、口渴 ③腹泻，泄殖腔周围羽毛被粪便污染，有的病禽有轻度下痢，有的出现致死性下痢，粪便水样或黏性绿色或血性稀便。若为盲肠球虫病粪便呈棕红色，以后变为纯粹血便 ④病乌鸡运动失调，鸡冠和面部苍白 ⑤病禽不及时治疗，逐渐衰竭而死亡，死亡率达30%～80% ⑥对雏禽和幼禽危害最大，成禽无临床症状，但体质瘦弱	①突然发病死亡，死亡率高 ②精神委顿 ③食欲不振或废绝 ④腹泻排血样稀便，甚至完全血便 ⑤运动失调 ⑥对雏禽和幼禽危害较大	球虫病 溃疡性肠炎 雏乌鸡白痢 乌鸡副伤寒 组织滴虫病 住白细胞原虫 传染性腔上囊病 蛔虫病、绦虫病 沙门氏菌病

表 2-7 剖检变化特点

病理剖检变化	剖检特点	提示疾病
尸体消瘦，可视黏膜、鸡冠、肉髯苍白 肠道病变： ①两侧盲肠高度肿大，呈暗红色腊肠状 ②浆膜见针尖大至小米粒大小的白色斑点 ③肠壁增厚，黏膜见出血点 ④肠腔内充满血凝块和脱落的黏膜碎片，随后逐渐变硬，形成红色或红白相间的肠芯 ⑤轻度感染的病禽可见黏膜肿胀，从浆膜面可见脑回样结构 ⑥小肠中段高度肿胀，如火腿样，肠壁充血、出血和坏死，浆膜有针尖状出血点，黏膜肿胀增厚，肠内容物中含有大量的血液、血凝块和坏死脱落的上皮组织	①尸体消瘦，可视黏膜、鸡冠、肉髯苍白 ②盲肠高度肿大呈暗红色 ③浆膜见白色斑点 ④黏膜有出血点 ⑤肠腔内充满血凝块和脱落的黏膜碎片，后变硬，形成红色或红白相间的肠芯 ⑥小肠中段高度肿胀，如火腿样，肠内容物中含有血液、血凝块和坏死脱落的上皮组织	球虫病

表 2-8 鉴别诊断

提示疾病	主要排除理由	初步诊断
溃疡性肠炎	由肠梭菌引起的肠炎，下痢，排水样白色粪便，后转为绿色、褐色水样便，剖检盲肠壁上的溃疡形成中心凹陷、内充满深灰色干酪物的病灶。肝脏有灰色或黄色坏死灶	乌鸡球虫病
雏乌鸡白痢	雏乌鸡怕冷，排白色糊状或石灰样的稀便，肛门周围大多数黏着黄白色排泄物，有时结成团块，把泄殖腔紧紧堵塞，排便时发出凄厉的叫声。发生在3周龄以内的雏鸡，可造成大批雏鸡死亡	
乌鸡副伤寒	黏液性下痢，肛门周围常粘有糊状粪便。肝脾肿大，肝脏上有坏死灶或出血条纹和压迹	
组织滴虫病	组织滴虫引起的疾病，下痢，粪便呈淡黄色或绿色，稍黏稠，有的带有血液，病鸡头部瘀血，鸡冠呈暗红色，面部皮肤呈暗紫色或暗黑色。盲肠肿大内有同心层状栓子，肝脏有特征性坏死灶	
住白细胞原虫	大量红细胞破坏，严重贫血，雏鸡出现急性死亡，各脏器均有出血，腹泻，排绿便水样粪便，头部及喙苍白	
传染性腔上囊病	雏鸡患传染性腔上囊病时，排出水样含有尿酸盐的稀便	
蛔虫病、绦虫病	下痢，粪便变稀，呈红色肉样物或混有带血黏液，在粪便中可检出虫体、孕节	
沙门氏菌病	小肠出血性炎症，盲肠膨大内含黄白干酪样物质堵塞，但沙门氏菌感染病变不局限于小肠、盲肠，其肝脾肿大，肝脏局灶性坏死	

(5)初步诊断结果

综合分析流行病学特点、临床症状及剖检病理变化，初步诊断乌鸡球虫病。确诊还需进行病原检查。

2. **实验室诊断**

【材料准备】

器材：显微镜，手术刀，外科剪刀，研钵和钵杵，平皿，镊子，粗天平，粪盒，粪筛，玻璃棒，塑料杯，10 mL离心管，离心机，4℃冰箱，平口试管，试管架，青霉素瓶，带胶头移液管，载片，盖片，剪子，解剖刀，肠剪子，污物桶，纱布等。

药品：饱和盐水，50%甘油水溶液。

实验动物及材料：病死雏禽，禽粪便。

【检验过程】

(1)病料采集

从病变的肠黏膜刮取病料或采新鲜未被污染的粪便备用。

(2)球虫病的生前诊断

①涂片法：在载片上滴50%的甘油水溶液(或生理盐水、普通水)，取少量粪便与甘油

水溶液混合，然后除去粗渣，加盖片，先用低倍镜检查，发现卵囊后用高倍镜检查。

②漂浮法(试管浮聚法)：取 2 g 粪便置于塑料杯中，加入 10～20 倍漂浮液进行搅拌混合，然后用粪筛滤入另一杯中。弃去粪渣，将滤液倒入霉素瓶中，直到液面接近瓶口为止，然后用滴管补加粪液，滴至液面凸出管口为止，静置 30 min 后，用清洁盖片轻轻接触液面，提起放于载片上镜检。

(3)球虫病死后诊断

剖检观察盲肠和小肠病变，急性型盲肠肿胀，呈暗红色，初期盲肠肠壁变薄，后期肠壁变厚，肠内容物含有大量血液；慢性主要表现在小肠，通过浆膜可见白色小斑点结节，肠壁肥厚，黏膜粗糙上附有一层黏稠渗出物，渗出物中含有血液。刮取病鸡盲肠内的少许粪便和血液，放在载玻片上，同等量的甘油或饱和盐水 1～2 滴调和均匀，上面加盖玻片，在显微镜下观察，可见球虫卵囊。

艾美耳属球虫：卵囊呈卵圆形或椭圆形，囊壁 2 层，在一端有微孔，其上有突出的微孔帽，又称极帽，在微孔下有 1～3 个极粒，卵内含一团原生质。具有感染性的卵囊内含子孢子，又称孢子化卵囊。孢子化卵囊内含 4 个孢子囊，每个孢子囊中含 2 个子孢子。

等孢子属球虫：卵囊无微孔、极帽和极粒。孢子化卵囊中有 2 个孢子囊，每个孢子囊中有 4 个子孢子。

任务二　疫情处理

【工作过程】

1. **疫情报告**

球虫病是寄生于禽小肠或盲肠内引起肠道组织损伤、出血的一种急性常见的原虫病，目前我国已将其列为二类动物疫病病种，禽类若严重感染，可引起灾难性暴发而导致严重的经济损失。乌鸡饲养场如果暴发球虫病应立即上报给当地防疫检疫部门。

2. **疫情处理**

一旦发生本病应立即封锁，隔离，可用 2%火碱水喷洒禽舍、鸟笼、饲养用具及垫料、垫沙等，严禁出售或引进种鸡，及时对病鸡进行无害化处理，对假定健康鸡群进行药物预防，给药越早越好，最好是在感染后 96 h 内给药，同时制定综合防疫措施。

近年来球虫弱毒虫苗已在生产中推广应用，可在 1～3 周龄滴口接种球虫弱毒苗，疫苗接种后 2 周内不清垫料，使乌鸡群重复感染而获得坚强免疫。

任务三　治疗

【材料准备】

药品：抗球虫药物。

【工作过程】

抗球虫药物对球虫生活史早期作用明显，而一旦出现病状和造成组织损伤，再用药往往收效甚微，若在感染后 96 h 内给药，可降低珍禽的死亡率。各种抗球虫药在使用一段时间后，都会引起虫体的抗体药性，甚至抗药虫株，有时对同类的其他药物也产生抗药性，因此，必须合理选择高敏抗球虫药物，连续用药时间不宜过长，有计划的应交叉用药和联合用药。

1. 选择药物

2. 治疗方案的确定

(1)各小组讨论治疗方案。

(2)供参考的治疗

①磺胺二甲氧嘧啶，按 0.2%浓度饮水服用，连用 3～5 d，停药 2～5 d，再用 3 d。注意不要连续饮用 7 d，以防中毒。

②磺胺间甲氧嘧啶(制菌磺片)，按 0.1%～0.2%浓度混水或拌料，连用 3 d。

③二硝托胺(球痢灵)，具有高效低毒的优点，按 0.025%浓度混料，连喂 3～5 d，疗效好，并对免疫力无影响。

④氯苯胍，是广谱抗球虫药，疗效显著。每千克饲料加入 30～40 mg，连用 7 d，若未治愈可再喂 7 d。

⑤百球清，每升水加百球清 25 mg，连续饮用 2 d，药物现用现配。

⑥克球多(可爱丹)，按 0.025%浓度混入饲料中，连用 5 d。

⑦呋喃唑酮(痢特灵)，每千克饲料加入 300～400 mg，连喂 4～5 d。注意混合均匀，以防中毒。

⑧敌菌净磺胺合剂，按 0.2%浓度混入饲料中，连用 3～5 d。

⑨呋喃西林，按 0.04%浓度拌于饲料中，一般 3～5 d 可治愈。

⑩常山酮(速丹)，每千克饲料加入 6 mg，连用 7 d，后改用半量。

任务四　预防

【工作过程】

1. 各小组根据乌鸡场实际情况讨论和制定该病综合防治措施。

2. 供参考的综合防治措施

(1)药物预防

经常发病地区，用药应采用穿梭方案或轮换方案，定期预防。如饲料中添加预防球虫的药物，可使用马杜拉霉素，拌料自 15 日龄起连续服用至上市前 5 d 停药。

(2)加强卫生管理

搞好鸡舍笼具的卫生和消毒工作，可用 2%火碱水喷洒禽舍、鸡笼、饲养用具及垫料、垫沙等，必须经常更换并保持干燥和干净，用前充分晒干。饮水和饲料不要受污染。

(3)加强饲养管理

平时将幼禽与成禽分开饲养，一旦发现病禽立即隔离。多喂含维生素 A 的饲料，以增强抵抗力。

(4)免疫预防

为了避免药物残留和食品的污染以及抗药虫株的产生，目前提倡应用鸡球虫活疫苗进行免疫预防。

必备知识

药用、蛋用型特种珍禽病防治

特种珍禽类的药用型珍禽：黑凤鸡、乌骨鸡、鸽、野鸭等；蛋用型珍禽：鹌鹑、黑凤绿皮蛋鸡等。

一、球虫病

球虫病是由艾美耳属和等孢子属的多种球虫寄生于珍禽的肠道中引起的寄生虫病。几乎所有的珍禽都感染，主要特征为雏禽比成年禽的易感性高，表现出血性肠炎，发病率和死亡率均高。

【诊断要点】

(一)流行病学

易感动物：鸡、鸭、鹅、鸽子、鹌鹑、孔雀、雉鸡等。

传染源：病禽或带虫禽，卵囊存在于粪便中。

感染途径：经口感染。人及其衣服、用具以及某些昆虫都可成为机械传播者。

球虫属直接发育型，即不需要中间宿主。卵囊随宿主粪便排出体外，在适合的环境下，进行孢子生殖，经过 4 d左右在卵囊内形成孢子囊和子孢子，即发育为感染性卵囊。珍禽如果食入和饮用了被感染性卵囊污染的饲料和饮水，在宿主消化液的作用下，卵囊壁和孢子囊壁破裂，释放出子孢子，继而入侵小肠上皮细胞，进行无性繁殖的裂殖生殖，使宿主的肠黏膜受到损害。经数代无性繁殖后，进入有性繁殖的配子生殖，裂殖子转化为雌性和雄性配子，两性配子结合为合子，发育为卵囊。卵囊随粪便排出体外，又重复上述过程。从珍禽食入卵囊到排出下一代卵囊约需 7 d时间。

高发季节：一年四季均可发生球虫病。在潮湿多雨、气温较高的梅雨季节更易暴发球虫病，饲养管理条件不良，卫生条件恶劣时，也最易发病。各种球虫对宿主都有选择性，一种禽有时感染数种球虫。

(二)症状及病理变化

症状的轻重与禽的种类、健康状况、年龄、感染程度、球虫的种类及致病力有关。主要症状表现为精神委顿，食欲不振或废绝，体重减轻，羽毛松乱，贫血、口渴、腹泻，有的病禽有轻度下痢，有的出现致死性下痢，粪便水样或黏性绿色或血性稀便。若为盲肠球虫病粪便呈棕红色，以后变为纯粹血便。病禽不及时治疗，逐渐衰竭而死亡。本病呈急性或慢性经过，对雏禽和幼禽危害最大，成禽带虫无临床症状，但体质瘦弱。耐过的禽，对以后的感染有抵抗力。

盲肠球虫：严重感染病例，盲肠高度肿大，呈腊肠状，肠腔内充满血凝块和脱落的黏膜碎片(见彩图 2-3)，随后逐渐变硬，形成红色或红白相间的肠芯，黏膜损伤难以完全恢复。轻度感染无明显出血，黏膜肿胀，从浆膜面可见脑回样结构。

小肠球虫：病变主要在小肠中段和十二指肠，小肠中段高度肿胀，如火腿样，肠壁充血、出血和坏死，浆膜有针尖状出血点，黏膜肿胀增厚，肠内容物中含有多量的血液、血凝块和坏死脱落的上皮组织。

(三)诊断

根据流行病学、临床症状及剖检病变可初步诊断，结合虫体检查确诊。

取新鲜粪便，用饱和食盐水漂浮法和甘油生理盐水涂片镜检，发现卵囊确诊。

艾美耳属球虫：卵囊呈卵圆形或椭圆形，囊壁 2 层，在一端有微孔，其上有突出的微孔帽，又称极帽，在微孔下有 1～3 个极粒，卵内含一团原生质。具有感染性的卵囊内含子孢子，又称孢子化卵囊。孢子化卵囊内含 4 个孢子囊，每个孢子囊中含 2 个子孢子。

等孢子属球虫：卵囊无微孔、极帽和极粒。孢子化卵囊中有2个孢子囊，每个孢子囊中有4个子孢子。

【防治要点】

(一)治疗原则及方法

治疗本病应及时用药早期治疗，抗球虫的药物较多，由于球虫易产生抗药性，避免一种药长期使用。治疗时同时补给维生素A可促进恢复。

磺胺二甲氧嘧啶，按0.2%浓度饮水服用，连用3～5 d，停药2～5 d，再用3 d。注意不要连续饮用7 d，以防中毒。

磺胺间甲氧嘧啶(制菌磺片)，按0.1%～0.2%浓度混水或拌料，连用3 d。

二硝托胺(球痢灵)，具有高效低毒的优点，按0.025%浓度混料，连喂3～5 d，疗效好，并对免疫力无影响。

氯苯胍，是广谱抗球虫药，疗效显著。每千克饲料加入30～40 mg，连用7 d，若未治愈可再喂7 d。

克球多(可爱丹)，按0.025%浓度混入饲料中，连用5 d。

呋喃唑酮(痢特灵)，每千克饲料加入300～400 mg，连喂4～5 d。注意混合均匀，以防中毒。

敌菌净磺胺合剂，按0.2%浓度混入饲料中，连用3～5 d。

常山酮(速丹)，每千克饲料加入6 mg，连用7 d，后改用半量。

呋喃西林，按0.04%浓度拌于饲料，一般3～5 d可治愈。

(二)防治措施

药物预防。经常发病地区，用药应采用穿梭方案或轮换方案，定期预防。

加强卫生管理。搞好鸡舍笼具的卫生和消毒工作，可用2%火碱水喷洒禽舍、鸡笼、饲养用具及垫料、垫沙等，必须经常更换并保持干燥和干净，用前充分晒干。饮水和饲料不要受污染。

加强饲养管理。平时将幼禽与成禽分开饲养，一旦发现病禽立即隔离。多喂含维生素A的饲料，以增强抵抗力。

免疫预防。为了避免药物残留和食品的污染以及抗药虫株的产生，目前提倡应用鸡球虫活疫苗进行免疫预防。

二、鸭瘟

鸭瘟是由鸭瘟疱疹病毒引起的鸭、鹅和其他雁形目的一种急性、热性、败血性传染病。又名鸭病毒性肠炎，俗称“大头瘟”。临床特征为高热，两腿麻痹，排黄绿色稀便，部分病鸭肿头流泪。本病传播迅速，发病率和死亡率达90%以上。为二类疫病，对水禽养殖业威胁极大。

【诊断要点】

(一)流行病学

易感动物：本病主要危害雁形目的鸭科成员(鸭、鹅、天鹅)。不同日龄、不同品种鸭均可感染，以番鸭、麻鸭最易感，北京鸭次之，自然感染成年鸭的发病率较雏鸭高，尤其产蛋母鸭发病率和死亡率最为严重，1月龄以内雏鸭很少发病。野鸭、雁也可以自然感染，但发病率较低。

传染源：病鸭和潜伏期感染鸭，以及病愈不久带毒鸭。病毒分布于病鸭各内脏器官、血液、分泌物和排泄物中，尤以肝、肺、脑含毒量最高。

感染途径：病毒随分泌物和排泄物排出体外，污染食物、垫料、饮水、食具和周围环境，主要经消化道感染，也可通过呼吸道、眼结膜和交配感染。此外，吸血昆虫也可能是本病的传染媒介。

高发季节：本病一年四季都可发生，但以春、夏季和秋季鸭群的运销旺季多发，低洼多水的养鸭区更为严重，鸭群整个流行过程一般为 2～6 周，如鸭群中有免疫鸭和耐过鸭时，病程可延至 2～3 个月或更长。

(二)症状

自然感染潜伏期 3～5 d，人工感染潜伏期为 2～4 d。

病初体温升高达 43℃以上，高热稽留。病鸭表现精神委顿，食欲不振，渴欲增加，头颈缩起，羽毛松乱，翅膀下垂，两脚麻痹无力，伏坐地上不愿移动，强行驱赶时常以双翅扑地行走。病鸭不愿下水，驱赶入水后也很快挣扎回岸。流泪和眼睑水肿是本病的特征性症状之一，病初为浆液性分泌物，使眼睑周围羽毛粘湿，而后变为黏稠或脓样分泌物，造成上下眼睑不能张开，出现粘连、水肿。眼结膜充血、出血甚至形成溃疡。鼻中流出稀薄或黏稠的分泌物，呼吸困难，叫声嘶哑。部分病鸭可见头和颈部发生不同程度的肿胀，触之有波动感，俗称“大头瘟”。病鸭常见下痢，排出绿色或灰白色稀粪，腥臭。肛门周围的羽毛被玷污或结块，肛门肿胀，严重者外翻。泄殖腔黏膜充血、水肿、上覆有绿色假膜，不易剥落，剥离后留下溃疡灶。公鸭有时可见阴茎脱垂。病后期体温降至常温以下，衰竭死亡。

急性型病程一般 2～5 d，亚急性型为 6～10 d，病死率一般 90%以上。少数转为慢性，表现为消瘦，生长发育不良，角膜混浊，严重的形成溃疡，多为一侧性。

(三)病理变化

鸭瘟为败血性变化，主要病理变化是全身性出血，尤其消化道黏膜出血，形成假膜或溃疡。口腔和食道黏膜表面有淡黄色或灰黄色坏死物形成的伪膜覆盖，或有小的出血斑点，假膜易剥离并留下溃疡斑痕。泄殖腔黏膜充血、出血，黏膜表面覆盖灰绿色假膜，但不易剥落，这也是鸭瘟的特征病变之一。有些病例腺胃和食道膨大部位的交界处有一条灰黄色坏死灶与出血带。肠黏膜充血、出血，以直肠和十二指肠最为严重。头、颈、胸部皮下黄色胶样浸润。

肝表面和切面有大小不等的灰黄色或灰白色的坏死点，坏死点中间有小出血点，或其外围有环状出血带，这种病变具有特征性。胆囊肿大，充满黏稠的墨绿色胆汁。心外膜和心内膜上有出血斑点，心腔里充满凝固不良的暗红色血液。

种鸭卵巢充血、出血，卵泡变形、变色，甚至破裂。

(四)实验室诊断

确诊需进行病毒分离或血清学等实验室检查。

1. 病原学诊断

鸭瘟病毒属于疱疹病毒科，本病毒对禽类和哺乳动物的红细胞没有凝结现象。病毒对外界抵抗力不强，加热和一般消毒剂能很快将其杀死，对乙醚和氯仿敏感，5%生石灰作用 30 min 亦可灭活；夏季在直接阳光照射下，9 h 毒力消失，在污染的禽舍内(4℃～

20℃)可存活5 d；在－10℃～20℃约经1年仍有致病力。

可采取病鸭的肝、脾和脑组织，按常规方法接种于鸭胚，病毒能在9～14日龄的鸭胚绒毛尿囊上生长，初次分离时，多数鸭胚在接种后5～9 d死亡，继代后可提前在4～6 d死亡。死亡的鸭胚全身呈现水肿、出血、绒毛尿囊膜有灰白色坏死点，肝脏有坏死灶。也可以鸭胚死亡后收获鸭胚尿囊液，采用血清中和试验进行病毒的鉴定。

2. 荧光抗体检查

将病毒感染细胞培养物，取标记的荧光抗体2～3滴，覆盖于细胞培养物上，染色后在荧光显微镜下镜检：若阳性者在细胞培养物上见有特异性荧光。

3. 酶联免疫吸附试验、琼脂凝胶沉淀试验、间接血凝试验等也可用于本病诊断。

4. 分子生物学方法

国内外一些实验室先后建立了针对鸭瘟病毒基因组核酸中保留区段的PCR检测方法，是一种灵敏、快速简单、特异性好的有效辅助诊断手段。

(五)鉴别诊断

与鸭巴氏杆菌病、禽流感相区别。

鸭巴氏杆菌病发病急，病程短，鸡、鸭、鹅等多种家禽均发病，而鸭瘟自然感染时仅仅造成鸭、鹅发病。鸭巴氏杆菌病不会造成头颈肿胀，食道和泄殖腔黏膜不形成假膜，肝脏坏死点仅针尖大，且大小一致。取病死鸭的心、血或肝抹片，经瑞氏染色镜检，可见两极着色的小杆菌。应用磺胺类药物或抗生素治疗有较好疗效。

禽流感与鸭瘟有相似之处，都有肿头流泪、内脏器官出血、坏死等，但通过病原鉴定方法可以很容易地将二者区别开。因为禽流感病毒可感染鸡胚并有血凝活性，用常规的微量血凝和血凝抑制实验可以进行鉴定，而鸭瘟病毒不能感染鸡胚也无血凝活性。

【防治要点】

(一)治疗原则及方法

治疗原则：目前无特效治疗药物，只能在发病早期应用高免血清，同时应用抗生素或磺胺药物等防止继发细菌感染，降低死亡率。

1. 特异性抗病毒治疗

本病可用抗鸭瘟高免血清，进行早期治疗，每只鸭肌肉注射0.5 mL，有一定疗效，但应用价值有限。

2. 应用抗病毒药物

可用聚肌胞(一种内源性干扰素)进行早期治疗，每只成鸭肌肉注射1 mL，3日1次，连用2～3次，也可收到一定疗效。

3. 控制继发感染

配合使用庆大霉素、卡那霉素、磺胺等药物以防治继发感染。

4. 中药疗法

中医以清热解毒为治疗原则，车前草、板蓝根、大青叶、黄连、蒲公英等中草药研磨后，拌入饲料中喂服。

(二)防治措施

预防采取综合防治措施。

1. 鸭场坚持自繁自养的原则，不从鸭瘟疫区引进鸭苗和种蛋鸭。

2. 严格检疫制度，引进种鸭经隔离饲养2周以上，无此病方可混群饲养。

3. 注意不在疫区水域或野禽出没的水域放养。

4. 建立、健全消毒防疫措施，对鸭舍、运动场、管理用具、运鸭车辆和鸭笼等进行严格消毒。可用0.3%过氧乙酸、0.2%火碱水或用5%漂白粉液消毒。

5. 免疫接种，注射鸭瘟鸡胚化弱毒疫苗，一般20～30 d龄雏鸭首免，肉用鸭群仅需免疫1次，蛋用鸭群或种用鸭群应在5月龄时加强免疫1次，3月龄以上鸭免疫1次即可。鹅用剂量为鸭的10倍量。

6. 一旦暴发鸭瘟，立即采取隔离、封锁、消毒和紧急免疫接种等综合措施，禁止病鸭外调或出售，停止放牧，病死鸭深埋或焚烧。粪便、羽毛、污水进行消毒，垫草烧掉。被污染的饲料高温消毒，饮用水可用碘化类消毒药消毒，对病鸭进行扑杀、加工处理，防止病毒传播。

三、鸭病毒性肝炎

鸭病毒性肝炎是由鸭肝炎病毒引起的雏鸭的一种高度致死性、传播速度快的病毒性疾病，临床特征为在临死时常常发生痉挛，头向背部后仰，呈“角弓反张”的特异姿势，俗称“背脖病”。剖检见肝肿大和大量的出血性斑点，是危害养鸭业的主要疾病之一。

【诊断要点】

(一)流行病学特点

易感动物：在自然条件下，本病只发生于雏鸭，主要是3周龄内的鸭发病，以4～8日龄最为易感，雏鸭的发病率可高达100%，一周龄以内的雏鸭死亡率可达95%以上。随着雏鸭日龄的增长死亡率逐渐减少，1月龄以上的鸭则很少发病死亡。成鸭呈隐性感染无明显临诊症状，且不影响产蛋率，感染种鸭康复后可产生免疫应答，并将特异性抗体通过卵传递给后代。

传染源：病鸭、感染的康复鸭和成年鸭是主要传染源。鸡、火鸡、雏野鸭、雏鹅、鹌鹑、幼鸽等禽类可作为其宿主，直到感染后第8周，康复鸭仍可从粪便中排毒，鸭舍中的鼠类和野禽可作为病毒的贮存宿主或媒介。

感染途径：感染鸭和康复鸭也可经粪便等途径排毒，健康鸭通过接触被污染的饲料、水、垫草等传染而流行发病，可通过消化道和呼吸道感染，尚未证实经卵垂直传播。也可通过外来人员的参观、饲养人员串舍以及污染的用具和车辆等进行传播。

高发季节：本病发生没有明显的季节性，一年四季均可发生，但主要在春季育雏高峰期暴发频繁。另外，饲养管理不当、环境卫生条件差、缺乏维生素和矿物质、鸭舍潮湿拥挤，均可促进本病的发生。未执行免疫接种的鸭场，一旦发病，发病率可高达100%。

(二)症状

雏鸭病毒性肝炎的临床上表现为潜伏期短、发病急、死亡快等特点，出现大批雏鸭死亡，几乎均发生在感染后3～4 d内。病鸭发病初期精神沉郁、厌食、眼半闭，呈昏睡状，以头触地，不久即转为神经症状，运动失调，身体倒向一侧，两脚痉挛性后蹬，全身抽搐，死时大多头向背部后仰，呈角弓反张姿态，故俗称“背脖病”。这是死前典型症状。有时在地下旋转，抽搐10 min至几小时后死亡。有的出现腹泻，死前排黄白色或绿色稀粪，死亡雏鸭喙端和爪尖瘀血而呈暗紫色。

(三)病理变化

特征性病变主要在肝脏，常表现为肝脏肿大、质脆易碎，表面有弥漫性出血点或出血斑。胆囊肿胀充满胆汁，胆汁常呈墨绿色或茶色。脾脏和肾脏也多有不同程度的肿胀，表面有出血点或呈斑驳状。心脏常呈淡灰色，质软有瘀血，心肌如煮熟状。此外，部分病例还可见喉、气管、支气管等有轻度卡他性炎症及脑膜水肿、充血、出血。日龄较小的鸭常常因为继发细菌感染出现败血症的变化。

病理组织学变化：急性病例的主要组织学病变为肝脏坏死性出血性炎症，肝脏结构消失，肝细胞坏死、细胞核固缩、细胞浆溶解、肝细胞间观察到大量的红细胞以及中性粒细胞浸润等病理变化。慢性的病例则表现为肝脏、胆管广泛性增生。

脾组织呈退行性变性或坏死，肾脏的病理变化为肾小管上皮细胞有脂肪变性及肾小管上皮细胞的变性坏死等，肾组织的毛细血管和静脉腔充满红细胞；胰脏病理变化为局灶性坏死。

(四)实验室诊断

鸭病毒性肝炎病毒属小核糖核酸病毒科，肠道病毒属成员。呈球形，无囊膜，鸭肝炎病毒有Ⅰ、Ⅱ、Ⅲ三个血清型，而我国的雏鸭病毒性肝炎绝大多数是由Ⅰ型肝炎病毒引起，该病毒可在鸭、鸡、鹅胚尿囊腔增殖。病毒抵抗力强，在自然环境中可较长时间存活。

1. 病毒的分离鉴定

取病死鸭肝脏等病料，经过无菌处理后，经尿囊腔接种 9～12 日龄无母源抗体鸭胚或鸡胚，经过 3～5 次传代后，可稳定地致死胚。胚体变化有一定的诊断意义，主要表现为胚胎蜷缩，发育不良，全身水肿，体表充血且头颈、背部等常有散在的针尖大小的出血点。肝脏为土黄、灰绿或鲜红色，肿大、质脆，出血点明显，边缘坏死或在表面有灰绿色或黄白色坏死区，呈花斑状。此外，有的鸡胚尿囊液和卵黄囊还常呈绿色。

2. 动物接种

取 1～7 日龄无母源抗体的易感雏鸭分为两组，其中一组经皮下注射 1～2 mL 鸭肝炎高免血清或卵黄抗体，24 h 后，两组同时接种经过无菌处理的病料悬液或分离到的病毒，注射抗体组 80%～100%存活，而未免疫组 80%～100%发病死亡。

3. 病毒的鉴定还可以进一步做血清中和试验、琼脂扩散试验、对流免疫电泳试验及酶联免疫吸附试验。

(五)鉴别诊断

应注意与以下疾病相区别。

1. 鸭瘟

鸭瘟虽然各种日龄的鸭均可感染发病，但 3 周龄以内的雏鸭较少发生死亡。而鸭病毒性肝炎对超过 3 周龄雏鸭很少发病。鸭瘟的食管、泄殖腔和眼睑黏膜呈出血性溃疡和假膜为主要特征性病变，与鸭病毒性肝炎完全不同。

2. 鸭霍乱

青年鸭、成年鸭比雏鸭更易感，尤其是 3 周龄以内的雏鸭很少发生。常呈败血经过，缺乏神经症状。病鸭肝脏肿大，有灰白色针尖大的坏死灶和心冠沟脂肪组织有出血斑，十二指肠黏膜严重出血等特征性病变，与鸭病毒性肝炎完全不同。革兰氏染色或美兰染色见有许多两极染色的卵圆形小杆菌。

3. 鸭传染性浆膜炎

病鸭眼、鼻分泌物增多，绿色下痢、运动失调、头颈发抖和昏睡。主要病变是纤维素性心包炎、纤维素性气囊炎和纤维素性肝周炎，脑血管扩张充血，脾肿胀呈斑驳状。

4. 雏鸭副伤寒

该病常见于2周龄以内的雏鸭。主要特征是严重下痢，眼有浆液脓性结膜炎，分泌物较多。肝有细小的灰黄色坏死灶，肠黏膜水肿、充血及点状出血。

5. 曲霉菌病

该病多发生于1～15日龄的雏鸭。主要症状为呼吸困难，张口呼吸。剖检时见肺和气囊上有白色或淡黄色干酪性病灶。检查饲料可发现饲料霉败变质，或垫料严重霉变。

【防治要点】

（一）*治疗原则及方法*

目前无特效治疗药物，通常在发病早期可用鸭病毒性肝炎卵黄抗体、康复鸭血清或高免血清进行紧急预防或治疗，使雏鸭获得被动免疫，当鸭群开始流行病毒性肝炎时，立即给每只雏鸭肌肉注射康复血清或高免血清0.5 mL，能够防止传染发病，降低死亡率减少死亡并防止疫病扩散。

板蓝根、黄芩、黄连、茵陈、金银花、连翘、龙胆草、柴胡等中草药能有效预防鸭病毒性肝炎的增殖和扩散，同时具有调理气血、疏肝理脾、提高机体免疫力的功能。

（二）预防措施

本病的防制，根据该病特点，应该将重点放在环境卫生控制和对种鸭进行免疫等方面。

1. 环境卫生控制本病：可用严格隔离的办法预防，4周龄以下的雏鸭对鸭病毒性肝炎易感，故对4周龄以内的雏鸭隔离饲养，防止病毒感染，可有效地控制鸭病毒性肝炎的发生。

同时加强防疫，力求自繁自养，严禁从有本病的疫场购入雏鸭。做好人员、车辆、用具、垫料的卫生消毒工作，严格执行消毒制度。鸭场门口应设消毒池和消毒间，进出车辆和进场人员要经过消毒池，外来人员不应随意进出生产区，定期对料槽、饮水器、加料车等用具进行消毒。

2. 常用灭活疫苗或弱毒疫苗来对鸭病毒性肝炎进行预防。灭活疫苗包括脏器灭活疫苗、鸭胚灭活疫苗和鸡胚灭活疫苗。弱毒疫苗有鸭胚鸡胚化弱毒疫苗、鸭瘟鸡胚成纤维细胞培养弱毒疫苗和鸭病毒性肝炎自然弱毒疫苗。

在种鸭产蛋前四周，给种鸭肌肉或皮下注射鸡胚化鸭肝炎弱毒疫苗，可以保护所产种蛋孵化的雏鸭不受感染，间隔两周，共免疫两次，每次1 mL。保证母鸭至少在一个月所产的种蛋中含有母源抗体，使孵出的雏鸭在两周内获得保护。

四、鸭疫里默氏杆菌病

鸭疫里默氏杆菌病是由鸭疫里默氏杆菌引起的一种急性或慢性败血性传染病。又名鸭传染性浆膜炎。本病主要侵害1～8周龄的小鸭，感染鸭以纤维素性心包炎、肝周炎、气囊炎、干酪样输卵管炎和脑膜炎为特征。该病的发病率和死亡率均较高，尤其会引起雏鸭大批死亡。

【诊断要点】

（一）*流行病学*

易感动物：家禽中以鸭最易感，樱桃谷鸭、番鸭、麻鸭等多种品种的鸭均可发病，火鸡、鸡、鹅及某些野禽也可感染。在自然情况下主要发生于1～8周龄的雏鸭、雏鹅。成鸭和种鸭较少发生，但可带菌，成为传染源。

传染源：病鸭和潜伏期感染鸭，以及病愈不久带毒鸭。

感染途径：污染的饲料、饮水、飞沫、尘埃等通过呼吸道和消化道感染，还可通过损伤的皮肤传播。也可通过种蛋垂直传播。

高发季节：本病一年四季均可发生，气温低、湿度大的季节易发。发病率和死亡率受多种因素的影响，差异较大。饲养管理、卫生条件较好的鸭场，本病多呈散发，其发病率和死亡率较低。育雏舍鸭群密度过大，空气不流通，地面潮湿，卫生条件不好，饲料中蛋白质水平过低，维生素和微量元素不足或并发其他疾病时常常促进本病暴发，死亡率最高达75%～80%。

(二)症状

潜伏期1～3 d，有时可达1周。

1. 最急性患鸭看不到症状突然死亡。

2. 急性病例主要表现精神沉郁、闭目嗜睡，缩头垂翅，嘴抵地面，食欲不振或废绝。病鸭下痢，早期白色稀粪，后期变成绿色稀粪，打喷嚏，眼鼻流出浆液性或黏液性分泌物，常使眼周围的羽毛粘连。行动缓慢不愿走动，供给失调。濒死前出现神经症状，站立时头颈向身体的右侧弯转90°，呈S形，顺着歪脖的方向转圈，角弓反张，抽搐死亡，此表现为该病的特征性症状。部分病鸭呈阵发性痉挛伏卧于地，头向上向后呈痉挛性点头运动。

3. 日龄较大的幼鸭，病程可达7 d以上，多呈亚急性或慢性经过。病鸭食欲不振或废绝，肢软卧地，不愿走动，共济失调，痉挛性点头或摇头摆尾，前仰后翻，呈仰卧姿态，有的可见头颈歪斜，转圈，后退行走，病鸭消瘦，少数病例出现跗关节肿胀，有的出现呼吸困难，最后衰竭死亡。耐过鸭生长受阻，没有饲养价值。

(三)病理变化

急性病例病变为全身脱水，肝脾肿大。病程稍长者，浆膜面上有纤维素性炎性渗出。特征性病理变化以心包膜、肝被膜和气囊壁的炎症为主。

1. 纤维素性心包炎

急性病例心包液增多，心外膜表面覆有呈淡黄色的纤维素性渗出物；病程较长者心脏被淡黄色的纤维样物所包裹，心包囊内充满黄色絮状物和淡黄色渗出液。

2. 纤维素性肝周炎

肝肿大，呈土黄色或灰褐色，质地较脆，胆囊肿大，肝脏表面覆盖一层灰白色或灰黄色纤维素性膜。

3. 纤维素性气囊炎

气囊混浊增厚，气囊壁上附有黄白色的干酪样纤维素性渗出物。

有的病例可见脑膜及脑实质血管扩张、瘀血。慢性病例常见胫跖关节及跗关节肿胀，切开见关节液增多。少数输卵管内有干酪样渗出物。

(四)实验室诊断

1. 病原学诊断

(1)无菌操作取病鸭血、肝、脾制成涂片，瑞氏染色法染色，镜检可见两极着色的小杆菌，多数单个存在。

(2)采取病料接种在巧克力琼脂平板培养基上，置于二氧化碳培养箱内培养 24～48 h，见菌落呈圆形突起，有的呈椭圆状，边缘光滑、闪光菌落，菌落不溶血。在普通琼脂和麦康凯培养基上不能生长。

2. 采取病料血清型鉴定

(1)免疫荧光法：取病死鸭肝脏、脾脏或脑组织触片，丙酮固定，然后用直接或间接免疫荧光抗体技术进行检测。可见组织触片中菌体周边荧光着染发亮，中央稍暗，呈散在分布或成簇排列。此法迅速而且特异性强。

(2)间接血凝试验：可用琼脂扩散抗原致敏戊二醛化的绵羊红细胞来检测血清中鸭疫里默氏杆菌抗体。

(五)鉴别诊断

与大肠杆菌、多杀性巴氏杆菌、沙门氏杆菌等引起的败血性疾病相区别：

鸭疫里默氏杆菌与多杀性巴氏杆菌在菌体形态和培养特性上非常相似，但二者在生化特性上有明显区别。

鸭疫里默氏杆菌病、鸭大肠杆菌病和鸭沙门氏菌病也容易混淆，因为三者引起的病变十分相似，均可引起浆膜性渗出性炎症。如将三种菌分别接种于麦康凯琼脂上，大肠杆菌呈红色菌落，沙门氏杆菌为透明无色菌落，而鸭疫里默氏杆菌则不生长，进一步通过生理生化试验很容易区别。

【防治要点】

(一)治疗原则及方法

治疗原则：在进行药物预防和治疗的过程中，应做药物敏感试验，以确定首选的敏感药物。同时各种抗菌药物应该交替使用，以避免抗药菌株的出现。

1. 抗菌药物治疗

在雏鸭易感日龄，在饮水中添加 0.2%～0.25%的磺胺二甲基嘧啶，或饲料中加入 0.025%～0.05%的磺胺喹恶啉进行预防性用药，可预防本病或降低本病的死亡率。

氟本尼考(氟甲砜霉素)，5%的氟苯尼考按 0.2%的比例拌料，连用 5 d，个别重症者可按每千克体重 25 mg 肌肉注射，连用 2 d，能取得显著疗效。

先锋霉素按每千克体重 15～25 mg 肌肉注射，或用庆大霉素 0.8 万～1 万 IU 肌肉注射，连续 3～5 d。也可用环丙沙星或恩诺沙星等溶水自由饮用。

2. 添加多种维生素，都可取得明显的治疗效果。

3. 中西药结合的办法来防治鸭疫里默氏杆菌病，也可取得较为满意的效果。

如在注射先锋霉素的同时，用黄连、青木香、白头翁、蒲公英、鱼腥草等煎剂，拌料或灌服，连用 3～5 d。

(二)防治措施

1. 加强饲养管理，搞好环境卫生，减少各种应激因素，加强鸭只的运动，并及时更换垫料，做好通风换气工作，保持合理的环境温度、空气湿度和饲养密度，提高鸭只的体质。

2. 严格检疫制度，合理用药。

3. 免疫预防，目前国外研制成的鸭疫里默氏杆菌菌苗有单价和多价灭活菌苗、弱毒疫苗和亚单位疫苗及混合大肠杆菌制成的二联灭活疫苗等。在我国目前应用较多的是各种佐剂的灭活苗。肉鸭在7～10日龄进行首次免疫，每只肌肉注射或皮下注射0.2～0.5 mL，相隔1～2周后进行二免，每只0.5～1 mL，能取得较好的防治效果。

五、鹌鹑痘

鹌鹑痘是由痘病毒引起鹌鹑的一种接触性传染病。通常分为皮肤型和黏膜型。前者以皮肤无毛或少毛处出现痘疹，继而结痂、脱落为特征；后者在上呼吸道、口腔和食管部黏膜出现纤维素性坏死性炎症，常形成假膜，鹌鹑以黏膜型为主，死亡率较高。

【诊断要点】

(一)流行病学

易感动物：不同品种、品系和年龄的鹌鹑都有易感性，主要发生于育成鹌鹑，15～40日龄鹌鹑易发。一般不同禽鸟种之间不交叉感染，偶有例外。

传染源：病鹌鹑和带毒鹌鹑是本病的主要传染源，病鹌鹑的痘疹痂皮中含有大量病毒，自脱落的痂皮碎屑、眼鼻分泌物排毒。

感染途径：主要通过接触传播，可经损伤的皮肤、黏膜感染发病。鹌鹑间打架互啄，蚊、刺蝇、蚤等吸血寄生虫叮咬均会传染，蚊子吸血后可带毒时间长达10～30 d。

高发季节：本病一年四季均可发生，但夏秋季节为该病发病旺季。如果营养不良、维生素缺乏(尤其是维生素A缺乏)，或发生其他传染病、寄生虫病以及鸟舍拥挤、潮湿、卫生状况差等都会加速本病的流行，可引起大批死亡。

(二)症状

潜伏期4～6 d。根据侵害部位不同可分为皮肤型、黏膜型和混合型。

1. 皮肤型

鹌鹑在眼睑、嘴角、翅膀内侧、腿、爪、泄殖腔等皮肤部形成痘疹。最初的痘疹为细小的灰白色小点，逐渐突出于皮肤表面，以后几天内体积迅速增大，形成灰黄色结节，有时数个结节相互连接融合成一片产生大块的厚痂，内含黄脂状糊块。当眼睑发生痘疹时，尤其有多个痘疹出现，相互融合形成一个较大痘痂，可致眼裂完全闭合，引起鹌鹑的暂时性失明。

2. 黏膜型

在口腔、咽喉等处黏膜发生痘疹，初为圆形黄色斑点，逐渐扩大融合成一层黄白色的不易剥落的假膜(故称白喉型)。随着病程的进展，口腔和咽部黏膜的假膜会不断扩大和增厚。从而阻塞口腔和喉部，影响鹌鹑的吞咽和呼吸，也有因痘痂脱落掉进喉气管，引起窒息死亡。有时可见结膜炎，眼睑肿胀，结膜上有多量脓性或纤维素渗出物，甚至引起角膜炎而失明。

3. 混合型

皮肤和黏膜均受侵害，出现复杂的混合症状，如果在鹌鹑患痘期间，被金色葡萄球菌、沙门氏菌等侵入痘痂，引起感染则会出现化脓、坏死，病情加重，病程进一步延长。严重的病例，体质差的鹌鹑还会出现精神萎靡，食欲不振，体温升高，消瘦、生长受阻等一系列症状。如不发生其他疾病混合感染，加强饲养管理，基本上呈良性经过，且预后良好，并产生永久免疫力。

（三）病理变化

本病病理变化比较典型，皮肤有痘疹，咽喉部、口腔黏膜有大小不一白色小结节，表面逐渐增大成黄色干酪样物，坏死物形成白色伪膜，有时可蔓延到气管、食道和肠管。大量黏液可阻塞喉头。病变部位的上皮细胞内有胞浆包涵体。

（四）实验室诊断

1. 病原学诊断

鹌鹑痘属于痘病毒科、禽痘病毒属，痘病毒粒子呈砖形或长方形，对外界有较强的抵抗力，特别是在干燥的情况下，耐受力更强，但病毒在腐败的环境中很快死亡。常用的消毒药如复合剂胺盐类、氯制剂、碳酸、甲醛、碘酪酮、汞制剂等，按常规浓度可在5～10 min内使痘病毒灭活。

采取痘痂或假膜制成1：(5～10)的无菌病料悬液，划痕接种育成鹌鹑或9～12日龄鸡胚绒毛尿囊膜，接种鹌鹑5～7 d出现典型痘疹，鸡胚则于5～7 d后形成痘斑。采取鹌鹑和鸡胚的病变组织做切片的染色检查可见到胞浆内包涵体。

2. 包涵体检查

采取鹌鹑和鸡胚的病变组织，制成石蜡或冰冻切片，用苏木素伊红或姬姆萨染色镜检，可在上皮胞浆内见到包涵体。

3. 血清学诊断方法

中和试验，一般感染后3周左右在血清中可检出中和抗体。此外琼脂扩散法、免疫荧光法、和酶联免疫吸附试验法都可用于血清学诊断。

（五）鉴别诊断

黏膜型鹌鹑痘与鹌鹑毛滴虫，念珠菌病及维生素A缺乏症相区别。

1. 毛滴虫病引起的黏膜炎症呈弥漫性的黄白色疏松样，并有恶臭。

2. 白色念珠菌病，可见在黏膜表面覆有薄层白色绒毛状(或毛巾样)假膜。

3. 维生素A缺乏症，维生素A缺乏时，黏膜上皮不断角化、脱落与分泌物混合在一起，可在喉头黏膜上形成一层灰白色干酪性假膜，极易剥落，且不留任何痕迹。另外，维生素A缺乏还伴有眼炎、鼻炎等症状。

【防治要点】

（一）治疗原则及方法

鹌鹑痘是一种能够产生愈后免疫的常见病，病症较轻者可因机体逐渐生成免疫抗体而自愈，且终身免疫，故症状轻时可不加处理，任其自行康复，目前尚未有特效的药物进行治疗，对有治疗价值的鹌鹑可采用对症疗法，以减轻病禽症状和防止继发细菌感染。

1. 特异性抗病毒治疗

鹌鹑刚发现痘疹时，用免疫鹌鹑或痊愈鹌鹑的血清进行治疗，有较好的效果。

2. 应用抗病毒药物

用盐酸吗啉胍按0.4%浓度饮水，连用3～5 d。

3. 对症治疗

皮肤痘痂，用镊子小心剥离后，用0.1%高锰酸钾冲洗，创面涂以碘甘油；口腔的假膜，先用镊子除去，再用0.1%高锰酸钾冲洗，涂上碘甘油或撒上冰硼散，也可用等量青黛、硼砂、冰片共研为末，每次取0.1～0.15 g吹入咽喉部。病鹌鹑眼部发生肿胀时，可将眼内的干酪样物挤出，然后用2%硼酸溶液冲洗，再滴入5%的蛋白银溶液。剥离的痘痂、假膜或干酪样分泌物应集中销毁，以防病毒的扩散。

4. 药物预防

为防止并发感染可在饲料或饮水中添加抗菌药物连饮2～3 d。

5. 改善禽群的饲养管理

在饲料中增加维生素A或含胡萝卜素丰富的饲料，若用鱼肝油或其他维生素制剂补充时，其剂量应是正常量的3倍，有利于促进组织和黏膜的新生。

6. 中药疗法

以清热解毒为治疗原则，选用龙胆草、板蓝根、金银花、连翘、甘草适量，煎水后鹌鹑自由饮用。

(二)防治措施

1. 做好平时的卫生防疫工作，加强日常饲养管理，搞好环境卫生，做好防蚊工作。

2. 不同龄期鹌鹑应分群饲养，栏舍的布局应合理，通风良好，饲养密度不宜过大，避免各种原因引起啄癖或机械性外伤。

3. 新引进的鹌鹑要经过隔离饲养观察，证实无鹌鹑痘方可合群。

4. 免疫预防，目前国内常用鸡胚训化弱毒疫苗，一般采用翅下无血管处皮下刺种，用无菌钢笔尖蘸取疫苗，在鹌鹑翅内侧无血管处皮下刺种。20日龄接种一次，2月龄再接种一次；成年鹌鹑接种一次即可。可用灭菌生理盐水稀释200倍，在一般情况下，疫苗接种后2～3周产生免疫力，免疫期可持续4～5个月。

5. 一旦发生本病，应严格隔离病鹌鹑，进行治疗，严重的应淘汰，并经无害化处理。病禽舍、运动场和用具要进行严格的彻底消毒。鹌鹑群发病时，经隔离的病鹌鹑应在完全康复2个月后方可合群。

六、曲霉菌病

曲霉菌病是多种禽类、哺乳动物及人畜共患的一种真菌病。主要侵害珍禽的呼吸系统，又名曲霉菌性肺炎、育雏室肺炎。其主要特征是呼吸困难，肺和气囊炎症反应，形成肉芽肿结节，导致珍禽窒息死亡。

【诊断要点】

(一)流行病学

易感动物：各种禽类都有易感性，鸡、火鸡、鹌鹑、鸽子、鸭、鹅等均可感染。主要侵害幼鹌鹑，1月龄内，尤其5～9日龄的雏鹑最易感，出壳后幼禽进入被烟曲霉严重污染的育雏室、席篓或装雏器，48～72 h后即开始发病和死亡。4～12日龄是本病流行的高峰期，以后逐渐减少，至3～4周龄基本停止死亡。常呈急性暴发和群发，发病率很高，死亡率一般在10%～50%，成年禽仅为散发，多为慢性。

传染源：曲霉菌经常存在于垫料和饲料中，在适宜条件下大量生长繁殖，形成曲霉菌孢子，导致垫草、饲料霉变，严重污染的环境和种蛋，可造成曲霉菌病的发生。

感染途径：育雏期的饲养管理及卫生条件不良，是引起本病暴发的主要诱因。在孵化过程中，孵化器污染严重时，曲霉菌可穿透蛋壳进入蛋内，引起胚胎死亡或雏鹑感染。此外幼鹑通过呼吸道和消化道吸入或食入烟曲霉孢子也可以感染发病。

高发季节：本病多发生于炎热的雨季，因为夏季高温、高湿，饲料和垫草容易发霉变质，为烟曲霉菌提供了滋生和繁殖的最好场所。饲养密度大、通风不良、饲养条件差、管理落后、育雏室内潮湿，温暖也会造成霉菌大量繁殖，再加上幼雏营养不良，也是本病暴发的重要原因。

(二)症状

雏鹑精神不振，食欲减少，生长停滞，羽毛松乱，翅膀下垂，消瘦贫血。霉菌侵害呼吸道，出现呼吸困难，伸颈张口，喘气，细听呼吸有啰音。有时摇头，甩鼻，打喷嚏。霉菌侵害眼睛，表现结膜潮红，眼睑肿胀，一侧眼瞬膜下形成隆起，挤压可见黄色干酪样物。霉菌侵害脑，表现扭颈，共济失调，全身痉挛，头向后背，转圈，麻痹。有的消化紊乱，腹泻，排黄绿色稀粪，粘连在肛门周围。最终由于衰竭和痉挛而死亡，急性病多在2～3 d死亡。

成年鹌鹑多为慢性，生长缓慢、发育不良，羽毛松乱，呆立，消瘦贫血，常有腹泻。呼吸困难，最后死亡。产蛋鹌鹑产蛋减少或停产，病程数天至数月。

(三)病理变化

1. 肺脏病变

可见肺脏肿大，表面有小米或绿豆大的、灰白色或黄色霉菌结节，导致肺组织质地变硬，弹性消失。结节质地较硬，切面有轮层结构，结节中心为干酪样坏死，含丝绒状菌丝体。

2. 气囊病变

可见气囊混浊，增厚，呈云雾状，气囊上也有灰白色或黄白色的霉菌结节或灰绿色的霉菌斑。

除肺和气囊外，有时在肋骨内侧、胸膜、肝脏表面及肠壁上也见散在的霉菌结节，或深褐色和烟绿色、大小不等、圆形的霉菌斑。

(四)实验室诊断

曲霉菌种类繁多，其中主要起致病作用的是烟曲霉菌，其他如黑曲霉、构巢曲霉和土曲霉都有不同程度致病性。烟曲霉能形成许多分生孢子，排列成串珠状，呈圆球形。孢子柄膨大形成烧杯型的顶囊，囊上呈放射状排列。孢子对外界因素的抵抗力很强，对化学药品有较强抵抗力，一般消毒剂只能使孢子致弱。

1. 分离培养

无菌采取病死鹌鹑肺、气囊的结节，接种于罗氏琼脂培养基上，置37℃恒温箱中培养24 h，长成绒毛样菌丝，未见其他细菌生长。经48 h培养，长成白色菌落。72 h菌落呈纽扣状，由中心向外周逐渐变深，转变成灰白色、灰绿色丝毛状物。

2. 压片镜检

取病变组织中的结节(肺或气囊)或病灶，放在载玻片上，剪碎，放在清洁的载玻片上，滴加20%的氢氧化钾溶液，盖上盖玻片，用手轻轻挤压后在显微镜下观察，看见短的分枝状有横隔菌丝，呈特征性烧瓶状，顶囊上部的小梗，产生球形或类球形分生孢子，孢子呈绿、灰或蓝绿色即可确诊。

(五)鉴别诊断

本病容易与新城疫、鹌鹑传染性支气管炎和鹌鹑传染性鼻炎相混淆，应注意鉴别诊断。

【防治要点】

(一)药物治疗

目前尚无特效疗法，用制霉菌素治疗有一定的效果。

1. 制霉菌素每100只雏鹑1次用60万国际单位，每日2次，连用5 d。或每千克饲料中加制霉菌素150万IU(每片50万IU)，连服数日。同时用1∶3 000的硫酸铜饮水3 d，以后每周加硫酸铜饮水2次，但不能常用。也可用0.5%～1.0%的碘化钾溶液饮水3～4 d。投药期间增加电解多维给量，提高雏鹑自身的抗病能力。

2. 每千克饲料中加入25～50 mg恩诺沙星或环丙沙星，以防继发细菌感染。

3. 中药治疗

用鱼腥草、蒲公英各60 g，筋骨草15 g，山海螺30 g，桔梗15 g，加水煎汁，供作饮水，连服7 d，有一定防治效果。(此方为100只5～10日龄雏鹑1 d用量)

(二)防治措施

1. 为防止暴发曲霉菌病，应避免使用霉变的饲料和垫料，保持饲料和垫料干燥，防止霉变，为防止发霉，可添加防霉剂。

2. 改善禽舍通风和控制湿度，减少空气中霉菌孢子的含量。定期清洗和消毒喂料器和饮水器，减少发霉，有助于消除感染。

3. 做好种蛋和孵化器的消毒，每立方米可用28 mL福尔马林熏蒸消毒20 min，以控制霉菌的危害。用0.1%的次氯酸钠溶液或0.1%～0.3%的过氧乙酸溶液带禽喷雾消毒。

七、羽虱病

羽虱多寄生于禽类羽毛上，营终生寄生生活，以啄食羽毛和皮屑为生。羽虱刺激皮肤，引起珍禽不安，严重时影响雏禽的生长发育。

【诊断要点】

(一)流行病学

易感动物：鸡、鸭、鹅、火鸡、雉鸡、鸽、孔雀、金丝雀、翎颌松鸡、椋鸟、灰雁、豆雁、鸿雁、斑尾林鸽、欧斑鸠等。

传染源：患病和带虱禽。

感染途径：接触传播，病禽与健康禽直接接触或经用具等物体的间接接触而传播。

羽虱的发育呈不完全变态，由卵经若虫发育为成虫，其全部生活史离不开宿主的体表。所产虫卵常簇结成块，黏附于羽毛上，经5～8 d孵化为若虫，外形与成虫相似。若虫在2～4周内经3～5次蜕皮发育为成虫。成熟雄虫于交配后死亡，雌虫2～3周产完卵后死亡。

(二)症状及病理变化

健康的珍禽也会带虱。羽虱一般不吸血，主要是啄食宿主的羽毛和皮屑，也吸取禽体的营养，特别是对雏禽和幼禽危害较大。病禽烦躁不安，不断用爪搔痒部，羽毛局部或大面积脱落，皮肤损伤，食欲减退，消瘦贫血，母禽产蛋减少，雏禽生长发育停滞，体质虚弱。

(三)诊断

根据患病珍禽的体表及羽毛脱落受损等特征，同时在体表皮肤、毛根和羽毛上虫卵或淡黄色或暗灰色的虱体即可确诊。

羽虱是无翅的昆虫，个体较小，体长0.5～1.0 mm，呈淡黄色或暗灰色。体扁平，多扁而宽，少数细长，由头、胸、腹三部分组成。咀嚼式口器，头部钝圆，一般比胸部宽，头部侧面有一对触角。胸部分前中后三节，每节腹面两侧各有一对足，足粗短，爪不甚发达。多数羽虱中胸与后胸不同程度融合，表现为两节组成。

【防治要点】

(一)治疗原则及方法

主要是药物治疗，可选用以下药物：

阿维菌素，每千克体重 0.2 mg，混饲或皮下注射，均有良效；

20%杀灭菊酯乳油，按 3 000～4 000 倍用水稀释，喷洒或药浴，一般间隔 7～10 d 再用药一次，效果更好；

2.5%敌杀死乳油(溴氰菊酯)，按 400～500 倍用水稀释，喷洒或药浴，一般间隔 7～10 d 再用药一次；

10%二氯苯醚菊酯乳油，按 4 000～5 000 倍用水稀释，喷洒或药浴，一般间隔 7～10 d 再用药一次。

(二)防治措施

1. 加强管理

平时要注意鸟体与鸟笼的卫生，定期消毒，舍内要求通风干燥。经常检查鸟体，发现后及时治疗。

2. 药物预防

用布袋装樟脑球 5～6 粒，挂在鸟笼内有防鸟虱的作用。也可用 25%敌虫菊酯，用水配成 0.12%乳剂，对珍禽消毒或药浴。

计　划　单

<table>
<tr><td>学习情境 2</td><td colspan="4">特种珍禽病防治</td><td>学　时</td><td></td></tr>
<tr><td>计划方式</td><td colspan="6">小组讨论，设计对某特种珍禽病诊断步骤，制定防治措施</td></tr>
<tr><td>序　号</td><td colspan="4">实施步骤</td><td>使用资源</td><td>备　注</td></tr>
<tr><td></td><td colspan="4"></td><td></td><td></td></tr>
<tr><td></td><td colspan="4"></td><td></td><td></td></tr>
<tr><td></td><td colspan="4"></td><td></td><td></td></tr>
<tr><td></td><td colspan="4"></td><td></td><td></td></tr>
<tr><td></td><td colspan="4"></td><td></td><td></td></tr>
<tr><td></td><td colspan="4"></td><td></td><td></td></tr>
<tr><td></td><td colspan="4"></td><td></td><td></td></tr>
<tr><td></td><td colspan="4"></td><td></td><td></td></tr>
<tr><td></td><td colspan="4"></td><td></td><td></td></tr>
<tr><td></td><td colspan="4"></td><td></td><td></td></tr>
<tr><td>制定计划
说明</td><td colspan="6"></td></tr>
<tr><td rowspan="3">计划评价</td><td>班　级</td><td></td><td>第　组</td><td>组长签字</td><td colspan="2"></td></tr>
<tr><td>教师签字</td><td colspan="2"></td><td>日　期</td><td colspan="2"></td></tr>
<tr><td colspan="6">评语：</td></tr>
</table>

决策实施单

<table>
<tr><td>学习情境 2</td><td colspan="7">特种珍禽病防治</td></tr>
<tr><td colspan="8">讨论小组制定的计划书，做出决策</td></tr>
<tr><td rowspan="7">计划对比</td><td>组号</td><td>工作流程的正确性</td><td>知识运用的科学性</td><td>步骤的完整性</td><td>方案的可行性</td><td>人员安排的合理性</td><td>综合评价</td></tr>
<tr><td>1</td><td></td><td></td><td></td><td></td><td></td><td></td></tr>
<tr><td>2</td><td></td><td></td><td></td><td></td><td></td><td></td></tr>
<tr><td>3</td><td></td><td></td><td></td><td></td><td></td><td></td></tr>
<tr><td>4</td><td></td><td></td><td></td><td></td><td></td><td></td></tr>
<tr><td>5</td><td></td><td></td><td></td><td></td><td></td><td></td></tr>
<tr><td>6</td><td></td><td></td><td></td><td></td><td></td><td></td></tr>
<tr><td colspan="8">制定实施方案</td></tr>
<tr><td>序号</td><td colspan="6">实施步骤</td><td>使用资源</td></tr>
<tr><td>1</td><td colspan="6"></td><td></td></tr>
<tr><td>2</td><td colspan="6"></td><td></td></tr>
<tr><td>3</td><td colspan="6"></td><td></td></tr>
<tr><td>4</td><td colspan="6"></td><td></td></tr>
<tr><td>5</td><td colspan="6"></td><td></td></tr>
<tr><td>6</td><td colspan="6"></td><td></td></tr>
<tr><td colspan="8">实施说明：</td></tr>
<tr><td>班　　级</td><td colspan="2"></td><td colspan="2">第　　组</td><td>组长签字</td><td colspan="2"></td></tr>
<tr><td>教师签字</td><td colspan="4"></td><td>日　　期</td><td colspan="2"></td></tr>
<tr><td></td><td colspan="7">评语：</td></tr>
</table>

作　业　单

<table>
<tr><td>学习情境 2</td><td colspan="6">特种珍禽病防治</td></tr>
<tr><td>作业完成方式</td><td colspan="6">以学习小组为单位，课余时间独立完成，在规定时间内提交作业</td></tr>
<tr><td>作业题 1</td><td colspan="6">分析鸽Ⅰ型副黏病毒病的流行病学特点，如何进行实验室诊断？</td></tr>
<tr><td>作业解答</td><td colspan="6"></td></tr>
<tr><td>作业题 2</td><td colspan="6">球虫病为各种珍禽共患病，有怎样特征性病理变化？当珍禽养殖场暴发球虫病后，应采取哪些有效的防治措施？</td></tr>
<tr><td>作业解答</td><td colspan="6"></td></tr>
<tr><td>作业题 3</td><td colspan="6">请你拟定珍禽的一例病例(珍禽养殖场常发病)，如何进行现场诊断？并制定一份综合防治方案(可加附页)</td></tr>
<tr><td>作业解答</td><td colspan="6"></td></tr>
<tr><td rowspan="4">作业评价</td><td>班　　级</td><td></td><td>第　　组</td><td>组长签字</td><td colspan="2"></td></tr>
<tr><td>学　　号</td><td></td><td>姓　　名</td><td colspan="3"></td></tr>
<tr><td>教师签字</td><td></td><td>教师评分</td><td></td><td>日期</td><td></td></tr>
<tr><td colspan="6">评语：</td></tr>
</table>

效果检查单

<table>
<tr><td>学习情境 2</td><td colspan="5">特种珍禽病防治</td></tr>
<tr><td>检查方式</td><td colspan="5">以小组为单位，采用学生自检与教师检查相结合，成绩各占总分(100 分)的 50%</td></tr>
<tr><td>序号</td><td>检查项目</td><td colspan="2">检查标准</td><td>学生自检</td><td>教师检查</td></tr>
<tr><td>1</td><td>资讯问题</td><td colspan="2">回答是否正确、资料查询是否准确</td><td></td><td></td></tr>
<tr><td>2</td><td>现场诊断</td><td colspan="2">方法是否正确、操作是否规范、结论是否正确、剖检后珍禽尸体处理是否正确规范</td><td></td><td></td></tr>
<tr><td>3</td><td>实验室诊断</td><td colspan="2">能否选择适当的方法进行诊断、材料准备是否齐备、操作是否认真规范、判断是否准确、结论是否正确</td><td></td><td></td></tr>
<tr><td>4</td><td>治疗方法</td><td colspan="2">药物选择是否合理、使用方法是否正确、是否应用药敏试验选择用药、是否考虑用药的一些注意事项</td><td></td><td></td></tr>
<tr><td>5</td><td>预防措施</td><td colspan="2">措施制定是否合理、是否具有可行性、能否达到预期的目的</td><td></td><td></td></tr>
<tr><td>6</td><td>免疫接种</td><td colspan="2">免疫程序是否合理、免疫接种方法是否正确、疫苗的使用及保存是否正确</td><td></td><td></td></tr>
<tr><td>7</td><td>团队合作</td><td colspan="2">团队中是否分工明确、合作密切</td><td></td><td></td></tr>
<tr><td rowspan="3">检查评价</td><td>班　　级</td><td></td><td>第　　组</td><td>组长签字</td><td></td></tr>
<tr><td>教师签字</td><td colspan="2"></td><td>日　　期</td><td></td></tr>
<tr><td colspan="5">评语：</td></tr>
</table>

评价反馈单

<table>
<tr><td>学习情境 2</td><td colspan="5">特种珍禽病防治</td></tr>
<tr><td>评价类别</td><td>项目</td><td>子项目</td><td>个人评价</td><td>组内评价</td><td>教师评价</td></tr>
<tr><td rowspan="13">专业能力
(60%)</td><td rowspan="2">资讯(10%)</td><td>查找资料，自主学习(5%)</td><td></td><td></td><td></td></tr>
<tr><td>资讯问题回答(5%)</td><td></td><td></td><td></td></tr>
<tr><td rowspan="2">计划(5%)</td><td>计划制定的科学性(3%)</td><td></td><td></td><td></td></tr>
<tr><td>用具材料准备(2%)</td><td></td><td></td><td></td></tr>
<tr><td rowspan="5">实施(25%)</td><td>各项操作正确(10%)</td><td></td><td></td><td></td></tr>
<tr><td>完成的各项操作效果好(6%)</td><td></td><td></td><td></td></tr>
<tr><td>完成操作中注意安全(4%)</td><td></td><td></td><td></td></tr>
<tr><td>使用工具的规范性(3%)</td><td></td><td></td><td></td></tr>
<tr><td>操作方法的创意性(2%)</td><td></td><td></td><td></td></tr>
<tr><td rowspan="2">检查(5%)</td><td>全面性、准确性(2.5%)</td><td></td><td></td><td></td></tr>
<tr><td>生产中出现问题的处理(2.5%)</td><td></td><td></td><td></td></tr>
<tr><td>结果(10%)</td><td>提交成品质量(10%)</td><td></td><td></td><td></td></tr>
<tr><td>作业(5%)</td><td>及时、保质完成作业(5%)</td><td></td><td></td><td></td></tr>
<tr><td rowspan="4">社会能力
(20%)</td><td rowspan="2">团队协作
(10%)</td><td>小组成员合作良好(5%)</td><td></td><td></td><td></td></tr>
<tr><td>对小组的贡献(5%)</td><td></td><td></td><td></td></tr>
<tr><td rowspan="2">敬业、吃苦精神
(10%)</td><td>学习纪律性(4%)</td><td></td><td></td><td></td></tr>
<tr><td>爱岗敬业和吃苦耐劳精神(6%)</td><td></td><td></td><td></td></tr>
<tr><td rowspan="2">方法能力
(20%)</td><td>计划能力
(10%)</td><td>制定计划合理(10%)</td><td></td><td></td><td></td></tr>
<tr><td>决策能力
(10%)</td><td>计划选择正确(10%)</td><td></td><td></td><td></td></tr>
<tr><td colspan="6">意见反馈</td></tr>
<tr><td colspan="6">请写出你对本学习情境教学的建议和意见</td></tr>
</table>

<table>
<tr><td rowspan="3">评价
评语</td><td>班　　级</td><td></td><td>姓　　名</td><td></td><td>学　号</td><td></td><td>总　评</td><td></td></tr>
<tr><td>教师签字</td><td></td><td>第　　组</td><td>组长签字</td><td colspan="2"></td><td>日　期</td><td></td></tr>
<tr><td colspan="8">评语：</td></tr>
</table>

学习情境 3
特种水产病防治

学习任务单

学习情境 3	特种水产病防治			学　时	14
布置任务					
学习目标	1. 明确特种水产动物病的种类及其特征； 2. 能够明确说出各种病的主要流行特点、典型的临床症状和病理变化； 3. 能够运用流行病学资料、临床症状观察、病理剖检变化观察及此类疾病的类症鉴别等方法，进行疾病的现场诊断； 4. 能够正确运用疾病临床诊断技术、实验室诊断技术(如血清学试验方法、常规的病原鉴定方法)，对特种水产动物传染病及寄生虫病做出正确诊断； 5. 能够对诊断出的特种水产病予以合理治疗； 6. 能够根据特种水产养殖场的具体情况，制定防治措施； 7. 能够组织、实施防治措施； 8. 具有生态环保和可持续发展理念				
任务描述	对养殖场常发的特种水产病做出正确诊断，予以治疗，制定出切实可行的防治措施并予以实施，具体任务： 1. 根据流行病学调查、临床症状、病理剖检变化、类症疾病鉴别等方法，对病例的解析、推断，进行特种水产疾病的现场诊断； 2. 依据现场诊断结果，设计实验室检验方案，进行传染病、寄生虫病及普通病的实验室诊断，做出疾病的正确诊断； 3. 对确诊疾病设计出治疗方案并予以合理治疗； 4. 疫病进行疫情处理； 5. 制定水产养殖场防治措施并予以实施； 6. 免疫接种； 7. 免疫监测				
学时分配	资讯：6 学时	计划：0.5 学时	决策：0.5 学时	实施：6 学时	考核：0.5 学时	评价：0.5 学时
提供资料	1. 信息单； 2. 参考书； 3. 相关网站				
对学生要求	1. 以小组为单位完成学习任务，充分发挥团队集体智慧和协作精神； 2. 按任务资讯单内容，认真准备资讯问题； 3. 按各项工作任务的具体要求，认真设计及实施工作方案； 4. 严格遵守特种水产养殖场各项规章制度，遵守劳动纪律； 5. 严格遵守动物剖检、检验等技术的操作规程，避免散播病原； 6. 严格遵守水产养殖场消毒卫生制度，防止传播疾病； 7. 严格遵守相关实验室管理制度，避免安全事故发生				

任务资讯单

学习情境 3	特种水产病防治
资讯方式	阅读信息单及参考书；进入相关网站，观看 PPT 课件、视频；图书馆查询；向指导教师咨询
资讯问题	1. 如何控制特种水产动物病发生？ 2. 目前我国肉用型特种水产动物常见的细菌性疾病有哪些？流行情况如何？一般采取什么治疗方法？ 3. 目前我国肉用型特种水产动物常见的病毒性疾病有哪些？流行情况如何？一般采取怎样治疗方法？ 4. 牛蛙红腿病的主要病原是什么？有哪些特征性临床表现？ 5. 怎样进行牛蛙红腿病的实验室诊断？ 6. 一旦发生牛蛙红腿病应采取哪些措施？ 7. 哪些蛙病主要危害蝌蚪？哪些蛙病主要危害成蛙？如何预防？ 8. 牛蛙爱德华氏菌病、腐皮病、旋游病的病原如何？其流行特点是什么？都有哪些特征性临床表现？ 9. 鲤春病毒血症主要临床特征、急性型的临床表现如何？ 10. 黄鳝打印病和黄鳝腐皮病病原是什么？如何进行类症鉴别？ 11. 黄鳝棘衣虫病的病原体形态特征有哪些？其生活史怎样？ 12. 如何进行黄鳝打印病实验室诊断？ 13. 发生黄鳝棘衣虫病后怎样治疗？治疗时应注意什么？ 14. 鳗病毒性疾病有哪些？其病原分别是什么？ 15. 鳗狂游病及鳗出血性张口病有何流行特点？其特征性表现如何？ 16. 鳗红点病的病原是什么？临床表现如何？ 17. 鳗常见寄生虫病有哪些？如何鉴别鳗居线虫病、小瓜虫病及打粉病？ 18. 河蟹固有类纤毛虫病的病原是什么？有何主要临床特征？如何区别于水霉病？ 19. 目前我国鳖细菌性疾病有哪些？危害较严重的有哪些？其流行特点及特征性症状如何？ 20. 水霉病是如何发生的？有何寄生特点？如何防治？ 21. 鳖类细菌性疾病和真霉性疾病相比有什么区别？ 22. 特种水产动物在鳃和体表出现白点症状的病原有哪些？ 23. 引起鳖发生红脖子病的主要病原是什么？简述其病原特点。 24. 鳖腮腺炎和出血性肠道坏死症在症状上有哪些相同点？在病理剖检上有何区别？ 25. 为什么在防治鳖出血性肠道坏死症时要避免大量换水和减少其他应激性刺激？ 26. 怎样防治鳖白斑病？ 27. 简述鳖穿孔病和爱德华病的病理特点。 28. 鳖白斑病有几种表现类型？其临床特征是什么？ 29. 鳖的白毛病和鱼类水霉病有什么联系和区别？ 30. 鳖出血性肠道坏死症病原有哪些？ 31. 导致鳖发生白斑病的原因有哪些？如何防治？ 32. 导致鳖发生疖疮病原因有哪些？针对发病原因如何预防？ 33. 泥鳅细菌性败血症的病原是什么？怎样防治该病的发生？ 34. 特种水产动物疾病的综合防治措施有哪些？
资讯引导	1. 王川庆．兽医全攻略——观赏鱼疾病．北京：中国农业出版社，2009 2. 汪开毓．鱼类疾病诊疗原色图谱．北京：中国农业出版社，2008 3. 王伟俊．淡水鱼病防治彩色图说．北京：中国农业出版社，2000 4. 周婷．龟鳖养殖与疾病防治．北京：中国农业出版社，2001 5. 韩晓辉．宠物寄生虫病．北京：中国农业科学技术出版社，2008 6. 中国水产门户网：http：//www. bbwfish. com 7. 中国水产信息网：http：/www. aquainfc. cn

●●●● 相关信息单

项目1 肉用型特种水产病防治

任务一 诊断

案例：某牛蛙养殖场进入4月，部分牛蛙出现精神不振，跳跃无力，不愿意摄食，饲养员发现在牛蛙四肢下部、腹部、下颌等处皮肤充血发红，病来势较急，2～3 d病蛙陆续死亡，死前呕吐排血便，死亡率达90%。

案例分析：该牛蛙养殖场进入4月后，部分牛蛙四肢下部、腹部、下颌等处皮肤充血发红，病来势较急，2～3 d病蛙陆续死亡，死前呕吐排血便，死亡率达90%。

1. 现场诊断

【材料准备】

临床检查器械、外科手术器械和消毒药品等。

【工作过程】

初步诊断：

(1)调查发病情况

深入牛蛙养殖场，通过询问、临诊检查等方式，了解牛蛙品种，蛙群的发病时间、发病日龄、发病率、死亡率、死亡的急缓及治疗情况；了解蛙场近年来的病史，蛙场的自然状况，因牛蛙为变温动物，水陆两栖，喜居在池塘、沼泽及岸边草丛，结伴群居，并生性贪婪喜食活饵，一年春秋两次产卵，蝌蚪经发育变态成为幼蛙，完成由水生到陆生的转变。了解蛙群的免疫接种情况，免疫接种所用疫苗的种类及贮藏情况，接种剂量；了解本场、本地及邻近蛙场是否发生过类似疾病，是否确诊，是否采取控制措施。

通过综合分析所获得的信息，确定发病类型。

(2)临床检查

对牛蛙进行个体检查，特别注意病蛙体表变化、皮肤及黏膜的颜色变化、营养状况、精神状态等，掌握其特征性临床症状。必要时进行实验室检查。结合临床检查结果及发病特点，对具有特征性症状的典型病例可做出诊断，对非典型病例提示可疑疾病的大致范围。

(3)病理剖检

对死亡病蛙尸体进行剖检。剖检程序按照规定的方法和顺序进行，全面剖检观察，详细记录，特别注意典型病理变化。根据剖检结果进行分析判断，对具有特征性眼观病理变化的病例结合特征临床症状可以做出诊断，对没有特征性眼观病理变化的提示可疑疾病及提供下一步诊断线索。

(4)综合分析

根据流行病学调查结果(见表3-1)、临床症状及剖检变化，在诸多的症状和病变中提取特征临床症状(见表3-2)及主要剖检变化(见表3-3)，提示可疑疾病。通过类症鉴别的方法(见表3-4)，做出初步诊断。

表 3-1　发病特点

发病情况及流行病学调查	发病特点	确定病型
①发病情况：进入4月，蛙场外界水温、气温变化大，温差较大，部分蛙和蝌蚪发病急，2～3 d开始死亡，传染快，有90%的蛙陆续死亡 ②病蛙四肢下部、腹部、下颌等处皮肤充血发红 ③用药情况：发病后局部处理后不见好转	①季节性明显 ②蛙、蝌蚪均发病 ③发病率和死亡率均高 ④主症皮肤充血发红 ⑤具有传染性	传染病

表 3-2　症状特点

临床症状	症状特点	提示疾病
①牛蛙精神不振，不愿意活动，四肢无力，不摄食，跳跃无力 ②四肢下部、腹部、下颌等处皮肤充血发红；有时指部及趾部充血、出血或溃疡 ③蛙和蝌蚪均发病，蝌蚪肛门和后肢红肿，腹部呈红色，有出血斑 ④传染快，发病急。水温20℃时病情较重，发病蛙2～3 d死亡，死亡率达90%以上。临死前病蛙呕吐排血便	①精神不佳，四肢无力 ②多处皮肤充血发红 ③蛙、蝌蚪均发病 ④传染快，死亡率高	牛蛙红腿病

表 3-3　剖检变化特点

病理剖检变化	剖检特点	提示疾病
①四肢下部、腹部、下颌等处充血发红 ②肌肉明显发红 ③肝肿大呈红褐色或黄色，胆囊肿大 ④肾充血发红 ⑤肠内空虚有出血 ⑥腹腔内有腹水	①皮肤肌肉充血发红特征性病变 ②实质器官肿大	牛蛙红腿病

表 3-4　鉴别诊断(两病易并发)

提示疾病	主要排除理由	初步诊断
牛蛙红腿病	四肢下部、腹部、下颌等处充血发红；有时指部及趾部充血、出血或溃疡	牛蛙红腿病
牛蛙腐皮病	牛蛙头部、背部皮肤出现干燥的白花纹，继而表皮部开始腐烂、脱落，露出肌肉，严重蛙头部露出头盖骨，四肢皮肤出现腐皮病症	

(5)初步诊断结果

综合分析流行病学特点、临床症状及剖检病理变化，初步诊断为牛蛙红腿病。确诊需进行细菌学检查。

2. 实验室诊断

【材料准备】

器材：手术刀、剪子、镊子、显微镜、载玻片、接种环、酒精灯、擦镜纸、滤纸、火柴、带有滴头瓶盖的棕色瓶、37℃培养箱、灭菌试管、灭菌平皿、研钵和钵杵等。

药品(试剂、染色液)：酒精和乙醚，香柏油，二甲苯，草酸铵结晶紫染色液，碘液，95%乙醇，稀释石碳酸复红染色液，蒸馏水，普通琼脂平板，绵羊鲜血琼脂培养基，灭菌生理盐水，三糖铁琼脂培养基，福尔马林等。

实验动物：患病蛙，健康小白鼠。

【检验过程】

(1)细菌学检查

革兰氏染色

①病料采集：采取新鲜无污染病死蛙的体表溃烂病灶(皮肤病变部)或内脏(肝、肺)作为病料，用消毒灭菌的手术刀片刮取。

②涂片、干燥、固定。

③染色：首先在干燥固定好的涂片上滴加草酸铵结晶紫染色液，染色 2～3 min，水洗，滴加碘液媒染 1～2 min，水洗，在 95%乙醇脱色缸内脱色 0.5～1 min(脱色的时间可根据涂片的厚度灵活掌握)，水洗，滴加稀释石碳酸复红染色液，染色 0.5 min 或滴加沙黄染色液染色 0.5 min，水洗，干燥。

④镜检判定：嗜水气单胞菌革兰氏染色呈阴性，可见染成红色的小杆菌。乙酸钙不动杆菌革兰氏染色呈阴性，菌呈球形或短杆状菌。

(2)细菌分离培养

①病料采集：用接种环刺入取肝脏、肾脏等病变组织或皮肤溃烂病灶。

②分离培养：接种普通琼脂、绵羊鲜血琼脂培养基，分别在 37℃、20℃～30℃厌氧条件下培养。

③鉴定：嗜水气单胞菌在普通琼脂平板上 28℃培养 24 h 后的菌落光滑、微凸、圆整、无色或淡黄色，有特殊芳香气味。在 37℃的绵羊鲜血琼脂培养基上呈 β 型溶血，在溶血环外还有一不清晰的溶血带，溶血圈直径约 2～4 mm。乙酸钙不动杆菌在三糖铁琼脂培养基上培养，斜面及底部均不产酸。不溶羊、兔、鸡的血细胞。

(3)动物接种试验

①病料的处理：取濒死或刚死不久的牛蛙肝、肾等病变组织，用灭菌生理盐水配制成 1∶10 的悬液。

②动物的接种：选健康无病小白鼠，腹腔接种。

③观察结果：小白鼠 2～4 d 死亡。

④鉴定：肝、肺病料涂片、染色、镜检，亦有大量的与(1)相同形态的细菌。

任务二　疫情处理

1. 疫情报告

嗜水气单胞菌在自然界广泛存在(淡水、海水、含有有机物的淤泥、鱼体的体表)，生活在江河湖海的鱼类、水生动物、两栖类及爬虫类动物可成为该菌的自然疫源，该菌是一种典型的人—兽—鱼共患病原菌，猪、鸭、兔、犬和多种观赏动物、水生动物及人均能感染本病。人类可因致病性嗜水气单胞菌感染而发生腹泻、食物中毒、继发感染，发现患有本病或疑似本病的动物，立即确诊进行治疗，同时采取相应的预防措施。

2. 疫情处理

(1)根据流行病学调查、临床症状和病理变化等初步诊断为疑似感染嗜水气单胞菌的牛蛙红腿病，应立即采取消毒、治疗措施。同时采集病料送实验室确诊。

(2)确诊为嗜水气单胞菌感染的牛蛙红腿病后应立即采取严格的治疗和预防措施。

任务三　预防

【工作过程】

1. 各小组根据蛙场实际情况讨论和制定该病综合防治措施。

2. 供参考的综合防治措施：

(1)养蛙场做好平时卫生防疫工作，养蛙场地、水池及工具经常打扫、消毒。

(2)严格执行检疫制度。

(3)加强饲养管理，投喂优质饲料，不用病死鱼、病死蛙作为蛙的饲料；向蛙池泼洒复合光合细菌、东江菌及蜡状芽孢杆菌等有益菌，保持环境优良、稳定，提高蛙体抵抗力。

(4)定期向蛙池施放消毒剂，可用强氯精，按每升 0.3 mg 投放，或用优氯净，按每升 0.3 mg 投放，用以预防本病。

(5)免疫预防，注射嗜水气单胞灭活菌苗及不动杆菌灭活菌苗(灭活苗在 4℃～10℃环境中保存 120～180 d 分别攻毒试验蛙，仍有 70%左右的存活率)。

注射嗜水气单胞灭活菌苗及不动杆菌灭活菌苗后第 4 d 可检出抗体，第 12 d 达峰值，至少能维持 90 d，150 d 后回复到初始水平。免疫保护率达 80%左右。

(6)治愈后 2 d，泼洒生石灰，将池水调成弱碱性，再隔 2 d 洒复合光合细菌、东江菌及蜡状芽孢杆菌等有益菌。

必备知识

肉用型特种水产病防治

特种水产类的肉用型特种水产：牛蛙、蟹、鳗鱼、黄鳝、虾、大黄鱼、鳜鱼等。

一、牛蛙红腿病

牛蛙红腿病是由嗜水气单胞菌、乙酸钙不动杆菌的不产酸菌和不动杆菌引起的种蛙细菌性疾病。本病主要临床特征：四肢下部、腹部、下颌等处皮肤充血发红，病来势较急，传染性强，死亡率高。

【诊断要点】

(一)流行病学

易感动物：牛蛙、美国青蛙、野生青蛙以及它们的蝌蚪。

感染来源及感染途径：患红腿病的蛙为感染来源，本病经口及皮肤接触感染。

流行特点：该病全国各地都有，一年四季均有发生，一般越冬后发病较常见。尤其是水质恶化、蛙体受伤、营养不良、水温和气温的温差大、饲养管理不善时，更易暴发流行，死亡率很高，达90%。不仅危害牛蛙，而且美国青蛙及野生青蛙也患红腿病。

（二）症状及病理变化

病蛙精神不振，跳跃无力，腹部膨胀，临死前呕吐并排血便。蛙腿腹侧、内股，腹部及下颌等颜色浅的部位的皮肤出现红点、红斑或弥散性充血（见彩图3-1），头部、嘴周围、腹部、背部、腿和脚趾上有溃烂病灶，腿水肿，腹部和腿部的肌肉有条状或点状红斑；腹腔内有大量清澈无色的腹水，肝脏、脾脏、肾脏肿大，尤其是脾脏和肾脏可肿大1倍以上；肺、肝、肾有出血点或出血斑，有时脾脏和肝脏呈黑色，脾脏的切面呈暗红色，似煤焦油状。

（三）实验室诊断

1. 根据症状及流行情况进行初步诊断。确诊需进行细菌学检查及病原分离鉴定。

2. 病原学诊断

（1）细菌学检查

嗜水气单胞菌革兰氏染色呈阴性，可见染成红色的小杆菌。乙酸钙不动杆菌革兰氏染色呈阴性，菌呈球形或短杆状菌。

（2）细菌分离培养

嗜水气单胞菌在普通琼脂平板上28℃培养24 h后的菌落光滑、微凸、圆整、无色或淡黄色，有特殊芳香气味。在37℃的绵羊鲜血琼脂培养基上呈β型溶血，在溶血环外还有一不清晰的溶血带，溶血圈直径2～4 mm。乙酸钙不动杆菌在三糖铁琼脂培养基上培养，斜面及底部均不产酸。不溶羊、兔、鸡的血细胞。

嗜水气单胞菌系弧菌科气单胞菌属中的细菌。革兰氏染色阴性，不形成芽孢和荚膜，菌体两端钝圆、杆菌，端生一根细鞭毛，呈直线或圆圈运动。菌体大小(0.6～0.8)μm×(0.5～2.5)μm。

乙酸钙不动杆菌的不产酸菌株也是导致牛蛙红腿病的病原菌。菌呈球形或短杆状，大小为(0.5～0.8)μm×(0.8～1.8)μm，单个或成对联生，少数成短链状，无鞭毛，革兰氏阴性，无荚膜，无芽孢，好氧，氧化酶阴性，过氧化氢酶阳性，不还原硝酸盐，不产生吲哚，乙酰甲基甲醇试验阴性，对葡萄糖不产酸产气，对弧菌抑制剂(0/129)不敏感；在4℃～7℃范围内生长，最适生长温度为25℃～30℃，40℃以上不生长；在无氯化钠和含0.5%氯化钠的胨水中生长良好，在含4%以上氯化钠的胨水中不生长；pH 5～10生长；在三糖铁琼脂培养上培养，斜面及底层均不产酸；不溶解牛、羊、兔及鸡的血细胞。

【防治要点】

（一）治疗措施

1. 蛙池消毒

（1）蛙池用生石灰带水清塘，按每100m^3 20～50 kg石灰用量效果较好。

（2）更换池水或用含氯消毒剂消毒池水。

2. 蛙体治疗

将病蛙捞出，用20%磺胺脒溶液药浴2 d，或用10%的食盐水浸浴10～20 min，每日一次，连续3 d。

同时内服药饵，对尚能摄食的蛙，用混饲法内服呋喃唑酮，按每千克蛙20 mg给药，或氟哌酸按每千克蛙20～50 mg给药，连喂3～5 d。

如病蛙病情严重已不能吃食，按每千克蛙5万单位庆大霉素、10%葡萄糖进行腹腔注射，并在体表病灶处涂抹鱼泰8号，然后放在消毒过的池中进行隔离饲养。

通过对本菌药敏试验表明，链霉素、庆大霉素、红霉素、新霉素对其敏感；对羧节青霉素、青霉素G、氨节青霉素、多黏霉素、四环素、先锋霉素等有很强的耐药性。

(二)防治措施

1. 养蛙场做好平时卫生防疫工作，养蛙场地、水池及工具经常打扫、消毒。

2. 严格执行检疫制度。

3. 加强饲养管理，投喂优质饲料，不用病死鱼、病死蛙作为蛙的饲料；向蛙池泼洒复合光合细菌、东江菌及蜡状芽孢杆菌等有益菌，保持环境优良、稳定，提高蛙体抵抗力。

4. 定期向蛙池施放消毒剂，可用强氯精，按每升0.3 mg投放，或用优氯净，按每升0.3 mg投放，用以预防本病。

5. 免疫预防，注射嗜水气单胞灭活菌苗及不动杆菌灭活菌苗(灭活苗在4℃～10℃环境中保存120～180 d分别攻毒试验蛙，仍有70%左右的存活率)。

注射嗜水气单胞灭活菌苗及不动杆菌灭活菌苗后第4 d可检出抗体，第12 d达峰值，至少能维持90 d，150 d后回复到初始水平。免疫保护率达80%左右。

6. 治愈后2 d，泼洒生石灰，将池水调成弱碱性，再隔2 d泼洒复合光合细菌、东江菌及蜡状芽孢杆菌等有益菌。

二、牛蛙爱德华氏菌病

牛蛙爱德华氏菌病是迟缓爱德华氏菌感染牛蛙引起的细菌性疾病，又称为传染性肝炎、膨胀病等。本病主要临床特征全身肿胀，腹部膨大、胀气，体色发黑，消瘦，四肢无力，是危害较严重的传染病。

【诊断要点】

(一)流行病学

易感动物：牛蛙、鳖、鲻鱼、鲷鱼、牙鲆、狮鱼、鳗鲡、罗非鱼等水产动物均可感染。

感染来源及感染途径：患本病的蛙、鱼等为感染来源，经消化道及皮肤接触感染。

流行特点：全国各地都有发生，湖南、福建、浙江、江西等省流行较普遍，日本也有流行；流行季节不明显，一年四季均可发病；水温在20℃以上时更易流行，水泥养蛙池，蛙池进出水相互连通，未清塘消毒，水质恶化，单一饵料，用药过度等因素为本病发生的诱因；年龄特点无论幼蛙、成蛙均受害；发病较缓慢，一般外部症状出现15～20 d后发生死亡，死亡率很高，可达80%～100%。

迟缓爱德华氏菌是人和动物的重要病原，对水产动物危害很大。

(二)症状及病理变化

病蛙精神萎靡，无食欲，四肢无力，体色发黑，消瘦；全身肿胀，腹部膨大、胀气，部分病蛙腹部皮肤有出血点；下眼睑不能上翻覆盖眼球，且下眼睑由透明转变为乳白色；有的皮肤充血或点状出血。

剖开牛蛙腹部，可见肝脏、肠等内脏常与腹壁粘连，有腹水。肝脏明显肿大，其上有点块状出血，尤以右叶肝较显著，肝呈褐色、绿色、黄色或灰色，有时可见有坏死灶。胆囊肿大。肾脏肿大、充血、出血、坏死。胃壁、肠壁发炎，上面有树枝状充血。去掉腿部皮肤可见肌肉呈淡黄色。

感染鱼因品种不同，症状也有差别。鳝鱼生病时，腹部及两侧发生大面积溃疡，溃疡的边缘出血，放出强烈的恶臭味，腹腔内充满气体使腹部膨胀。牙鲆患此病时，摄食量下降，腹部膨胀，解剖病鱼内有鸡蛋清样腹水，肾脏肿大，并有许多小白点。助齿鲷、鲷真皮肤发生出血性溃烂，脾、肾上有许多小白点。

(三)实验室诊断

1. 根据症状及流行情况进行初步诊断。确诊需进行细菌学检查及病原分离、培养、鉴定病原菌。

2. 病原学诊断

(1)细菌学检查

迟缓爱德华氏菌革兰氏染色呈阴性，迟缓爱德华氏菌野生型。革兰氏阴性短杆菌，具周生鞭毛，有动力。大小为(0.5～1)μm×(1～3)μm。繁殖温度为15℃～42℃，最适温度为31℃左右，盐度为0～40，pH为5.5～9.0。

(2)生化试验及细菌分离培养

兼性厌氧菌，接触酶、甲基红试验和硝酸盐还原均为阳性；在三糖铁琼脂上产生硫化氢；氧化酶、丙二酸盐试验、乙酰甲基甲醇试验、明胶液化、尿素酶、苯丙氨脱氨酶阴性；分解葡萄糖、甘露糖、麦芽糖、产酸产气，不利用甘露醇、蔗糖和阿拉伯糖。致病因素主要是内毒素。

3. 采用间接荧光抗体技术、酶联免疫吸附法、协同凝集法等进行快速检测。

【防治要点】

(一)治疗措施

1. 蛙池消毒

(1)外泼消毒药，泼2～3次。本病对强氯精、二氧化氯比较敏感，尤其对市售商品氯制剂，含助溶、增效或表面活性剂，其效果优于强氯精。

(2)更换池水或用含氯消毒剂消毒池水。

2. 蛙体治疗

内服药饲，按每千克蛙每天用强力霉素6 mg，拌饲投喂，连喂5～7 d。氯霉素、氟哌酸、呋喃唑酮等抗菌药口服也有良好的防治效果，内服药物一个疗程不少于6 d。

3. 治愈后第2 d，泼1次生石灰，将水调成弱碱性；再隔2 d，泼多福可乐、玉垒菌，并继续做好预防工作。

(二)防治措施

1. 养蛙场做好平时卫生防疫工作，养蛙场地、水体、工具及食台经常打扫、消毒。

2. 严格执行检疫制度。

3. 加强饲养管理，投喂优质饲料，不用病死鱼、病死蛙作为蛙的饲料；向蛙池泼洒"多福可乐"复合光合细菌制剂、玉垒菌等有益菌，保持环境优良、稳定，提高蛙体抵抗力。

4. 定期向蛙池施放消毒剂，可用强氯精，按每升0.3 mg投放，或用优氯净，按每升0.3 mg投放，用以预防本病。

三、牛蛙腐皮病

牛蛙腐皮病主要由奇异变形杆菌、克氏耶尔森菌、嗜水气单胞菌、洛菲不动杆菌、布兰汉氏菌等细菌感染蛙引起皮肤腐烂的疾病。临床特征在牛蛙头部、背部皮肤出现干燥的白花纹，继而表皮部开始腐烂、脱落，露出肌肉，严重蛙头部露出头盖骨，四肢皮肤出现腐皮病症。本病发病后死亡率高，给牛蛙养殖业带来较大危害。

【诊断要点】

(一)流行病学

易感动物：牛蛙、美国青蛙等多种蛙类均可感染。

感染来源及感染途径：患本病的蛙类为感染来源，经损伤皮肤感染。

牛蛙腐皮病全国各地都有发生，不同规格的牛蛙均可感染，但幼蛙的发病率较高，病期长，死亡率高。当水温25℃～32℃，水质恶化、蛙体受伤及营养不良、饲养密度过高时更易大量发生。流行季节为每年的5月至11月，6月至9月为流行高峰期。

(二)症状及病理变化

发病早期，牛蛙头部皮肤失去光泽，出现干燥的花纹状白斑，之后，表皮局部开始腐烂，接着表皮脱落，真皮层开始腐烂，露出肌肉、骨骼，并逐渐蔓延到躯干背部，四肢和吻部，严重时指骨和颌骨外露，严重时背部皮肤腐烂面积占背部的一半，并出现肌肉腐烂现象；病蛙厌食，反应迟钝，喜离水上岸，消瘦，直至死亡。本病常与红腿病并发。

患部皮肤发炎、充血、坏死溶解，伴有急性化脓性肌炎。剖开腹部，可见肝脏肿大，呈青灰色，伴有肝坏死；有的肾脏肿大充血，脾脏肿大，肺充气，胃肠内无食，肠壁薄而透明(见彩图3-2)。

(三)实验室诊断

1. 根据症状及流行情况进行初步诊断。确诊需进行细菌学检查及病原分离、培养、鉴定病原菌。

2. 病原学诊断

(1)细菌学检查

其病原为奇异变形杆菌和克氏耶尔森菌。奇异变形杆菌为革兰氏阴性短杆菌，多数成对排列或连接成短链状，周生鞭毛；克氏耶尔森菌为革兰氏阴性短杆菌，单个或成对排列，极端单鞭毛；美国青蛙腐皮病的病原菌主要为嗜水气单胞菌，其次为布兰汉氏菌，布兰汉氏菌为革兰氏阴性短杆菌，球状，成对排列，无鞭毛，无芽孢，不产生色素，好氧。

(2)生化试验及细菌分离培养

奇异变形杆菌在固体培养基的表面上有显著的自发群集特性，最适生长温度为25～32℃，10℃以下不生长，45℃不生长，呼吸和发酵型代谢，过氧化氢酶、苯丙氨酸脱氨酶、柠檬酸盐利用、葡萄糖盐氧化、硫化氢产生、液化明胶均为阳性；氧化酶阴性；分解山梨醇、卫茅醇产酸；不分解淀粉、麦芽糖和甘露醇。

克氏耶尔森菌最适生长温度为25～32℃，4℃不生长，45℃弱生长；不溶血，呼吸和发酵型代谢；过氧化氢酶阳性；氧化酶、苯丙氨酸脱氨酸、柠檬酸盐利用、葡萄糖盐氧化、硫化氢产生、液化明胶均为阴性；分解淀粉、甘露醇产酸；不分解山梨醇、卫茅醇。

美国青蛙腐皮病的病原菌主要为嗜水气单胞菌，其次为布兰汉氏菌，该菌好氧，不能与碳水化合物产酸，在肉汤琼脂培养基上生长良好，接触酶和细胞色素氧化酶阳性。两种菌腹腔注射感染，均发病、死亡。

【防治要点】

(一)治疗措施

1. 蛙池消毒

更换池水或用含氯消毒剂消毒池水。外泼消毒药，泼 2～3 次，每次间隔 1～2 d。水体消毒用二氧化氯，池水药物浓度为每升 0.14 g，间隔 1 d 消毒 1 次，接连消毒 3 次。

发病池也可用强氯精、优氯净等含氯消毒剂全池泼洒。

2. 蛙体治疗

(1)内服药饲，按每千克蛙每天用氟哌酸 30 mg，连喂 3～7 d。在饲料中添加维生素 A、维生素 E 和维生素 C 效果更好。

(2)病情严重的蛙，将其体表洗净后，在病灶处涂 1%的高锰酸钾水溶液(注意药不可滴入眼睛及口腔)，每千克蛙腹腔或肌肉注射硫酸链霉素 15 万～20 万 IU 或用治鳖灵 2 号 3 mL。

(3)治愈后隔 2 d 泼 1 次生石灰，将水调成弱碱性，再隔 2 d 泼多福可乐、玉垒菌，并投喂营养全面、优质饲料，继续做好预防工作。

(二)防治措施

(1)养蛙场做好平时卫生防疫工作，养蛙场地、水体、工具及食台经常打扫、消毒。

(2)严格执行检疫制度。

(3)加强饲养管理，投喂优质饲料，不用病死鱼、病死蛙作为蛙的饲料；向蛙池泼洒“多福可乐”复合光合细菌制剂、玉垒菌等有益菌，保持环境优良、稳定，提高蛙体抵抗力。

(4)定期向蛙池施放消毒剂，可用强氯精，按每升 0.3 mg 投放，或用优氯净，按每升 0.3 mg 投放，用以预防本病。

四、牛蛙旋游病

牛蛙旋游病主要是由脑膜炎脓毒性黄杆菌引起的神经系统疾病。临床特征病蛙在水面作间歇性旋转，继而出现头部向一侧歪斜，眼球突出和双目失明，在水中不停地旋转游动，直到死亡。蝌蚪发病率较高，死亡率可达 80%。

【诊断要点】

(一)流行病学

易感动物：牛蛙、美国青蛙等多种蛙类均可感染。

感染来源及感染途径：患本病的蛙类为感染来源，经口感染。

高发季节：本病发生于夏季，蝌蚪、幼蛙、成蛙均可感染，其中蝌蚪发病率较高，其中以体重 100 g 以上的成蛙受害严重，发病快，病情来势猛，死亡率高。该病流行于长江中下游一带，在湖北、上海、浙江、福建等省市都有发生，当池中饵料残渣过多、水温变化较大及水质恶化易发病。本病传染性强，是牛蛙的主要病害之一。

(二)症状及病理变化

发病初期，病蛙在水面作间歇性旋转，随着病情发展，出现头部向一侧歪斜，在水中身体失去平衡，腹部朝上，浮于水面，有时在水中不停旋转游动。眼球外突充血以致双目失明。少数蛙腹部膨大，常伏于陆地潮湿处。病蛙皮肤发黑，泄殖孔红肿，活动迟钝，不摄取食物，成蛙和亲蛙在出现神经症状后 2～3 d 死亡，所以又称旋游症。蝌蚪患病时腹部膨大，腹部、后肢有出血斑，在水中旋转式仰游，随即死亡。

腹部膨胀的病蛙，腹中有大量气体，而未见过量腹水，脑组织和眼睛都发生严重病变、坏死。内脏组织肝、肾、肠、膀胱充血，有的肝呈青灰色或花斑状，肝、肾肿大，脾脏缩小，脊椎两侧有出血点和血斑。蝌蚪的后肢及腹部有明显出血点和血斑。

(三)实验室诊断

1. 根据症状及流行情况进行初步诊断

确诊需进行细菌学检查及病原分离、培养、鉴定病原菌。

2. 病原学诊断

细菌学检查　脑膜炎脓毒性黄杆菌革兰氏阴性，呈短杆菌，两端钝圆，通常单个排列；菌落呈圆形，边缘整齐，中间隆起，表面为淡黄色，基质无可溶性色素；氧化酶、过氧化氢酶阳性。

【防治要点】

(一)治疗措施

本病系神经系统疾病，故治疗较困难，宜强调综合防治。

1. 蛙池消毒

更换池水或用含氯消毒剂消毒池水。外泼消毒药，岸上及水中均需泼洒，一般泼 2～3 次，每次间隔 1～2 d。

2. 蛙体治疗

(1)内服药饲，每千克蛙每天用磺胺嘧啶 0.2 g(第 2 d 起减半)，连喂 5～7 d。

(2)治愈后 2 d，泼洒生石灰，将水调成弱碱性；再隔 2 d，泼“养殖保”、玉垒菌等，并投喂营养全面、优质的饲料，加强饲养管理，继续做好预防工作。

(二)防治措施

(1)养蛙场地及水体、工具进行打扫消毒，清除过多淤泥。

(2)严格执行检疫制度。

(3)加强饲养管理，投喂优质饲料，泼洒复合光合细菌、玉垒菌等，保持环境优良、稳定，提高蛙体抵抗力。

五、鲤春病毒血症

鲤春病毒血症，又名鲤鱼鳔炎症、鲤传染性腹水症、出血性败血症、鲤春病，是由鲤春病毒血症病毒引起的一种急性病毒性传染病。

特征：以全身出血、水肿、鳔炎、腹水为主要特征的一种急性病毒病。由于低水温降低了鱼体的免疫力，因而春季易暴发流行，引起幼鱼和成鱼死亡。该病为口岸检疫的一类疫病，是一种重要的疫病。

【诊断要点】

(一)流行病学特点

传染源：病鱼、死鱼及带毒鱼，带毒鱼是引起春季大规模发病的主要原因和来源。

感染途径：本病可通过水平传播，但并不排除垂直传播。水平传播是可以直接进行的，还可以通过媒介传播，其中水是主要的非生物性媒介，病毒由水经鳃侵入鱼体。外伤也是一个重要的传播途径。生物媒介和污染物也能传播本病，吸血的寄生虫如水蛭和鲺等是传播该病的主要机械性载体，排泄物以及污染的器具也能进行传播。

抵抗力：强毒力的病毒可通过粪便、尿液、鳃、皮肤黏液和皮肤上的水泡或水中部位的分泌物排出体外，排泄出的病毒粒子仍可保持感染活性，4～10℃时在水中可保持4周时间，在泥中可保持6周。

高发季节：本病主要发生于水温18℃以下的春季。如果在低水温时发病，虽然日死亡数不高，但死亡持续时间很长，故总死亡率很高。在欧洲死亡率可达30%～70%，但水温18℃以上时几乎不发生死亡，欧洲本病主要危害1龄鱼，每年受损鱼总量可达4 000 t，相当于总产量的10%左右。

流行情况：本病流行地域广，在欧洲、俄罗斯、中东、美国及中国等地均有发生，在我国大部分地区都有发生，可以感染所有年龄的鲤鱼，但死亡大多是仔鱼。

（二）症状及病理变化

潜伏期：15～60 d。

病鱼初期多群集在鱼池入水处，不愿活动，呼吸困难，有的卧于池底。运动失常，或无目的的漂游，或向一侧倾斜。眼球突出，肛门外突、发炎、水肿，粘有长条状粪便。病鱼腹部膨大，消瘦，体表发黑，鳃贫血发白，骨骼肌纤维化，如将鱼从水中捞出竖立，从肛门流出血水。剖检可见全身出血、水肿及腹水；消化道出血，腹腔内积有浆液性或带血的腹水。心、肾、鳔、肌肉出血及炎症，尤以鳔的内壁最常见。

1. 急性型

初期病鱼皮肤和内脏明显出血发炎，皮肤红肿，身体的两侧和腹部出现不同形状和大小的浮肿红斑；鳍条间组织破坏，鳍的基部发炎形成“蛀鳍”；肛门红肿外突，全身竖鳞，鳃苍白，全身浮肿，随着病情发展，病鱼行动迟缓，离群独游，有时侧游，有时静卧水底，表现呼吸困难，不食不动，后期尾鳍僵化，失去游动能力，不久死亡。病程一般2～14 d即可死亡。

2. 慢性型

病鱼初期皮肤表层局部发炎出血，表皮糜烂，脱鳞，而后形成溃疡，肌肉坏死，邻近组织发炎，呈现红肿，有时局部竖鳞，鳍充血。慢性型病程较长，一般45～60 d或更长的时间，病鱼有自然痊愈的，也有因此而死亡的，死前常伴有全身水肿，腹腔积水，眼球突出，竖鳞等症状。

（三）实验室诊断

根据病鱼全身出血、水肿及腹水等特征症状及流行病学可做出初步诊断。确诊需进行实验室检查。

实验室诊断：病毒检测通过细胞培养分离病毒，然后利用血清中和试验、荧光抗体试验或酶联免疫吸附试验等血清学诊断方法进行鉴定。

可先将病鱼的病料接种于对鲤春病毒血症敏感的鱼细胞系，进行分离病毒，然后进行鉴定。

中国出入境检验检疫行业是利用逆转录PCR方法检测(SVCV)，用逆转录多聚酶链式反应(RT—PCR)通过检测核苷酸可以快速准确地鉴定病原，灵敏度高，特异性强，可用于口岸检疫。

动物实验：取75g重的鲤鱼，在脑内接种待检内脏匀浆或细胞培养上清液，放于17℃水温，13 d内出现典型的鲤春病毒血症的病变或死亡，如经鳔内接种，剂量应为脑内注射的 1 倍，9 d 能出现症状或死亡。

病原体：鲤春病毒血症病毒属于弹状病毒科水泡病毒属成员，病毒粒子呈弹状，具有弹状病毒典型的形态学特征，其一端为圆弧形，另一端较平坦，病毒粒子长 90～180 nm，宽 60～90 nm，直径约 50 nm，有囊膜，为单股核糖核酸病毒。

病毒能在鲤性腺、鳔初代细胞、鲤上皮细胞、鲤上皮瘤细胞、红鳟性腺细胞株等鱼类细胞株上增殖，并出现细胞病变。

病毒粒子的感染活性可以被 pH 3 和 pH 12、脂类溶剂及 56℃经 30 min 等破坏，对乙醚和酸敏感，在 pH 3 时 30 min，侵染率仅 1%；在 pH 7～10 时稳定，侵染率 100%，pH 11 时侵染率 50%～70%。3%福尔马林、含氯消毒剂 500 mg/L、0.01%碘、2%NaOH、紫外线 254 nm 和 γ 射线(103 krads)等可以使病毒在 10 min 之内灭活。

【防治要点】

(一)治疗措施

1. 对患病鲤鱼，每尾体重 150～400 g 个体，注射土霉素 3 mg。

2. 每 kg 饵料加入土霉素 1.8 g 做成颗粒饵料，每 50 kg 鱼每天投喂颗粒饵料 1.5 kg，连喂 8 天。

3. 每立方米水体加 5 g 高锰酸钾涂擦病鱼患处，可以加速伤口愈合，减少细菌感染。

4. 每立方米水体加 0.8 g 的 40%的甲醛进行整个水族箱泼洒，3d 后再用每升水加 0.2 mg的此药再泼洒一遍。或用每立方米水体加 0.8～1 g 的漂白粉进行整个水簇箱泼洒。

(二)预防措施

1. 加强综合预防措施，严格执行检疫制度。严防鱼体受伤，受伤鱼不能作为亲鱼，不能将伤鱼和健康鱼一起混养。

2. 产卵池要挖除污泥，严格清塘消毒。

3. 要为越冬锦鲤清除寄生虫(鱼鲺和水蛭)，并用消毒剂处理养殖场所。可用含碘量 100 mg/L 的碘伤预防。

4. 根据锦鲤在水温高于 18℃时不发病这一点，也可以考虑利用水温防病。加强营养，增强体质。

5. 适时换水、增氧、合理使用增氧机。

6. 及时注射疫苗，用病毒性出血性败血症病毒的疫苗进行注射，感染鲤春病毒血症病毒的鱼体在水温 10℃～25℃时能产生中和抗体。腹腔注射病毒的鱼体在 10℃时要 8 周才第一次出现中和抗体；而在 20℃时 1 周后就可以查到抗体。抗体可持续存在 17 周以上，能够抵抗再次感染。

六、黄鳝打印病

黄鳝打印病由点状产气单胞菌点状亚种感染而引起的一种细菌性传染病，又称“腐皮病”。主要危害黄鳝及个体较大的金鱼、锦鲤，临床特征为患病部位皮肤先出现圆形或椭圆形坏死或糜烂，露出白色真皮，皮肤充血发炎的红斑形成明显的轮廓，好似在黄鳝体表加盖了红色印章，故称打印病。

【诊断要点】

(一)流行病学

易感动物：金鱼、锦鲤、黄鳝均可感染。

感染来源及感染途径：本病病原是条件性致病菌，只有鳝体损伤皮肤的情况下才能得病。所以在养殖过程中多因操作不当，使鳝体受伤而感染致病菌。

流行特点：黄鳝此病一年四季皆可发生，但以夏季和秋季较易发病，水温28～30℃时该病更易发生和流行，以5～6月最为常见。发病率可达80%以上，大批死亡的病例很少发生，但严重影响黄鳝的生长、繁殖和商品价值。

金鱼、锦鲤从鱼种至亲鱼均可感染，亲鱼更易感染。各个年龄阶段的鱼均能感染发病，主要危害1周龄以上的成鱼和亲鱼。

(二)症状及病理变化

主要发生在鳝体后部，腹部两侧更为严重，个别发生在体前部，这与体躯后部容易受伤有关。发病初期，患病部位皮肤、肌肉发炎，接着开始腐烂，病灶部位与周围组织界限明显，腐烂表皮崩解脱落，露出白色真皮，出现红斑，红斑轮廓清晰，病灶呈不规则圆形、卵圆形或椭圆形，边缘充血，好似在黄鳝体表加盖了红色印章，故称打印病。随着病情的发展，病灶的直径逐渐扩大，糜烂加深，形成锅底形小洞，严重时肌肉烂穿，露出骨骼和内脏，病鳝很快死亡。病鳝食欲减退，游动缓慢，头常伸出水面，久不入穴，最后衰竭而死亡。

发病金鱼、锦鲤的病灶主要发生在背鳍和腹鳍以后的躯干部分，其次是腹部两侧或近肛门两侧，少数发生在鱼体前部。

(三)实验室诊断

1. 根据流行特点和病鳝在特定部位出现的特殊病灶，可以做出初步诊断。确诊需进行细菌学检查及病原分离、培养、鉴定病原菌。

2. 病原学诊断

(1)细菌学检查

可选取病变典型的病死鳝，无菌刮取病变部组织涂片革兰氏染色镜检。点状产气单胞菌斑点亚种革兰氏染色呈阴性菌，细菌形态呈短杆状，(0.6～0.7)μm×(0.7～1.7)μm，极端单鞭毛，无芽孢。

(2)生化试验及细菌分离培养

同时接种兔鲜血琼脂或普通营养琼脂，分别置于室温(23℃～26℃)和37℃恒温箱中培养，进行细菌分离和生化鉴定。

R—S培养基培养14～18 h，菌落呈黄色，在普通肉汤和琼脂平板上均能生长。点状产气单胞菌发酵葡萄糖、乳糖、麦芽糖、甘露醇、蔗糖、半乳糖、糊精、丙三醇、甘露糖，产酸、产气；但不发酵木糖、肌醇、山梨醇、卫茅醇。菌体繁殖的适宜温度为28℃左右，pH 3～11中均能生长。

【防治要点】

(一)治疗措施

1. 在发病季节，每周用生石灰每立方米水体中放7 g生石灰，全池泼洒。还可用每升2～4 mg五味子全池遍洒；或按每100 m^2水面，30 cm水深的池水，用水辣蓼200 g、苦楝树皮(汁果均可采用)300 g、烟叶100 g，切碎熬成5 kg汁，加食盐10 g，全池洒遍，重点在食场周围泼洒。每天1次，连续3 d；也可在池内放养几只蟾蜍，蟾蜍身体上产生蟾酥分泌物具有防治功能可除病。

2. 按每 100 kg 黄鳝用 2 g 磺胺甲氧嘧啶拌饲投喂，连喂 5～7 d。

3. 可用双氧水擦洗患病鳝(鱼)伤口，除去腐烂的组织，然后用高锰酸钾溶液擦洗患处，一般每 500 g 水加高锰酸钾 1 g；同时，按每立方米水体 2.0～2.5 g 红霉素的溶液浸浴病鳝(鱼)10～20 min，每天 1 次，连续 3～5 d，直到病情好转。

(二)防治措施

(1)加强饲养管理，勿使鳝体受伤。

(2)合理投饲，对病鳝增加营养，增强其抵抗力。

(3)保持水质清新洁净，经常加注新水，定期按每立方米水体 1 g 的漂白粉全池泼洒，消毒水体。

七、黄鳝棘衣虫病

黄鳝棘衣虫病是隐藏棘衣虫寄生于黄鳝的肠道内引起的疾病，其幼虫形成包囊寄生于其他内脏器官。虫体寄生于黄鳝的前肠内，以带棘的吻突吸附在肠黏膜上，吸取大量营养，影响黄鳝的生长并可造成养殖黄鳝的死亡。

【诊断要点】

(一)流行病学

易感动物：黄鳝及夏花草鱼为其终末宿主，鳗鲡、泥鳅、草鱼为保虫宿主，寄生其体腔中。

感染来源及感染途径：本病感染途径经口感染，人工饲养黄鳝，喂食保虫宿主，或池水不经常消毒，易发此病，草鱼苗种培育池未带水清塘或注入含阳性剑水蚤的水源，是引起此病的原因。成虫寄生于黄鳝的肠道中，其卵随着粪便排到了水中，被中间宿主剑水蚤等吞食后，在其体内发育成棘头囊，黄鳝吞食了含棘头囊的剑水蚤后，在肠内发育成虫。如被保虫宿主，如草鱼、泥鳅等鱼吞食后，则幼虫从肠道内迁移到腹腔结囊寄生。

黄鳝体内隐藏棘衣虫的感染率很高，其虫有聚居习性。通常情况下，感染强度在十多条左右，并不显现症状。部分黄鳝寄生强度可达数十条至近百条，可影响生长发育并造成黄鳝死亡。

(二)症状及病理变化

黄鳝感染棘衣虫后没有明显的症状，一般感染不会引起死亡；大量感染鳝体瘦弱，严重影响黄鳝生长。剖检时可见黄鳝前肠部位充血、膨大，剪开肠道可见成团棘衣虫聚居于内，使局部肠道堵塞，肠壁变薄而充血，肠内充满血脓样黏液，少数肠道穿孔，引起黄鳝死亡。夏花草鱼急性感染棘衣虫幼虫时，病鱼腹部膨大，可见腹部充血发炎，剖开鱼腹，可见肝脏、肠外壁、腹膜、腹腔中有许多游离的或正在结囊的棘衣虫幼虫，寄生部位充血。

(三)实验室诊断

剖开鳝腹，根据前肠病变及剪开肠管可见大量棘衣虫即可确诊。

隐藏棘衣虫为长圆筒形，乳白色，有时呈淡黄色，成虫体长 1.0～2.8 cm，虫体前端为可伸缩的短吻，上有 8 列吻钩，每列 4 个，前面的钩较大，向后渐次变小，雌雄异体。寄生于肠道内的为成虫，寄生于其他内脏器官的为幼虫及其包囊。

【防治要点】

(一)治疗措施

黄鳝池发现此病，先施放晶体敌百虫，同时按每 100 kg 鱼，用 30 g 的晶体敌百虫拌饲投喂，连喂 5～6 d。

（二）防治措施

用生石灰带水清塘，杀灭虫卵和中间宿主，是预防此病的基本措施。注入新水后，应及时施放晶体敌百虫（每升 0.3 mg）。

待野生黄鳝用蚯蚓等开食正常后，每公斤蚯蚓拌甲苯唑 1 g，连喂 2～3 d，驱虫效果良好。病鳝的内脏要深埋土中，切勿乱丢。

八、鳗狂游病

鳗狂游病是由冠状病毒样病毒引起的鳗病毒性传染病。近年来，在福建、广东等地养殖鳗场普遍流行的一种传染病，主要临床特征为病鳗在水中上下乱蹿、打转狂游，张口，肌肉痉挛，在胸部有明显擦伤，严重时可见穿孔。发病鳗死亡率达 70%以上，造成很大经济损失。

【诊断要点】

（一）流行病学

易感动物：主要危害欧洲鳗及非洲鳗，从白仔鳗至成鳗均受害；日本鳗一般不受害。

本病是欧洲鳗引入亚洲养殖时而发生的一种危害严重的疾病，主要流行于 5 月至 10 月，发病高峰为夏季高温期，故又称为欧洲夏季狂游病。该病来势猛，传播快、死亡率高，从开始发病至发病高峰约 7 d，从发病至死亡约 15 d。体重 100～150 g 的当年鳗及 400 g 以上的 2 周龄鳗均易发病死亡。夏季高温期，发病死亡率高达 90%以上，更甚者几乎全部死亡。当长期高温、水质恶化、气候剧变（如暴雨、台风等）时更易形成暴发流行。

（二）症状及病理变化

病鳗最早出现食欲极为旺盛、异常抢食现象，数日后离群、不摄食。发病初期，少量鳗鱼在池边进行不规则游动，游动无力，出现间隙性头部抽动旋围翻滚，或作后退运动、打转等狂游，几天后大量鳗鱼出现类似症状，头部阵发性颤动，在水中上下乱蹿，在水面狂游，在胸部有明显擦伤，严重时可见穿孔。接着反应迟钝，头上浮水面长时间不动，口张开，呼吸困难，背部肌肉痉挛，躯体出现多节扭曲后很快死亡，死亡的鳗鲡呈僵直状，口张开，头上仰呈窒息死亡状。

病鳗体表完整，胸部皮肤出现皱褶，但是下颚均有不同程度的溃疡或充血，多数病鱼鳃丝鲜红，鳃上黏液增多，体表黏液脱落。有些病鳗口腔、臀鳍、尾部充血或有溃疡，肝区肿大。剖检肝脏淡红、部分病鱼肾脏肿大，多种实质脏器的细胞发生变性坏死，尤以肝脏、肾脏、心脏为严重。

病鳗红血球、血红蛋白、血清氟离子显著增高，而血液中尿素氮含量显著下降，血清胆碱酯酶降低。

（三）实验室诊断

1. 根据症状及流行情况进行初步诊断。

2. 确诊须将病鳗的肝、肾、心脏裂解后进行超薄切片、负染电镜观察看到病毒颗粒。

冠状病毒样病毒具有单股脱氧核糖核酸，有囊膜，囊膜突起顶端膨大，呈花冠状排列。对氯仿敏感，对热不稳定，不耐酸、碱。该病毒在虹鳟肝细胞（R）、草鱼肾细胞（GCK）和草鱼卵巢细胞（CO）上不能复制；在鲤上皮瘤细胞（EPC）上可以复制，且引起细胞病变，呈现细胞圆缩、细胞融合形成空斑，以及脱落悬浮细胞增多等变化。

3. 人工感染

取病鱼组织匀浆，加双抗除菌，然后注射健康的欧洲鳗，水温在25℃以上，饲养观察半个月，如欧洲鳗发生狂游症状死亡，可进一步诊断为患狂游病。

【防治要点】

(一)治疗措施

本病一旦发生目前尚缺少有效的治疗方法，主要是加强预防。一旦发病，应从保持良好的生态环境，减少应激为主要措施，并施以中草药类、水质改良剂、含氯剂等，一般禁止使用抗生素及刺激性较强的药物。并在饲料中添加清凉解毒、具抗病毒作用的中草药及适当的维生素。

(二)防治措施

在生产实践中一般采取调节环境因子进行综合预防。

1. 严格执行检疫制度。

2. 有条件者以降低水温为最佳方案，在鳗池上设置遮阳棚，避免阳光直射。

3. 注意保持池水环境清洁和相对稳定，防止水质、水温变化太大。

4. 发病季节控制投饵量，饵料中按要求添加抗生素(如呋喃类)和驱虫药(如吡喹酮等)，保持鳗鲡体质健壮。

5. 发病季节，每15 d按每升0.2～0.3 mg遍洒二氯异氰尿酸钠等消毒药进行消毒，同时也可改善水质。

九、鳗出血性张口病

鳗出血性张口病是一种病毒性传染病。本病主要危害日本鳗鲡，临床特征为病鳗口张开不能闭合，口部、鳃盖、胸鳍充血，臂鳍明显充血呈一条红带，严重感染鳗鲡上、下颌萎缩变形。

【诊断要点】

(一)流行病学

易感动物：主要危害日本鳗鲡。

流行特点：本病主要发生在福建、广东等地，多数呈散在性流行，大范围流行比较少见，发病后有一定的死亡率。流行于夏季，一足龄以上日本鳗鲡易于发生。此病流行尚无明显规律，往往当年发生后，隔年并不一定流行。

(二)症状及病理变化

患病鳗鲡表现为严重出血，主要是颅腔出血，其次是口腔及头部肌肉出血。病鱼骨质疏松，易发生骨碎裂，颅腔出现“开天窗”；齿骨与关节骨之间的连接处松脱，口腔常张开，不能闭合，口部、鳃盖、胸鳍充血，臂鳍明显充血呈一条红带，严重感染鳗鲡上、下颌萎缩变形。剖检可见肝、脾、肾肿大，极度贫血。

(三)实验室诊断

1. 根据症状及流行情况进行初步诊断。

2. 确诊需对病鳗血液进行超薄切片观察，在血细胞内可见到病毒颗粒。鳗出血性张口病病原是一种披膜病毒。

【防治要点】

防治措施：本病以预防为主，方法同鳗狂游病。

十、鳗红点病

鳗红点病是由鳗败血假单胞菌引起的细菌性传染病。主要特征为鳗体表各处有点状出血，尤以胸鳍基部、腹部及肛门周围严重，并在出现症状1～2 d内死亡。

【诊断要点】

(一)流行病学

易感动物：主要危害日本鳗鲡，欧洲鳗很少发生。

感染来源及感染途径：带菌鳗鲡是主要传染源，目前传播途径和早期感染部位均尚不完全清楚，可能是病原菌通过体表微小伤口处侵入。

本病在日本、英国及我国台湾、福建等省均有流行，常发生于含盐分的鳗池，病原菌在含盐分的水中可存活100 d以上，而在淡水中则仅能存活1 d。流行时间是2月至6月和10月、11月，其中4月、5月是流行高峰。初春水温12℃以上开始发病，待水温上升到25℃时病情缓解，盛夏时终止流行，到秋天水温下降到25℃以下时又会再次流行。因此，此病的流行水温是12℃～25℃，在温室养鳗条件下不太容易发生此病。在日本，鳗红点病是危害很严重的一种鳗病，死亡率高。目前本病在我国已发现流行。

(二)症状及病理变化

病鳗体表各处出现点状出血，以下颌、鳃盖、胸鳍基部、躯干、腹部尤为显著，严重时出血点密布全身，合成血斑，并在出现症状1～2 d内死亡。如将这些病鳗放入容器内，鱼挣扎活动剧烈游动，在接触容器的部位急速出现出血点，含血的黏液甚至可玷污容器。剖开病鱼腹部，可见腹膜点状出血，肝脏肿大，瘀血严重，呈暗红色网状或斑纹状；肾脏肿大软化，可见瘀血或出血引起的暗红色斑纹；脾脏肿大，呈红色，个别脾脏萎缩贫血；肠壁充血，胃松弛。欧洲鳗发病时体表出血点不显著，多数表现为体色发白。

(三)实验室诊断

1. 根据病鳗体表各处点状出血，用手摸病鳗患部即有带血的黏液玷污手部，可做出初步诊断。

2. 确诊需进行病原鉴定。鳗败血假单胞菌菌体呈细长杆状，大小0.4 μm×2.0 μm，极生鞭毛，运动性随培养条件而变化，15℃培养时有运动能力，在25℃培养时则无运动能力。在5℃～30℃范围内均可生长，适宜生长温度为15℃～20℃。

3. 鉴别诊断

与鳗弧菌病进行鉴别诊断，鳗弧菌病体表也出现点状出血，但此病可在鳗躯干部形成隆起样病灶或形成出血性溃疡，肛门红肿。剖检时肝、肾肿大，肝呈土黄色。鳗弧菌为条件致病菌，在海水和底泥中都可存在，鳗体可通过受损的伤口而感染。

【防治要点】

防治措施

1. 加强饲养管理，严格消毒措施。

2. 控制水的盐度，鱼种下塘前，用2%～4%的食盐水药浴5～20 min。

3. 养殖水温当升至28℃以上，发病鳗鱼同样需要外用和内服药物进行治疗。

4. 各种消毒剂均可使用，如生石灰按每立方米水体15～20 g，一次全池泼洒，1 h后用土霉素碱按每立方米水体5 g，一次全池泼洒，每天1次，连用2～3 d。

5. 内服可选用下列药物

(1)盐酸土霉素，按每千克体重 20～30 mg 一次拌料投喂，每天 2 次，连用 5 d；

(2)恶喹酸，按每千克体重 20～30 mg 一次拌料投喂，每天 1 次，连用 5～7 d；

(3)呋喃唑酮，按每千克鱼 1～3 g 一次拌料投喂，每天 2 次，连用 4～6 d；

(4)氯霉素，按每千克鱼 2.5～5.0 g 一次拌料投喂，每天 2 次，连用 4～6 d。

十一、鳗两极虫病

鳗两极虫病是由孢子虫纲、粘孢子虫目、粘孢子虫属的鳗鲡两极虫寄生于欧洲鳗的肾脏、鳃和皮肤引起的疾病。可造成寄生部位的组织溃疡、发炎，影响鳗鱼摄食，常与其他寄生虫同时感染，并容易诱发严重的细菌性疾病，给欧洲鳗的养殖造成极大危害。

【诊断要点】

(一)流行病学

易感动物：主要危害欧洲鳗鲡，日本鳗、北美鳗也可发生。

本病主要流行于福建、广东、江苏、浙江等地的养殖场，感染于春夏季节，2～6 月为感染高峰期，发病水温为 20℃～30℃。主要感染当年的欧洲鳗鳗苗，以白仔的感染率最高，黑仔、幼鳗次之，感染率达 90%以上。同时两极虫具有耐热、耐药等特性。

寄生鱼体的两极虫发育成熟后，孢子壳裂开，孢子体呈变形虫状体，并以伪足移动，侵入鱼体后，在寄生组织内进行发育、分裂，营养体被宿主组织产生的胞膜包裹成胞囊，多次分裂后形成孢子，该病病程较长，一般周年发生。

(二)症状及病理变化

轻度感染时无明显外观症状，不易被发现；严重感染时，表现呼吸困难，食欲减退，鳃部红肿、黏液增多。根据两极虫寄生部位不同，其临床表现也不相同，寄生于体表时，在体表出现肉眼可见的白色圆粒状隆起(与小瓜虫引起的白点有本质区别)，包囊可使皮肤肿胀，包囊成熟破裂后引起皮肤溃烂、发炎出血。严重感染时，白点连成片，两侧体表犹如覆盖一层白膜，用手触摸有凹凸粗糙感，若剥离白点表皮留下炎症出血斑块，镜检刺破后的胞囊，可见到许多孢子。阻碍鱼体的生长，体瘦，影响商品的质量。寄生在鳃上，鳃小片形成包囊，引起鳃小片肿胀、弯曲变形、充血或贫血，导致鳗鱼呼吸困难，并影响摄食，严重时，虫体在鳃部形成大量的包囊，导致综合性烂鳃。寄生于内脏(肾脏、肝脏)时，常常引起器官肿大、颜色变深、可见针眼大小白色胞囊，严重时可引起组织溃疡，从而导致内脏功能减弱。

(三)实验室诊断

1. 根据病鳗体表特征性症状可做出初步诊断。

2. 确诊需进行病原鉴定。刺破胞囊后镜检孢子，孢子呈椭圆形，两端稍尖，两极囊呈圆形，大小相等，相对于孢子体两端，占孢子体大部分。

3. 鉴别诊断

(1)与小瓜虫进行鉴别诊断，小瓜虫病病鱼体表和鳃瓣上布满白色点状虫体和胞囊，肉眼可见，故又称为白点病，体表、鳍条处黏液明显增多，与虫体混在一起似一层薄膜。其病原是多子小瓜虫。

(2)与打粉病(卵甲藻病)进行鉴别诊断，打粉病病鱼的背鳍、尾鳍和背部出现白点，体表黏液增多，随着病情发展白点迅速蔓延到了全身，白点间有充血斑点。病后期待白点堆积并连成片，鱼身如包裹着一层米粉。其病原为嗜酸卵甲藻。

【防治要点】

防治措施

1. 加强鳗池的清池和消毒工作，彻底清塘，每1/15千米用125 kg生石灰彻底清塘，杀灭池底淤泥中的孢子。

2. 定期进行水体消毒，以杀死水体中的孢子虫。

3. 白仔培育期间投喂的红虫应彻底漂洗、消毒，以免白仔因摄食红虫而感染两极虫。

4. 在两极虫形成孢囊之前(营养体时期)，进行中服药物治疗。如孢虫克星、治孢散、磷酸伯氨喹等，同时定期内服抗生素以防细菌感染。

5. 5月至9月，处于营养体阶段的病原，可用敌百虫按每立方米水体0.5 g浓度全池遍洒，每半月1次，可降低感染率。

十二、鳗居线虫病

鳗居线虫病是鳗居科鳗居属的鳗居线虫寄生在鳗鱼的鳔腔内引起的疾病。主要危害欧洲鳗和日本鳗，对幼鳗危害较大，影响其生长，严重时导致死亡。

【诊断要点】

(一)流行病学

易感动物：主要感染鳗鲡，欧洲鳗发病率高于日本鳗。体重60～100 g的鳗种容易发病。

感染途径：经口感染。

中间宿主为剑水蚤类。

发育过程：成虫在鳗鳔内成熟产卵，虫卵在子宫的后段已发育为含幼虫的卵，并且在卵内进行1次蜕皮，形成第1期幼虫。在鱼鳔中孵化出幼虫。幼虫通过鳔管进入消化道，随粪便排出落入水中。在水中经蜕皮发育为第2期幼虫，此幼虫通常在水底以尾尖附着在固体物上，不断摆动，以引诱中间宿主吞食，第2期幼虫寿命只有7 d。当其被剑水蚤吞食后，便穿过肠壁进入血腔，发育为第3期幼虫。含有第3期幼虫的剑水蚤被鳗鱼吞食后，幼虫穿过肠壁进入体腔，附着于鳔的表面，随后侵入鳔管到鳔腔中寄生，经第4期幼虫发育为成虫。

流行特点：该病在我国湖北、福建、浙江、上海、江苏、台湾、广东等地均有流行。主要发生于土池或砂石底的养鳗池，在水泥养殖池中较少发生。全年均可发病，高温季节(6月至10月)易引起死亡。

(二)症状及病理变化

鳗居线虫寄生于鳔腔内，吸食鳗鲡的血液，引起鳔发炎和鳔壁增厚纤维化，病鱼活动受到很大影响。大量寄生时，虫体充满鳔腔，使鳔扩大，压迫其他器官及血管，鱼后腹部肿大，腹部皮下瘀血，肛门扩大，并呈深红色。病鱼表现食欲下降，体色加深，生长受阻，严重时鳔破裂，线虫进入腹腔引起腹膜炎，甚至有虫体从肛门或尿道口爬出体外。

剖检可见鳗鳔肿胀，内脏器官受到压迫，血流受到阻碍，剪开鳗壁，鳔内、外壁充血发炎，鳗壁增厚，肉眼可见半透明或黑色线虫。

(三)实验室诊断

1. 根据临床症状可做出初步诊断。

2. 通过剖检发现虫体即可确诊。剖开病鱼腹部及鳔壁，肉眼可见半透明或黑色线虫，如见大量鳗居线虫寄生即可确诊。如只有少量虫体寄生在鳗鳔内，则不会引起鳗鲡死亡，应另找病因。

鳗居线虫有三个种类：球状鳗居线虫、粗厚鳗居线虫和澳洲鳗居线虫。虫体粗短，呈圆筒形，通常透明无色，但吸血后呈乌黑色，虫体头部膨大呈球状，食道由肌质和腺体两部分组成，其前 1/3 处膨大呈葱球状，而后 2/3 处呈圆筒形。雌雄异体，雌虫体长 44 mm，胎生，刚产出的幼虫仅 0.2～0.35 mm，身上包有一层透明的表膜，尾部细长。

【防治要点】

本病无治疗方法，主要以预防为主。

1. 用生石灰或漂白粉对鳗池进行彻底清塘消毒，杀死中间宿主。

2. 定期全池泼洒 90% 晶体敌百虫，按每升水体 0.2～0.4 mg 浓度泼洒，每周 1 次，可杀灭水中的剑水蚤和幼虫，较好地控制此病。

3. 不从疫区购进鳗种。

4. 盐酸左旋咪唑，按每千克饲料添加 0.5～1.0 g，维生素 C 加 0.5 g，连喂 7～10 d。

5. 鱼虫清，按每千克饲料中加鱼虫清 2～2.5 g，拌匀后投喂，连喂 3～5 d。

十三、河蟹、鳖固着类纤毛虫病

固着类纤毛虫病是由累枝虫、钟虫、聚缩虫、单缩虫、杯体虫等固着类纤毛虫寄生引起的疾病。主要特征为河蟹体表、螯、蟹肢、病鳖体表、背腹甲、四肢、尾部和颈部有很多棕黄色或土色绒毛，河蟹如披上一件灰白色绒衣。手摸有滑腻感。本病可影响发育，造成病蟹(鳖)逐渐消瘦死亡。

【诊断要点】

(一)流行病学

易感动物：主要感染河蟹、鳖、龟，对蟹、鳖、龟幼体危害严重。

流行特点：本病无明显的流行季节，全国各地都有发生，尤其是有机质较多的水质更易发生；稚鳖、幼鳖、成鳖、龟都可以感染，尤其是稚鳖、幼鳖、龟更易感；当疾病严重时，常继发丝状细菌等感染，更加速病鳖、龟的死亡。

(二)症状及病理变化

疾病早期没有明显症状。严重时将病体放在盛有清水的盆中，可见病鳖体表，包括背腹甲、四肢、尾部和颈部，尤其在皮肤褶皱部位有很多绒毛状物，颜色呈棕黄色或土色，当池水呈绿色时，病鳖身上也呈绿色。触摸有滑腻感，病鳖比较呆滞，食欲减退，逐渐消瘦而死亡。

河蟹体表、螯、肢上如披上一件灰白色绒衣，但离开水面即不明显，病蟹反应迟钝，行动缓慢。

(三)实验室诊断

1. 根据临床症状和流行病学可做出初步诊断。

2. 取下绒毛状物，镜检可见虫体即可确诊。

3. 鉴别诊断，与水霉病进行鉴别。

【防治要点】

(一)治疗措施

1. 用新洁尔灭按每升水 0.5 mg 和高锰酸钾按每升水 5 mg 先后泼洒鳖池，或用 2.5%

食盐水浸泡病鳖 10～20 min，每天 1 次，连续 2 d，有一定杀灭效果。

2. 用 5%新洁尔灭原液稀释到了 0.67%的浓度，在 23℃～25℃水温下将病蟹浸泡 30～40 min 进行药浴，低于 20℃水温则需浸泡 60～90 min，可杀灭大部分此类纤毛虫。

(二)防治措施

1. 保持优良水质，如温室饲养，一定还要保持气温、水温不要相差太多；尽量避免机体受伤，提高机体本身的抗病力。

2. 清除池底过多淤泥，定期全池按每立方米 20～25 g 泼洒生石灰和按每立方米 1.5 g 泼洒漂白粉进行消毒。

3. 严格执行检疫制度。

项目 2　药用型特种水产病防治

任务一　诊断

案例：某鳖养殖场，占地面积 2 000 m^2。其中稚鳖池和幼鳖池约 1 000 m^2，饲养大约 2 万只鳖，囤养密度较大，此池水质较差，经常发生鳖相互厮咬，工作人员换水等操作不慎造成鳖体损伤。进入 7 月，稚鳖和幼鳖四肢、尾部、头颈部、背腹甲、裙边等部位皮肤上出现溃烂，皮肤发炎处组织呈黄色或白色，严重的溃疡面扩大，表皮脱落，甚至露出肌肉，有的鳖整个身体腐烂，发病鳖死亡率达 80%以上。

案例分析：该鳖养殖场进入 7 月，部分鳖的四肢、尾部、头颈部、背腹甲、裙边等部位皮肤上均发生溃烂，皮肤发炎处组织呈黄色或白色，严重的溃疡面扩大，表皮脱落，甚至露出肌肉。更严重病例鳖整个身体腐烂，发病鳖死亡率达 80%以上。

1. 现场诊断

【材料准备】

临床检查器械、外科手术器械和消毒药品等。

【工作过程】

初步诊断：

(1)调查发病情况

深入鳖养殖场，通过询问、临诊检查等方式，了解鳖的品种，鳖群的发病时间、发病日龄、发病率、死亡率、死亡的急慢及治疗情况；了解鳖场近年来的病史，鳖场的自然状况，如饲养面积、饲养数量等；了解本场、本地及周围鳖场是否发生过类似疾病，是否确诊，是否采取控制措施。

通过综合分析所获得的信息，确定发病类型。

(2)临床检查

对鳖进行个体检查，特别注意病鳖体表变化，如四肢、背腹甲变化、营养状况、精神状态、是否有外伤等，掌握其特征性临床症状。必要时进行实验室检查。结合临床检查结果及发病特点，对具有特征性症状的典型病例可做出诊断，对非典型病例提示可疑疾病的大致范围。

(3)病理剖检

对死亡病鳖尸体进行剖检，全面剖检观察，详细记录，特别注意典型病理变化。根据剖检结果进行分析判断，对具有特征性眼观病理变化的病例结合特征临床症状可以做出诊断，对没有特征性眼观病理变化的提示可疑疾病及提供下一步诊断线索。

(4)综合分析

根据流行病学调查结果(见表3-5)、临床症状及剖检变化，在诸多的症状和病变中提取特征临床症状及主要剖检变化(见表3-6)，提示可疑疾病。通过类症鉴别的方法(见表3-7)，做出初步诊断。

表3-5 发病特点

发病情况及流行病学调查	发病特点	确定病型
①发病情况：进入7月，鳖场外界水温、气温增高，可达28～32℃，甚至更高，部分鳖体表有外伤，尤其是稚鳖和幼鳖，发病鳖死亡率可达80%以上 ②四肢、尾部、头颈部、背腹甲、裙边等部位皮肤上均发生溃烂，鳖整个身体腐烂 ③用药情况：发病后局部处理后有好转	①季节性明显 ②稚鳖和幼鳖发病率高 ③发病鳖死亡率达80%以上 ④主症皮肤溃烂，严重的腐烂 ⑤具有传染性	传染病

表3-6 症状及病理变化特点

临床症状及病理变化	症状、病变特点	提示疾病
①鳖四肢、裙边、颈部、背腹甲等处的皮肤发生溃烂 ②初期溃疡面积较小，皮肤发炎处组织呈黄色或白色，之后组织坏死，溃疡处有血水渗出，组织坏死，病灶边缘肿胀 ③严重时溃疡面向周围扩大，并连成片，表皮脱落，严重时露出肌肉，四肢腐烂，爪脱落 ④有时病鳖整个身体出现疙瘩痂皮状腐烂，形似蟾蜍状 ⑤稚鳖和幼鳖发病率高，反应迟钝，活动微弱，不摄食，短期内死亡 ⑥鳖池水质较差，鳖体有外伤	①精神不佳，反应迟钝 ②多处皮肤溃烂，严重的体表腐烂 ③稚鳖、幼鳖发病率高 ④传染快，死亡率高	鳖腐皮病 鳖疖疮病 鳖白斑病

表3-7 鉴别诊断

提示疾病	主要排除理由	初步诊断
鳖疖疮病	四肢等处皮肤溃烂，但病鳖的背甲、腹甲、四肢、裙带等部位出现的是芝麻大小的白点，后变为黄豆粒大疖疮，向外突出，最终表皮破裂，用手挤压四周可压出黄白色颗粒状或脓状内容物	鳖腐皮病
鳖白斑病	背腹甲白斑处表皮崩解剥离，皮肤溃烂，严重病例肌肉溃烂，但病鳖裙边、背腹甲出现角质状的芝麻大小白点或白斑，微凸，白点扩展到四肢、尾部和颈部，挑开白点，可见表皮与真皮坏死，肌肉外露	

(5)初步诊断结果

综合分析流行病学特点、临床症状及剖检病理变化，初步诊断为鳖腐皮病。确诊需进行细菌学检查。

2. 实验室诊断

【材料准备】

器材：手术刀、剪、镊、显微镜、载玻片、接种环、酒精灯、擦镜纸、滤纸、火柴、带有滴头瓶盖的棕色瓶、37℃培养箱、灭菌试管、灭菌平皿、研钵和钵杵等。

药品(试剂、染色液)：酒精和乙醚，香柏油，二甲苯，草酸铵结晶紫染色液，碘液，95%乙醇，稀释石碳酸复红染色液，蒸馏水，普通肉汤培养基，普通琼脂平板，R—S 培养基，灭菌生理盐水，福尔马林等。

实验动物：患病鳖。

【检验过程】

(1)细菌学检查

革兰氏染色

①病料采集：采取新鲜无污染病死鳖的体表溃烂病灶(皮肤病变部)作为病料，用消毒灭菌的手术刀片刮取。

②涂片、干燥、固定。

③染色：首先在干燥固定好的涂片上滴加草酸铵结晶紫染色液，染色 2～3 min，水洗，滴加碘液媒染 1～2 min，水洗，在 95%乙醇脱色缸内脱色 0.5～1 min(脱色的时间可根据涂片的厚度灵活掌握)，水洗，滴加稀释石碳酸复红染色液，染色 0.5 min 或滴加沙黄染色液染色 0.5 min，水洗、干燥。

④镜检判定：嗜水气单胞菌革兰氏染色呈阴性，可见染成红色的小杆菌，极端单鞭毛，运动极为活泼，无芽孢。

(2)细菌分离培养

①病料采集：用接种环刺入皮肤溃烂病灶。

②分离培养：接种普通琼脂、普通肉汤培养基、R—S 培养基在 37℃、20～30℃厌氧条件下培养。

③观察鉴定：嗜水气单胞菌在普通琼脂平板和普通肉汤培养基上均可生长，28℃培养 24 h 后的菌落光滑、微凸、圆整、无色或淡黄色，有特殊芳香气味。R—S 培养基培养 14～18 h 菌落呈黄色。

任务二　疫情处理

1. 疫情报告

嗜水气单胞菌在自然界广泛存在(淡水、海水、含有有机物的淤泥、鳖体的体表)，生活在江河湖海的鱼类、水生动物、两栖类及爬虫类动物可成为该菌的自然疫源，该菌是一种典型的人—兽—鱼共患病原菌，猪、鸭、兔、犬和多种观赏动物、水生动物及人均能感染本病。人类可因致病性嗜水气单胞菌感染而发生腹泻、食物中毒、继发感染，发现患有本病或疑似本病的动物，立即确诊进行治疗，同时采取相应的预防措施。

2. 疫情处理

(1)根据流行病学调查、临床症状和病理变化等初步诊断为疑似感染气单胞菌的鳖腐皮病，应立即采取消毒、治疗措施。同时采集病料送实验室确诊。

(2)确诊为气单胞菌感染的鳖腐皮病后应立即采取严格的治疗和预防措施。

任务三 治疗

治疗原则：早发现早治疗。

【材料准备】

外科手术器械、消毒剂、药品、注射器等。

【工作过程】

1. 各小组根据治疗原则讨论和制定治疗方案。

2. 供参考的治疗方案

(1)发病池除用消毒剂消毒池水外，尚须在饲养中加入呋喃唑酮(每千克体重0.07～0.08 g)、氟哌酸(每千克体重0.2 g)等药物，连续投喂6 d。

(2)严重的病鳖隔离养殖，按每千克体重注射20万单位金霉素，连续注射2 d，第2 d注射量减半。也可采用链霉素进行腹腔注射，剂量为每公斤体重注射20万单位，注射部位在背甲和后腿交界之处。

任务四 预防

【工作过程】

1. 各小组根据鳖场实际情况讨论和制定该病综合防治措施。

2. 供参考的综合防治措施

(1)选择抗病良种

选择板平而肥厚，背甲呈黄褐色、橄榄绿色或暗黑色，腹甲呈乳白色或带浅红色，体健灵活，良种鳖抗病性强，发病少而轻；放养的鳖种要确保健康无伤，并按鳖的规格大小分池饲养，密度合理，避免相互争斗，入池前用每立方米水体20 g高锰酸钾溶液浸泡鳖体30 min。

(2)注意改良水质

腐皮病的病原常存在于水体的底层，当鳖处在正常的生活环境中时，病菌致病力不强，而一旦水质变劣，不利于鳖生长时，病原体则大量繁殖且毒力增强，引起疾病暴发。因此要注意改良水质，定期对池水消毒，用含氯消毒剂消毒，10 d一次，能显著预防腐皮病的发生。

(3)加强饲养管理

鳖是杂食性动物，食谱广泛，人工饲喂时必须做到定点、定时、定量，精粗饲料搭配，使其摄食均衡，同步生长。平时要坚持巡塘，及时捞出残渣剩饵，定期更换新水，保持水质清新。夏季由于温度高，要保持鳖栖息场所的清洁和安静，使鳖有良好的生活环境。

(4)搞好药物治疗

在腐皮病流行的5月至9月，可用漂白粉按每立方米水体1～1.5 g或用20%二氯异氰脲酸钠0.3～0.6 g，或用8%二氧化氯0.1～0.3 g，疾病流行季节全池泼洒，15 d一次。

必备知识

药用型特种水产病防治

特种水产类的药用型特种水产：鳖、龟、泥鳅等。

一、鳖腐皮病

鳖腐皮病是由多种细菌引起的鳖皮肤溃烂病，又名皮肤溃烂病。主要临床特征为病鳖的四肢、尾部、头颈部、背腹甲、裙边等部位皮肤上均可发生溃烂。本病为常见病，可造成鳖大批死亡。

【诊断要点】

(一)流行病学

此病全国各地均有发现，常与鳖疖疮病并发，为鳖常见病之一。危害各个年龄段的鳖，尤以体重 200 g 以上的鳖感染较重。全年均可发病，主要流行于5月至10月，7月至8月是本病流行的高峰季节。在管理不善的池塘，该病死亡率较高。腐皮病多因捕捉与运输时操作不当或鳖相互撕咬受伤后，细菌侵入感染，细菌毒素使受伤部位皮肤、组织坏死所致，也有因饲料营养不全面和水质恶劣引起严重污染所致。一些寄生虫也对腐皮病起诱发作用，如水蛭、螺蛳和钟形虫附在鳖的体表上，脱落后形成表皮破损感染致病。病鳖如果不再继发性感染，多数能长期生存而逐渐自愈。但有些溃烂灶生在要害部位，如不及时治疗，可烂至骨骼，造成死亡，尤其是颈部腐烂。此病常与白斑病、疖疮病和细菌性败血病并发，死亡率明显增高。

(二)症状及病理变化

腐皮病的典型症状是表皮腐烂，并常与疖疮病、烂甲病相混淆。在鳖的体表多处部位，如四肢、裙边、颈部、背腹甲等处的皮肤发生溃烂(见彩图 3-3)，初期溃疡面积较小，皮肤发炎处组织呈黄色或白色，之后组织坏死，溃疡处有血水渗出，组织坏死，病灶边缘肿胀，严重时溃疡面向周围扩大，并连成片，表皮脱落，严重时露出肌肉(见彩图 3-4)，四肢腐烂，爪脱落。有时病鳖整个身体出现疙瘩痂皮状腐烂，形似蟾蜍状。病鳖反应迟钝，活动微弱，不摄食，短期内死亡。

(三)实验室诊断

1. 根据症状、病变及流行情况进行初步诊断，特别是鳖四肢、裙边、颈部、背腹甲等处的皮肤发生溃烂，溃疡处有血水渗出可初步诊断。

2. 确诊需进行病原分离与鉴定。

病原为气单胞菌、假单胞菌以及无色杆菌等数种细菌，其中以气单胞菌为主要致病菌。

【防治要点】

防治措施

1. 保持水质清洁，放养密度合理，规格整齐，并按鳖的规格大小分池饲养，避免相互争斗；坚持每周用每立方米 2～3 g 漂白粉全池泼洒进行池水消毒。

2. 放养的鳖种要确保健康无伤，入池前用每立方米水体 20 g 高锰酸钾溶液浸泡鳖体 30 min。

3. 发病池除用消毒剂消毒池水外，尚须在饲养中加入呋喃唑酮(每千克体重 0.07～0.08 g)、氟哌酸(每千克体重 0.2 g)等药物，连续投喂 6 d。

4. 严重的病鳖隔离养殖，按每千克注射 20 万单位金霉素，连续注射 2 d。

二、鳖病毒性出血病

本病包括鳖出血病和鳃腺炎病，其特征为鳖全身呈现浮肿症状，背甲和腹甲有点状或斑状出血，尤以腹甲更为明显，口腔两侧的鳃腺发炎糜烂。稚鳖、幼鳖、成鳖和亲鳖均可发病，是目前我国鳖养殖业危害严重的疾病之一，发病率和死亡率都很高。

【诊断要点】

(一)流行病学

易感动物：主要危害鳖。

每年5月至10月是本病的流行季节，尤其是水温在25℃～30℃时为流行高峰期。室温养殖的稚、幼鳖，特别是"台湾鳖"容易在温度升高时形成暴发流行；越冬后的种鳖和成鳖在复苏后或转入室内外鳖池后易发本病。各龄鳖均可感染，无明显的年龄特点。自繁自育的鳖场发病率低于外地引进的鳖场。

(二)症状及病理变化

病鳖全身呈现浮肿症状，背甲和腹甲有点状或斑状出血，尤以腹甲更为明显。通常鳖颈部肿胀，但充血现象极少见，发病严重时，口和鼻有流血现象；口腔两侧的鳃腺发炎充血、糜烂；胸腔和腹腔中常积有血色腹水，尤以幼鳖为甚；肝脏土黄色，质脆易碎；脾、胃、肠道和肾脏均有点状或丝状充血；肠道壁无弹性易破，肠道内无食，有时充有凝血块，胆囊肿大或不肿大，成鳖肺部是褐色。有时同一个塘的病鳖会出现两种症状：即出血型腮腺炎和失血型腮腺炎。出血型症状的病鳖表现为腮腺充血鲜红、糜烂、有分泌物，口腔、食道、肠管发炎充血，底板、四肢、尾部充血呈鲜红色。失血型症状的病鳖表现为腮腺淡白糜烂，有分泌物，食道、肠管有瘀血段落，底板纸白色，肌肉淡白无血色。

中华鳖一般行动迟钝，常爬至岸边和晒台上引颈似作呼吸，食欲减弱或完全停止摄食，很快死亡。

(三)实验室诊断

1. 根据症状、病变及流行情况进行初步诊断，特别是鳖全身浮肿，背甲和腹甲有点状或斑状出血，鳃状组织(绒毛状突起)充血或糜烂可初步诊断。

2. 确诊需进行病原分离与鉴定。

病原是一种无囊膜、球状病毒，为中华鳖球状病毒或中华鳖病毒。

【防治要点】

防治措施

鳖养殖场一旦发生本病很难根治，所以本病应以预防为主。

1. 养鳖池在放养前要彻底消毒，翻晒冲洗池底泥沙或淤泥，同时选择消毒药物进行鳖池的彻底消毒，可选用生石灰，按每亩150～200 kg，或用含氯制剂，按每升8～10 mg带水清塘消毒。

2. 严格检疫制度，尤其从外地引进稚鳖、幼鳖时检疫无此病方可混群。

3. 鳖入池后经常换注新水，每半月遍洒1次优氯净或强氯精等含氯消毒剂，并定期投喂呋喃唑酮等抗菌素物。

4. 发病池立即消毒，按每升水加优氯净或强氯精0.3 g全池遍洒。并拌饲投喂病毒清(中草药粉剂)，按饲料量5%～10%添加喂服，连喂10～15 d。也可用大叶青和板蓝根煎剂混饲投喂。

三、鳖细菌性败血病

鳖细菌性败血病又称为"赤斑病""红底板病"或"红脖子病"等，其特征为全身皮下水肿，腹甲出现斑块状充血，严重时整个腹甲充血连成一片。稚鳖、幼鳖、成鳖和亲鳖均可发病，但种鳖、成鳖和亲鳖更易发病。是鳖养殖中常见病，危害严重，发病后死亡率40%左右。

【诊断要点】

(一)流行病学

易感动物：主要危害鳖。

流行特点：该病流行迅速，潜伏期短，发病快。各种规格鳖均可感染，但种鳖、成鳖和亲鳖更易发病。流行于全国各地，春、秋两季易于流行，尤其是水温在25℃时为发病高峰期，但室内鳖池不受季节影响。当鳖池水质恶劣，有机质含量过高可诱发本病。

(二)症状及病理变化

病鳖全身出现程度不同的皮下水肿，心包相对应的腹甲部有明显的斑块充血现象，充血的色泽可是鲜红、大红、暗红至黑红色，局部出现腐皮或类圆形坏死，严重时充血斑连成一片，使整个腹甲充血。鳖颈部红肿、肿胀，严重时颈部失去伸缩能力，颈基部、四肢基部、趾(指)端有鲜红色的血泡。部分鳖有口、鼻流血、眼失明等症状。

患病鳖神态萎靡，食欲不振，漂浮于水面上或上岸钻入沙中，不久即可死亡。

切开颈部、口腔可见黏性血水。剖开鳖的体壁可见体腔内有大量淡黄色腹水，肝脏肿大呈土灰色，上有暗红色瘀血块，呈“花斑肝”，有时整个肝脏呈暗黑色；肠道充血发炎，肠腔内有脓状液；脾、胆、心等肿大、充血；卵巢及卵充血。

(三)实验室诊断

1. 根据症状、病变及流行情况进行初步诊断，特别是鳖全身皮下水肿，腹甲有明显的斑块状充血，颈部红肿可初步诊断。

2. 确诊需进行病原分离与鉴定。

病原为嗜水气单胞菌、温和气单胞菌和豚气单胞菌。

【防治要点】

防治措施

1. 坚持常规清塘消毒，经常更换新水。

2. 春秋两季流行季节，10～15 d在鳖池中施放优氯净等含氯消毒剂，按每升0.25～0.4 mg给药，注意用药消毒时间间隔不要太近，以免产生药害。

3. 坚持来源不同的鳖不进行混养。

4. 改善水体生态环境，减少有机质的积累，提高水体溶氧量，维持正常代谢，提高抗病力。

5. 发病池立即遍洒强氯精等消毒剂，然后内服呋喃唑酮，按每千克鳖重0.07～0.08 g，每天1次，连喂6 d为一个疗程。

四、鳖出血性肠道坏死症(鳖白底板病)

鳖出血性肠道坏死症是由中华鳖球状病毒和厌氧单胞杆菌引起的疾病，又称为白底板病。主要临床特征为腹甲苍白，鳖极度贫血。该病危害严重，发病率和死亡率均高，一旦发病很难控制，所以有人将其称之为甲鱼癌症。常呈暴发死亡。

【诊断要点】

(一)流行病学

易感动物：主要危害鳖。

流行特点：250 g左右的鳖易感染本病，主要流行于每年的5～6月，水温25℃～30℃为发病高峰期。本病诱发因素，如气候骤然变化，从室内转入室外养殖，干池捕捉、运转、下池放养等应激反应；水质恶劣，长期处于不良水环境中，造成慢性中毒，免疫功能全面下降易发病；滥用药物、饲料选择或使用不当也是发生白底板病的一大诱因。

本病发病率和死亡率均高，一旦发病很难控制，所以有人将其称之为甲鱼癌症。常呈暴发死亡。

(二)症状及病理变化

病鳖体表完好无损伤，腹甲苍白，底板大部分呈乳白，呈极度贫血，偶尔个别鳖底板布满血丝；鳖体浮肿，颈部肿大或不明显，将鳖放于手中有痉挛感，用手轻压鳖体、口、鼻有溢血现象，泄殖腔流出黄色液体。剖检可见颈部鳃状组织肿大，内部器官表现为两种类型。

(1)充血型

胃、肠充血，深红色或暗紫色，肠内充满血液或血凝块，肠道无食、糜烂、坏死；脾深红色、肿大；肝灰黑色或青灰色，有的点状充血，糜烂；胆囊肿大；生殖器官严重充血，卵巢呈暗紫色出血状，腹腔积水。

(2)失血型

大部分内脏器官均失血，发白，偶或在肝、心、肺之间可见1个暗紫色的血凝块，肌肉苍白。

病鳖在濒死前主要表现为：浮于水面，不下沉水底，显得焦躁不安。

(三)实验室诊断

1. 根据症状、病变及流行情况进行初步诊断，特别是鳖腹甲苍白，底板大部分呈乳白，呈极度贫血可初步诊断。

2. 确诊需进行病原分离与鉴定。

病原为中华鳖球状病毒和厌氧单胞杆菌。

【防治要点】

防治措施

白底板病多呈突然急性暴发，宜以预防为主。

1. 清塘消毒，用强氯精全池泼洒，对来源不同的鳖避免混养。

2. 鳖种放养前后保持水温基本一致，最好差异不超过3℃，药浴时也应与池水温度一致，同时减少应激反应，增强鳖体的抵抗力。

3. 一旦发病，用大黄每升1.5 mg和硫酸酮每升0.7 mg混合全池遍洒，同时口服呋喃唑酮按每千克鳖10～20 mg或庆大霉素按每千克鳖10万单位给药，可缓解病情。也可内服板蓝根、苦参、穿心莲、虎杖等中草药，剂量为每千克鳖重用上述中草药合剂10 g拌饲投喂，连喂3～5 d。

4. 用有益微生物等水质改良剂调控水质。

五、鳖疖疮病

鳖疖疮病是由多种细菌引起的疾病，又名"白点病""穿孔病""洞穴病"。主要临床特征为病鳖的背甲、腹甲、四肢、裙带等部位出现芝麻大小的白点，后变为黄豆粒大疖疮，向外突出，最终表皮破裂，用手挤压四周可压出黄白色颗粒状或脓状内容物。本病为常见病，危害较严重。

【诊断要点】

(一)流行病学

室温养殖时一年四季均可发病，室外养殖主要流行季节为4月至10月，5月至8月为发病的高峰期。饲养密度过大，水质条件不良，饲养规格不整齐，连续阴雨、闷温天气，晒背后条件不良容易流行。本病发病率在20%～50%。

(二)症状及病理变化

病鳖在发病初期表现精神不振，行动迟缓，食欲减退。早期，颈部、背甲、腹甲、裙边和四肢基部出现白色点状小突起，逐渐增大至黄豆大，颜色也逐渐变黄，周围充血红肿，用针挑破白点，可见豆腐渣样物，稚、幼鳖疖疮不发展引起死亡，种、成鳖疖疮继续扩大、隆起，周边红肿，揭开疖疮表面，内含脓状物或豆腐渣状物。随着病情发展，四肢等处皮肤溃烂、组织坏死，疖疮溃烂、穿孔，可见骨板。腐烂的四肢皮、爪脱落，骨骼外露，裙边溃烂呈锯齿状。穿孔的腐烂处，有血液渗出，痂疮下烂成孔洞(见彩图3-5)，孔洞深时可窥见内脏。解剖后可见体腔积有体液，肺充血发炎，呈紫红色。肝肿大，呈紫褐色，肠道内无食且充血。最后病鳖呼吸系统受阻，伸颈衰竭而死亡。

(三)实验室诊断

1. 根据症状、病变及流行情况进行初步诊断，特别是颈部、背甲、腹甲、裙边和四肢基部出现白色点状小突起，逐渐增大至黄豆大疖疮可初步诊断。

2. 确诊需进行病原分离与鉴定。

病原为嗜水气单胞菌、普通变形杆菌和产碱杆菌。

【防治要点】

(一)治疗措施

1. 鳖消毒后，用呋喃唑酮按每千克体重0.2 g或新诺明按每千克体重0.2 g、磺胺异恶唑按每千克体重0.2～0.4 g拌饵投喂，6 d为一个疗程。

2. 病鳖按每升10 mL的呋喃唑酮液浸泡20 min，再放在湿润的河沙上晒背30 min，然后放到阴凉处，每天2～3次，连续2 d后，放回消毒的鳖池。

3. 手术疗法，挑去病鳖疖疮硬壁后，在疮口上涂搽红霉素软膏，放在湿润的河沙上晒背30 min，隔天后按“2”法重复两次即可。

(二)防治措施

方法同鳖腐皮病。

六、鳖白斑病

鳖白斑病，又名“毛霉病”“豆渣病”或“白霉病”，是由于鳖苗体表受伤后在养殖水温较低、水质较清的水环境中感染真菌毛霉、水霉及多种细菌引发的疾病，因其病灶中的真菌菌丝在水下观察时呈白色絮状斑块而得名。由于白斑病在初发时不易被发现，而发现时往往病情严重，所以不但死亡率高，蔓延也很快，是鳖苗种阶段损害较大的鳖病之一。

【诊断要点】

(一)流行病学

该病主要危害5～20 g的稚鳖，20～100 g的幼鳖次之，100 g以上和5 g以下的鳖发病率不高。该病的发病率为62.9%，死亡率为5%～100%。发病季节为4～6月和9～11月，水温25℃左右易发病，最适流行温度是23～30℃。该病没有严格的地域界线，在我国各鳖养殖区均有流行，其中以福建、四川、江西、安徽等省发病率相应较高。鳖越冬苏醒后驯养开食，长途运输后的稚、幼鳖发病率高，室内养殖水温较低、水质较清、清瘦的水体也是引起此病的诱因。

(二)症状及病理变化

1. 白点型

病初期病鳖裙边、背腹甲出现角质状的芝麻大小白点，微凸，无脓无水，单个排列或数个相连；随着病情的发展，白点扩展到四肢、尾部和颈部，挑开白点，可见表皮与真皮坏死，肌肉外露；病鳖食欲减退，焦躁不安在水面狂游，或瘫软地静伏池边或食台上；此种表现型真菌病原占40%～50%，鳖死亡快，死亡率高。

2. 白斑型

病鳖背腹甲出现一块块不规则片片白斑(见彩图3-6)，蔓延到嘴、颈脖和尾部，白斑处表皮崩解剥离，肌肉溃烂，并有少量脓汁；病鳖往往成堆挤压在食台或陆地上，不肯入水，对外界失去反应能力，摄食停止，明显消瘦，裙边萎缩，此种表现型真菌病原下降至30%～40%，病鳖2～3 d内即会死亡。

3. 白云型

病鳖大片表皮溃烂。呈灰白色，病灶常覆盖背甲大部分，将病鳖置于水中，可见片片白云状斑块；此种表现型真菌病原下降到30%以下，该病转为慢性，病鳖死亡减缓，形成溃疡症。此病各种表现型往往在一池中交叉同时出现，但以一种为主。

该病的发展过程一般按“白点型—白斑型—白云型”的趋势发展。

(三)实验室诊断

1. 根据症状、病变及流行情况进行初步诊断

可将病鳖浸入水中，若见鳖的背腹甲、裙边、脖颈、四肢等处有一个个小白点或白斑、白云状的病变，可初步诊断。

2. 确诊需进行病原分离与鉴定

镜检时，可见患病鳖病灶组织有分支、无横隔状的菌丝体和一些短杆状，两端着色较深的革兰氏阴性菌。此外也可用荧光抗体法(FAT)对其嗜水气单胞菌病原是否存在进行判断。

该病的病原为一群由真菌与多种细菌组成的微生物群体。细菌病原有嗜水气单胞菌、温和气单胞菌等；真菌系一种毛霉菌。

【防治要点】

(一)治疗措施

白斑病发生后，应及早治疗控制，一般不宜用抗菌药物治疗。

1. 用孔雀石绿

按每升溶液15～20 mg浸泡病鳖20 min左右，以白斑染成蓝色为准，然后晒背后30 min，每天一次，2～3 d内有较好效果。

2. 用福尔马林按每升水10 mg或孔雀石绿按每升水2 mg全池遍洒；也可用0.05%的食盐加0.05%的小苏打全池遍洒；还可用亚甲基蓝按每立方米水体1.5 g化水泼洒，病情较轻的可用中药艾叶、石菖蒲、甘草、乌梅各25%按每立方米水体第一天25 g，第二天15 g，第三天10 g的量煎汁泼洒。

(二)防治措施

1. 白斑病真菌感染的主要条件是损伤的鳖苗体表，所以在操作中应尽量减少鳖苗体表的损伤，操作时除了要轻拿轻放带水操作，还应尽量减少操作的环节。

2. 彻底清塘消毒，增加水的肥度，保持嫩绿色水色。同时注意保持水温，勿使温度变化太大。进池稚、幼鳖可用3%～4%的食盐水浸泡5 min。

七、鳖水霉病

水霉病，俗称白毛病，是由水霉菌寄生于鳖伤口而引发的皮肤病。一般多因捞捕或运输等过程中操作不慎，使鱼体皮肤受伤，或水温过低，或寄生虫侵袭破坏皮肤，以致霉菌孢子侵入伤口而引起。鳖患病后颈部、四肢及体表覆盖一层灰白色棉毛状物，出现焦躁不安或呆滞懒散，食欲逐日减退至完全丧失，最后导致机体衰竭而死。

【诊断要点】

(一)流行病学

本病为常见的真菌性传染病，主要危害稚、幼鳖，可引起病鳖死亡。该病多发生于早春、晚秋，水温10～15℃时易发病，但严重的颈脖水霉病出现于夏季。水质较清的鳖池容易发病，运输或其他操作时造成稚、幼鳖机械性损伤是水霉病发病的诱因。

(二)症状及病理变化

患病初期，肉眼很难看出病鳖有什么异状，仔细观察则能看到鳖体伤口处组织红肿，皮肤表面附着一层白色黏液。疾病严重时，可见颈部、四肢及体表覆盖一层灰白色棉毛状物，棉毛状菌丝因沾上水中的污物而呈褐色，严重时体背后部犹如覆盖一床破棉絮。病鳖在泥中钻动后，菌丝则呈泥土色。颈脖部大量菌丝寄生后，出现伸缩困难。病鳖通常烦燥不安，食欲减退至完全丧失，鳖体极度消瘦，衰竭死亡。

(三)实验室诊断

1. 根据症状可做出初步诊断，但要注意与固着类纤毛虫病和着毛病进行鉴别诊断，尤其是和固着类纤毛虫病的区别，因治疗方法不同。固着类纤毛虫病为棕黄色或土色绒毛；着毛病是较长的绿色丝状、弯曲且无规律的绒毛；而水霉病则是灰白色棉絮状的菌丝，菌丝的末端有球状孢子或由孢子联成的黑色菌块。

2. 确诊需进行病原分离与鉴定。可将病变部压片，以显微镜观察，观察到水霉菌的菌丝体及孢子囊等可确诊，必要时需经培养及鉴定以判别霉菌种类。

病原主要为水霉科中的水霉、绵霉、丝囊霉及霜霉科中的腐霉。

【防治要点】

(一)治疗措施

与白斑病类似，及早治疗控制，但夏季颈脖水霉病最好不用孔雀石绿，避免可能出现丝囊霉菌体萌发。

1. 治疗早期可将鳖放在沙箱内，沙刚好将鳖体埋没，放在太阳下晒30～60 min，每天一次，连续晒数天。

2. 福尔马林按每升水10 mg全池遍洒；也可用0.05%的食盐加0.05%的小苏打全池遍洒；还可用亚甲基蓝按每立方米水体1.5 g泼洒。

3. 全池泼洒亚甲基蓝，按每立方米水体放亚甲基蓝2～5 g。

4. 重病时须在伤病处涂亚甲基蓝，并进行隔离饲养，每天涂1～2次，连涂3～5 d；

同时在全池洒食盐和小苏打，按每立方米各放 4 g。

（二）防治措施

1. 清除池底过多淤泥，并进行消毒。

2. 加强日常饲养管理，定时定量投喂营养全面、优质的饲料，泼洒复合光合细菌、玉垒菌，保持水质优良、稳定。鳖、龟多晒太阳以养得健壮，提高鳖体自身抵抗力。同时注意合理的饲养密度，及时清理排泄物和加换新水，以预防本病的发生。

3. 尽量避免鳖、龟体受伤；温室饲养，注意气温和水温不要相差太大，尤其是稚鳖池；尽量缩短越冬停食期，在越冬前一定要将鳖体上的疾病治愈，并加强饲养管理，将鳖养健壮后才越冬。

八、泥鳅细菌性败血症

泥鳅细菌性败血症是由气单胞菌属的细菌引起的传染病。其特征为下颌充血、出血，肛门红肿，在腹部和体侧出现突起的边缘红色的病灶，严重的皮肤肌肉腐烂，形成圆形溃疡灶。本病是泥鳅养殖中的常见病，危害严重，发病后死亡率为 50%左右。

【诊断要点】

（一）流行病学

该病流行迅速，潜伏期短，发病快。各生长阶段的泥鳅均可感染，流行于全国各地，5 月至 9 月易于流行，尤其是水温在 25℃时为发病高峰期，发病率高达 80%以上，死亡率达 50%左右。当养殖池水质恶劣，泥鳅体表受伤为本病发生的重要诱因。

（二）症状及病理变化

患病泥鳅神态萎靡，食欲下降，甚至完全丧失，活动缓慢，在近水处或近池边水面悬垂，不久即死亡。

病鳅体表黏液增多，下颌充血、出血，肛门红肿，在腹部和体侧出现突起的边缘红色的病灶，严重的皮肤、肌肉腐烂，形成圆形溃疡灶。

剖开泥鳅的体壁可见体腔内有大量红色或淡黄色腹水，肝、脾、肾肿大充血、出血；肠壁变薄，肠腔内充有大量含血黏液，肠黏膜充血、出血。

（三）实验室诊断

1. 根据症状、病变及流行情况进行初步诊断，特别是泥鳅全身组织脏器充血、出血，腹部和体侧出现突起的边缘红色的病灶，可初步诊断。

2. 确诊需进行病原分离与鉴定。

病原为气单胞菌属的细菌。

【防治要点】

防治措施

1. 坚持常规清塘消毒，经常更换新水。

2. 高锰酸钾，按每立方米水体 10 g，入池前浸洗 10～20 min。

3. 30%三氯异氰脲酸粉，一次量，按每立方米水体 0.2～0.5 g，在本病流行季节全池泼洒，15 d 一次。

4. 二氧化氯，按每立方米水体 0.4 g 或强氯精每立方米 1.2 g，全池泼洒，每天一次，连用 3 次。

5. 四环素或恩诺沙星，按每千克体重 20～30 mg，每天一次，连用 5～7 d。

计　划　单

<table>
<tr><td>学习情境 3</td><td colspan="5">特种水产病防治</td><td>学　时</td><td></td></tr>
<tr><td>计划方式</td><td colspan="7">小组讨论，设计对某特种水产病诊断步骤，制定防治措施</td></tr>
<tr><td>序　号</td><td colspan="5">实施步骤</td><td>使用资源</td><td>备注</td></tr>
<tr><td></td><td colspan="5"></td><td></td><td></td></tr>
<tr><td></td><td colspan="5"></td><td></td><td></td></tr>
<tr><td></td><td colspan="5"></td><td></td><td></td></tr>
<tr><td></td><td colspan="5"></td><td></td><td></td></tr>
<tr><td></td><td colspan="5"></td><td></td><td></td></tr>
<tr><td></td><td colspan="5"></td><td></td><td></td></tr>
<tr><td></td><td colspan="5"></td><td></td><td></td></tr>
<tr><td></td><td colspan="5"></td><td></td><td></td></tr>
<tr><td></td><td colspan="5"></td><td></td><td></td></tr>
<tr><td></td><td colspan="5"></td><td></td><td></td></tr>
<tr><td>制定计划说明</td><td colspan="7"></td></tr>
<tr><td rowspan="3">计划评价</td><td>班　　级</td><td></td><td>第　　组</td><td>组长签字</td><td colspan="3"></td></tr>
<tr><td>教师签字</td><td colspan="2"></td><td>日　　期</td><td colspan="3"></td></tr>
<tr><td colspan="7">评语：</td></tr>
</table>

决策实施单

<table>
<tr><td>学习情境 3</td><td colspan="7">特种水产病防治</td></tr>
<tr><td colspan="8">讨论小组制定的计划书，做出决策</td></tr>
<tr><td rowspan="7">计划对比</td><td>组号</td><td>工作流程的正确性</td><td>知识运用的科学性</td><td>步骤的完整性</td><td>方案的可行性</td><td>人员安排的合理性</td><td>综合评价</td></tr>
<tr><td>1</td><td></td><td></td><td></td><td></td><td></td><td></td></tr>
<tr><td>2</td><td></td><td></td><td></td><td></td><td></td><td></td></tr>
<tr><td>3</td><td></td><td></td><td></td><td></td><td></td><td></td></tr>
<tr><td>4</td><td></td><td></td><td></td><td></td><td></td><td></td></tr>
<tr><td>5</td><td></td><td></td><td></td><td></td><td></td><td></td></tr>
<tr><td>6</td><td></td><td></td><td></td><td></td><td></td><td></td></tr>
<tr><td colspan="8">制定实施方案</td></tr>
<tr><td>序号</td><td colspan="6">实施步骤</td><td>使用资源</td></tr>
<tr><td>1</td><td colspan="6"></td><td></td></tr>
<tr><td>2</td><td colspan="6"></td><td></td></tr>
<tr><td>3</td><td colspan="6"></td><td></td></tr>
<tr><td>4</td><td colspan="6"></td><td></td></tr>
<tr><td>5</td><td colspan="6"></td><td></td></tr>
<tr><td>6</td><td colspan="6"></td><td></td></tr>
<tr><td colspan="8">实施说明：</td></tr>
<tr><td>班　　级</td><td colspan="2"></td><td colspan="2">第　　组</td><td>组长签字</td><td colspan="2"></td></tr>
<tr><td>教师签字</td><td colspan="4"></td><td>日　　期</td><td colspan="2"></td></tr>
<tr><td></td><td colspan="7">评语：</td></tr>
</table>

作 业 单

<table>
<tr><td>学习情境 3</td><td colspan="6">特种水产病防治</td></tr>
<tr><td>作业完成方式</td><td colspan="6">以学习小组为单位，课余时间独立完成，在规定时间内提交作业</td></tr>
<tr><td>作业题 1</td><td colspan="6">分析牛蛙红腿病的病因，结合流行病学特点，怎样进行该病的现场诊断？</td></tr>
<tr><td>作业解答</td><td colspan="6"></td></tr>
<tr><td>作业题 2</td><td colspan="6">鳖腐皮病易与白斑病、疖疮病和细菌性败血病并发，如何鉴别四种特种水产病？怎样进行防治？</td></tr>
<tr><td>作业解答</td><td colspan="6"></td></tr>
<tr><td>作业题 3</td><td colspan="6">请制定一份特种水产养殖场的综合防治措施</td></tr>
<tr><td>作业解答</td><td colspan="6"></td></tr>
<tr><td rowspan="4">作业评价</td><td>班 级</td><td></td><td>第 组</td><td>组长签字</td><td colspan="2"></td></tr>
<tr><td>学 号</td><td></td><td>姓 名</td><td colspan="3"></td></tr>
<tr><td>教师签字</td><td></td><td>教师评分</td><td></td><td>日期</td><td></td></tr>
<tr><td colspan="6">评语：</td></tr>
</table>

效果检查单

<table>
<tr><td colspan="2">学习情境 3</td><td colspan="4">特种水产病防治</td></tr>
<tr><td colspan="2">检查方式</td><td colspan="4">以小组为单位，采用学生自检与教师检查相结合，成绩各占总分(100 分)的 50%</td></tr>
<tr><td>序号</td><td>检查项目</td><td colspan="2">检查标准</td><td>学生自检</td><td>教师检查</td></tr>
<tr><td>1</td><td>资讯问题</td><td colspan="2">回答是否正确、资料查询是否准确</td><td></td><td></td></tr>
<tr><td>2</td><td>现场诊断</td><td colspan="2">方法是否正确、操作是否规范、结论是否正确、剖检水产动物尸体处理是否正确规范</td><td></td><td></td></tr>
<tr><td>3</td><td>实验室诊断</td><td colspan="2">能否选择适当的方法进行诊断、材料准备是否齐备、操作是否认真规范、判断是否准确、结论是否正确</td><td></td><td></td></tr>
<tr><td>4</td><td>治疗方法</td><td colspan="2">药物选择是否合理、使用方法是否正确、是否应用药敏试验选择用药、是否考虑用药的一些注意事项</td><td></td><td></td></tr>
<tr><td>5</td><td>预防措施</td><td colspan="2">措施制定是否合理、是否具有可行性，能否达到预期的目的</td><td></td><td></td></tr>
<tr><td>6</td><td>免疫接种</td><td colspan="2">免疫程序是否合理、免疫接种方法是否正确、疫苗的使用及保存是否正确</td><td></td><td></td></tr>
<tr><td>7</td><td>团队合作</td><td colspan="2">团队中是否分工明确、合作密切</td><td></td><td></td></tr>
<tr><td rowspan="3">检查评价</td><td>班　级</td><td></td><td>第　组</td><td>组长签字</td><td></td></tr>
<tr><td>教师签字</td><td colspan="2"></td><td>日　期</td><td></td></tr>
<tr><td colspan="5">评语：</td></tr>
</table>

评价反馈单

学习情境 3	特种水产病防治				
评价类别	项　目	子项目	个人评价	组内评价	教师评价
专业能力（60%）	资讯（10%）	查找资料，自主学习（5%）			
		资讯问题回答（5%）			
	计划（5%）	计划制定的科学性（3%）			
		用具材料准备（2%）			
	实施（25%）	各项操作正确（10%）			
		完成的各项操作效果好（6%）			
		完成操作中注意安全（4%）			
		使用工具的规范性（3%）			
		操作方法的创意性（2%）			
	检查（5%）	全面性、准确性（2.5%）			
		生产中出现问题的处理（2.5%）			
	结果（10%）	提交成品质量（10%）			
	作业（5%）	及时、保质完成作业（5%）			
社会能力（20%）	团队协作（10%）	小组成员合作良好（5%）			
		对小组的贡献（5%）			
	敬业、吃苦精神（10%）	学习纪律性（4%）			
		爱岗敬业和吃苦耐劳精神（6%）			
方法能力（20%）	计划能力（10%）	制定计划合理（10%）			
	决策能力（10%）	计划选择正确（10%）			
意见反馈					
请写出你对本学习情境教学的建议和意见					

评价评语	班　级		姓　名		学　号		总　评	
	教师签字		第　组	组长签字			日　期	
	评语：							

学习情境 4

特种昆虫病防治

学习任务单

<table>
<tr><td>学习情境 4</td><td colspan="3">特种昆虫病防治</td><td colspan="2">学　时</td><td>14</td></tr>
<tr><td colspan="7">布置任务</td></tr>
<tr><td>学习目标</td><td colspan="6">1. 明确特种昆虫病的种类及其特征；
2. 能够明确说出特种昆虫病的主要流行特点、典型的临床诊断特征；
3. 能够运用流行病学调查、临床症状观察、病理剖检检查及此类疾病的类症鉴别等方法，进行疾病的现场诊断；
4. 能够正确运用疾病临床诊断技术、实验室诊断技术(如常规的病原鉴定方法、血清学试验方法)，对特种昆虫传染病及寄生虫病做出正确诊断；
5. 能够对诊断出的特种昆虫病予以合理治疗；
6. 能够根据养殖场的具体情况，制定防治措施；
7. 能够组织、实施防治措施；
8. 具有家国情怀和社会责任</td></tr>
<tr><td>任务描述</td><td colspan="6">对养殖场常发的特种昆虫病做出正确诊断，予以治疗，制定出切实可行的防治措施并予以实施，具体任务：
1. 根据流行病学调查、临床症状、类症疾病鉴别等方法，对病例的解析、推断，进行特种昆虫疾病的现场诊断；
2. 依据现场诊断结果，设计实验室检验方案，进行传染病、寄生虫病的实验室诊断，做出疾病的正确诊断；
3. 对确诊疾病设计出治疗方案并予以合理治疗；
4. 疫病进行疫情处理；
5. 制定养殖场防治措施并予以实施</td></tr>
<tr><td>学时分配</td><td>资讯：6 学时</td><td>计划：0.5 学时</td><td>决策：0.5 学时</td><td>实施：6 学时</td><td>考核：0.5 学时</td><td>评价：0.5 学时</td></tr>
<tr><td>提供资料</td><td colspan="6">1. 信息单；
2. 参考书；
3. 相关网站</td></tr>
<tr><td>对学生要求</td><td colspan="6">1. 以小组为单位完成学习任务，充分发挥团队集体智慧和协作精神；
2. 按任务资讯单内容，认真准备资讯问题；
3. 按各项工作任务的具体要求，认真设计及实施工作方案；
4. 严格遵守特种养殖场各项规章制度，遵守劳动纪律；
5. 严格遵守检验、检疫等技术操作规程，避免散播病原；
6. 严格遵守养殖场消毒卫生制度，防止传播疾病；
7. 严格遵守相关实验室管理制度，避免安全事故发生</td></tr>
</table>

任务资讯单

学习情境 4	特种昆虫病防治
资讯方式	阅读信息单及参考书；进入相关网站，观看 PPT 课件、视频；图书馆查询；向指导教师咨询
资讯问题	1. 蜜蜂常见的细菌性疾病有哪几种？病原分别是什么？ 2. 目前我国欧洲幼虫腐臭病的流行特点有哪些？ 3. 欧洲幼虫腐臭病的临诊表现有哪些？ 4. 怎样进行欧洲幼虫腐臭病的实验室诊断？ 5. 如何防止欧洲幼虫腐臭病的发生？ 6. 一旦发生欧洲幼虫腐臭病应采取哪些措施？ 7. 蜜蜂常见的病毒性疾病有哪几种？病原分别是什么？ 8. 目前我国蜜蜂囊状幼虫病的流行特点有哪些？ 9. 蜜蜂囊状幼虫病的临诊表现有哪些？ 10. 怎样进行蜜蜂囊状幼虫病的实验室诊断？ 11. 如何防止蜜蜂囊状幼虫病的发生？ 12. 一旦发生蜜蜂囊状幼虫病应采取哪些措施？ 13. 欧洲幼虫腐臭病、美洲幼虫腐臭病以及蜜蜂囊状幼虫病如何进行类症鉴别？ 14. 蜜蜂常见的真菌性疾病有哪几种？病原分别是什么？ 15. 目前我国白垩病有哪些流行特点？ 16. 白垩病的临诊表现有哪些？ 17. 怎样进行白垩病的实验室诊断？ 18. 如何防止白垩病的发生？ 19. 一旦发生白垩病应采取哪些措施？ 20. 蜜蜂常见的寄生虫病有哪几种？病原分别是什么？ 21. 目前我国蜜蜂雅氏瓦螨病有哪些流行特点？ 22. 蜜蜂雅氏瓦螨病的临诊表现有哪些？ 23. 怎样进行蜜蜂雅氏瓦螨病的实验室诊断？ 24. 如何防止蜜蜂雅氏瓦螨病的发生？ 25. 一旦发生蜜蜂雅氏瓦螨病应采取哪些措施？ 26. 蜜蜂雅氏瓦螨病、亮热厉螨病如何进行类症鉴别？ 27. 蜜蜂中毒病有哪些？主要的防治措施有哪些？ 28. 蚕常见的病毒性疾病有哪几种？病原分别是什么？ 29. 蚕型多角体病有哪些类型？ 30. 不同种类型的蚕型多角体病如何进行类症鉴别？ 31. 不同种类型的蚕型多角体病其共同的防治措施有哪些？ 32. 蚕常见的细菌性疾病有哪几种？病原分别是什么？ 33. 白僵病的临诊表现有哪些？ 34. 怎样进行白僵病的实验室诊断？ 35. 白僵病的防治措施有哪些？ 36. 蚂蚁绿僵病的病因有哪些？临诊特征是什么？有哪些防治方法？ 37. 蚂蚁黑肚病的病因有哪些？临诊特征是什么？有哪些防治方法？
资讯引导	1. 孙卫东．经济动物疾病诊疗与处方手册．北京：化学工业出版社，2008 2. 刘永旺．药用经济动物疾病诊疗与处方手册．北京：化学工业出版社，2009 3. 吕鸿声．昆虫病毒与昆虫病毒病．北京：科学出版社，1982 4. 陈盛禄．中国蜜蜂学．北京：中国农业出版社，2001 5. 杜桃柱．蜜蜂病敌害防治大全．北京：中国农业出版社，2003 6. 李建科．实用养蜂新技术．郑州：中原农民出版社，1996 7. 秦汉荣．蜜蜂活框饲养技术．南宁：广西科学技术出版社，2005 8. 华德公．蚕桑专业户技术指导．北京：中国农业科学技术出版社，1985 9. 马晓林．栽桑养蚕关键技术．南京：江苏科学技术出版社，2003

相关信息单

项目　特种昆虫病防治

任务一　诊断

案例：3月初，南方某蜜蜂养殖场，2～4 d的幼虫脾上呈现虫、卵交错，幼虫位置混乱，颜色呈黄白色或暗褐色，无黏性，易取出，背线明显，有酸臭味，空房与子房相间形成“插花子脾”；3～4日龄未封盖幼虫大量死亡，蜂群中长期只见卵、虫，不见封盖子，群势下降很快。发病率为55%，死亡率达15%以上。

案例分析：该养蜂场3～4日龄的未封盖幼虫发生死亡；幼虫患病后常做不正常的运动而使位置错乱，同时，患病幼虫又可随时被工蜂清除，形成卵、幼虫、空房相间的“插花子脾”。

1. 现场诊断

【材料准备】

临床检查器械和消毒药品等。

【工作过程】

初步诊断：

(1)调查发病情况

深入养殖场，通过询问、现场观察等方式，了解发病时间、发病日龄、发病率、死亡率、死亡的急慢及用药情况；了解本场、本地及邻近地区是否发生过类似疾病，是否确诊，是否采取控制措施及用药情况；了解发病前养殖场是否由其他地方引进，是否隔离检疫等。

综合分析获得的信息，确定发病类型，如传染病、寄生虫病、普通病、中毒病等。

(2)全面检查

全面检查蜂群，即是将巢脾逐框提出仔细看一遍，以便了解和掌握蜂群内部的详细情况。在繁殖季节，每月全面检查两三次，检查内容主要包括脾、蜂、卵、虫、蛹、王、蜜、粉、病虫害等，查看数量，分析质量。检查时注意观察蜜蜂的活动，体质是否健康；出房幼蜂多与少，体上有无寄生虫；子脾发育和卵圈是否整齐，有无烂子现象；蜂王产卵是否正常，维持子脾数量如何，分蜂季节注意查看有无自然王台；蜜粉饲料是否充足，有无压脾现象；蜂脾关系如何，蜂大于脾还是小于脾等。

(3)局部检查

局部检查蜂群也称快速检查，即是从蜂群中提出一个或几个巢脾进行查看，目的是了解蜂群内某方面的情况或问题。局部检查省时省工，又较少打扰蜂群，尤其外界缺乏蜜源或气温较低不适合全面检查时，多采用此法。具体做法有：

①检查贮蜜多少，若查看边脾有较多存蜜，说明饲料充足；如果子脾上部无蜜房，说明已缺蜜。

②检查有无蜂王，只需提出中部巢脾，看是否有王；或虽未见王，但巢房里有规则的

卵、虫，说明蜂王健在；若既没见王，又无卵、虫，或脾面有改造王台，工蜂在巢脾上惊慌振翅，说明已经失王；若发现卵分布不整齐，甚至一个巢房里有东倒西歪多粒卵，说明失王已久，工蜂已经产卵。

③检查蜂脾关系，以蜂脾相称为例，若隔板外挂蜂，说明蜂数已增长，蜂大于脾；检查隔板内侧第二张脾，若蜜蜂附着面达八九成以上，蜂王产卵圈已扩展到边缘巢房，也为蜂大于脾；如果该脾上蜜蜂稀疏，巢房里不见卵、虫，则蜂小于脾。

④检查子脾发育情况，可从蜂巢偏中部提脾查看，如果幼虫显得滋润、丰满、晶亮，封盖子脾整齐，说明发育正常；若卵、虫、封盖子混杂，幼虫干瘪，甚至变色、变形或发臭，说明发育不良或发病。

(4)综合分析

根据流行病学调查结果(见表4-1)、蜂群全面和局部检查，在诸多的症状和病变中提取特征临床症状(见表4-2)及主要病理变化(见表4-3)，提示可疑疾病。通过类症鉴别的方法，做出初步诊断。

表 4-1　发病特点

发病情况及流行病学调查	发病特点	确定病型
①发病情况：3月初，南方某蜜蜂养殖场，2～4 d的幼虫脾上呈现虫、卵交错，幼虫位置混乱，颜色呈黄白色或暗褐色，无黏性，易取出，背线明显，有酸臭味，空房与子房相间形成“插花子脾”；3～4日龄未封盖幼虫死亡。发病率为55%，死亡率达15%以上 ②用药情况：发病后应用抗生素饲喂病蜂群，病情可被控制	①季节性明显：春繁时期 ②易感性：未封盖的蜂王、工蜂、雄蜂幼虫均可感染，尤以1～2日龄幼虫最易感染，成蜂不感染 ③传染性强：几乎全群感染 ④病死率较高	传染病

表 4-2　症状特点

临床症状	症状特点	提示疾病
①潜伏期2～3 d ②失去肥胖状态 ③虫体变色，从珍珠般白色变为淡黄色、黄色、浅褐色，直至黑褐色 ④盘曲期幼虫背线白色、窄条状，呈放射状 ⑤幼虫塌陷，扭曲呈螺旋状 ⑥工蜂清除患病幼虫形成的空房与子房相间 ⑦蜂群中长期只见卵、虫，不见封盖子，群势下降很快	①潜伏期短 ②幼虫消瘦 ③幼虫变色 ④幼虫变形 ⑤虫、卵交错，幼虫位置混乱 ⑥未封盖幼虫死亡 ⑦“插花子脾”现象	欧洲幼虫腐臭病

表 4-3　尸检特点

病理变化	尸检特点	提示疾病
①尸体软化、腐烂、干缩于巢房底部，无黏性，有难闻的酸臭味 ②尸体位置错乱，苍白至深褐色 ③中肠内容物呈棕黄色	①尸体干枯，贴于巢房壁，但易于清除 ②中肠易于剖检(健康幼虫的中肠不容易解剖)	欧洲幼虫腐臭病

(5)初步诊断结果

综合分析流行病学特点、临诊特征，初步诊断为欧洲蜜蜂幼虫腐臭病。确诊还需进行病原分离或血清学等实验室诊断。

2. **实验室诊断**

【材料准备】

器材：平皿、镊子、载玻片、接种环、滤纸、光学显微镜、牙签、试管、酒精灯等。

药品：蒸馏水、碱性美兰染色液、结晶紫染色液、卢戈氏碘液、95%乙醇、蕃红液、脱脂牛乳等。

实验动物：病蜂。

【检验过程】

(1)病原学诊断

①病料采集：挑出已移位、扭曲但尚未腐烂的病虫，置于平皿中，用两把镊子夹住躯体中部的表皮平稳地拉开，取中肠内容物，里面有不透明、白垩色的凝块。

②涂片：取一洁净的载玻片，在载玻片上滴一小滴蒸馏水，用无菌接种环挑出凝块，涂片，干燥、固定。

③染色：美兰染色或革兰氏染色。

A. 碱性美兰染色：滴加碱性美兰染色液数滴于载玻片的凝块上，染色2～3 min，水洗，倾去，自然干燥。

B. 革兰氏染色：

a. 初染

滴加结晶紫(以刚好将菌膜覆盖为宜)于玻片的涂面上，染色1～2 min，倾去染色液，细水冲洗至洗出液为无色，将载玻片上水甩净。

b. 媒染

用卢戈氏碘液媒染约1 min，水洗。

c. 脱色

用滤纸吸去玻片上的残水，将玻片倾斜，在白色背景下，用滴管流加95%的乙醇脱色，直至流出的乙醇无紫色时(脱色不足，阴性菌被误染成阳性菌；脱色过度，阳性菌被误染成阴性菌。脱色时间一般为20～30 s)，立即水洗，终止脱色，将载玻片上水甩净。

d. 复染

在涂片上滴加蕃红液复染约2～3 min，水洗，然后用吸水纸吸干。在染色的过程中，不可使染液干涸。

④镜检：干燥后，用油镜观察。油镜下可见大量病原菌，碱性美兰染色呈蓝色单个或成对、成堆、成链的球菌；革兰氏染色，呈蓝紫色的(G+)披针形、梅花络状分布的球菌，常结成链状或成簇排列，不形成芽孢。

(2)牛乳试验

用一牙签蘸少许病虫体于试管中，加3～4 mL的脱脂牛乳，轻轻搅拌，在酒精灯上微加热，约经10～20 min牛乳发生凝固，很快又开始变清(幼虫芽孢杆菌在形成芽孢时可以产生高水平的蛋白水解酶，使牛乳由混浊变为澄清)。

任务二　疫情处理

1. 疫情报告

欧洲幼虫腐臭病属于二类疫病，发现患有本病或疑似本病，应立即向当地动物防疫监督机构报告。

2. 疫情处理

(1)根据流行病学调查、临诊表现等初步诊断为疑似欧洲幼虫腐臭病时，应立即采取隔离、消毒、限制移动等临时性措施。同时采集病料送实验室确诊。

(2)确诊欧洲幼虫腐臭病后立即采取严格的淘汰和治疗措施。

任务三　预防

各学习小组要认真讨论、制定出欧洲幼虫腐臭病的综合性防治方案，并进行防治措施的实施。

1. 治疗措施

西方蜜蜂患上欧洲幼虫腐臭病一般不甚严重，通常无须治疗，多数蜂群可自愈。而中蜂欧洲幼虫腐臭病常十分严重，影响春繁及秋繁，而且病群几乎年年复发，难以根治。但由于病原对抗生素敏感，病群的病情用药物较易控制。需注意的问题是，要合理用药，严防抗生素污染蜂蜜。

2. 综合防治措施

必须贯彻“预防为主，防治结合”的方针，平时应努力做好蜂群的保健工作，如加强蜂群的饲养管理，注意饲料、水源、蜂场环境以及蜂箱、巢脾、蜂具等的清洁卫生，有计划、有目的地搞好消毒工作；选择抗病蜂种，饲养强壮蜂群；认真开展检疫、防疫，严格遵守卫生操作规程；放蜂场地尽可能选择在通风干燥的地方，场地及周围无病虫害传播源等。

必备知识

特种昆虫病防治

特种昆虫类，例如蜜蜂。

一、欧洲幼虫腐臭病

欧洲幼虫腐臭病是一种蜜蜂幼虫病害，主要是由致病菌蜂房球菌和许多次生菌如蜂房芽孢杆菌、尤瑞狄斯杆菌、粪链球菌等引起蜜蜂的一种细菌性传染病。

该病于1885年首次系统报道，目前广泛发生于世界几乎所有的养蜂国家。我国于20世纪50年代初在广东省首先发现，60年代初南方诸省相继出现病害，随后则蔓延全国。

该病引起小幼虫死亡，使蜂群出现见子不见蜂现象，群势下降，蜂产品产量降低。

【诊断要点】

(一)流行病学

传染源：蜜蜂小幼虫吞食被蜜蜂球菌污染的食物后，该菌在中肠迅速繁殖，破坏中肠围食膜，然后侵染上皮组织，有时病菌几乎能完全充满中肠，绝大多数病虫迅速死亡，少量幼虫可存活至化蛹，在幼虫化蛹前，肠道内的细菌随粪便排出沉积于幼虫巢房壁上，其中的蜂房球菌能保留数年的侵染性，成为重要的感染源。子脾上的病虫及幸存的病虫是主要的传染源。

传播途径：群内传播主要是通过内勤蜂的清洁和哺育幼虫活动将病原菌传染给健康幼虫；群间传播主要是由于调整群势，盗蜂、迷巢蜂等引起。

易感动物：一般只感染日龄小于 2 d 的幼虫。该病害不仅感染西方蜜蜂，东方蜜蜂特别是中蜂比西方蜜蜂更易感。

流行特点：病害的发生有明显的季节性。在我国南方，一年之中常有 2 个发病高峰，一个是 3 月初到 4 月中旬，即油菜花期到荔枝花期；另一个是 8 月下旬到 10 月初。两个发病高峰期，都基本与蜂群繁殖高峰期相重叠，即与春繁、秋繁相重叠。

蜂群内幼虫多，抚育任务重时，病害易发生；抚育任务轻时，病害轻。所以，病害常见于繁殖高峰期、弱群，大流蜜期的到来，病害常常"自愈"，可往往随采蜜期过后，开始繁殖下一次适龄采集蜂时，病害又抬头。

(二)症状与病变

潜伏期 2～3 d。

患病后，虫体变色，失去肥胖状态。从珍珠般白色变为淡黄色、黄色、浅褐色，直至黑褐色。刚变褐色时，透过表皮清晰可见幼虫的气管系统。随着变色，幼虫塌陷，扭曲呈螺旋状，最后在巢房底部腐烂，干枯，无黏性，有难闻的酸臭味，成为易清除的鳞片。大多在 3～4 日龄未封盖期死亡。

若病害发生严重，巢脾上出现"花子"现象，由于幼虫大量死亡，蜂群中长期只见卵、虫，不见封盖子，群势下降很快。

(三)实验室诊断

采样比例：一批蜂(幼蜂)数量小于或等于 30 只时全部采样。数量为 30～100 只时，以 30 只采样量为基础，每增加 10 只，采样量增加 1 只。数量大于 100 只时，按每批总数的 30%采样。

采样方法：从蜂群中随机抽取子脾一张，按照 5 点式采样方法，分别从巢脾四角与中央各检查幼虫房 30 个，观察是否有患病幼虫存在。采样时尽量采取变色或死亡幼虫送实验室检查。

1. 病原学诊断

(1)直接检查法

①挑取被检样品少许，加少量无菌生理盐水制成悬浮液。

②将上述悬浮液 1～2 滴，放在干净的载玻片上涂匀，自然风干或置火焰上慢慢干燥。

③用 2%石碳酸复红液染色 1.5～2 min，水洗，用滤纸吸干。

④在普通光学显微镜(1 000×～1 500×)下进行检查。

⑤结果判定：发现 0.5 μm×1 μm 大小成单个或成串或头尾相接成对或成短链状或成簇状排列的短披针形球菌时，可初步判定为蜜蜂欧洲蜂幼虫腐臭病。

(2)分离培养法

①按无菌操作，取被检样品少许，加少量无菌生理盐水制成悬浮液。

②用接种环取上述悬浮液，以划线法接种于牛肉膏琼脂平板，置 5% CO_2 的培养箱中，在 35℃～37℃条件下，培养 24～48 h。

③挑取单个菌落，接种于牛肉膏琼脂斜面，置5% CO_2的培养箱中，在35～37℃条件下培养24～48 h。细菌菌落直径1 mm左右，为珍珠白或半透明水滴样，边缘整齐、表面光滑、中心凸突的小菌落。

④经过分离纯化的菌株，即可用接种环挑取菌落，放在干净的载玻片上，加1～2滴生理盐水涂匀后风干或干燥。用2%石碳酸复红液染色1.5～2 min，水洗，用滤纸吸干，在普通光学显微镜下检查。

⑤结果判定：发现0.5 μm×1 μm大小成单个或成串或头尾相接成对或成短链状或成簇状排列的短披针形球菌、无荚膜、不形成芽孢、无运动性时，可判定为蜜蜂欧洲蜂幼虫腐臭病。

2. 血清学诊断

用分离纯化的蜂房蜜蜂球菌制备抗体血清，以其特异性抗体血清做免疫学诊断。

采用试管凝集法：将细菌调整到10^9 cell/mL，血清做连续稀释，加入定量的菌液，使稀释倍数为1∶(40～2 560)，同时作空白对照。结果观察，以出现(++)凝集的最高稀释度为其凝集价。

(四)鉴别诊断

与美洲幼虫腐臭病、蜜蜂囊状幼虫病相似，须加以区别。

(1)病原

欧洲幼虫腐臭病和美洲幼虫腐臭病均为细菌病害，前者病原为蜂房链球菌，后者为幼虫芽孢杆菌，两者均可用培养基分离培养，并在光镜下可见；而囊状幼虫病病原为病毒，须电镜下才能看到。

(2)流行病学

中蜂易感的是囊状幼虫病和欧洲幼虫腐臭病，西方蜜蜂易感的是美洲幼虫腐臭病和囊状幼虫病。

(3)症状

美洲幼虫腐臭病幼虫都在幼虫封盖后死亡，死亡幼虫呈浅褐色至深褐色，尸体有黏性，用火柴棒挑起可拉成2 cm长的细丝，不易从巢房内清除，具有腥臭味；欧洲幼虫腐臭病幼虫大多在封盖前死亡(4～5日龄)，尸体初呈苍白色，渐变成棕色至褐色，无黏性，容易清除，具有酸臭味；囊状幼虫病幼虫多数在封盖后死亡，死亡幼虫头部上翘，白色无臭，体内组织溶解成颗粒液体，用镊子夹起，形似小囊，容易从巢房内清除。

【防治要点】

(一)治疗措施

处方1：抗生素糖浆

常用土霉素(每10框蜂10万单位)，或四环素(每10框蜂10万单位)，配于饱和糖浆内喂病群，但易造成蜂蜜污染。建议配制含药花粉饼或抗生素饴糖喂饲。

处方2：含药花粉饼

上述药剂及药量，将药物粉碎，拌入适量花粉(10框蜂取食2～3 d量)，用饱和糖浆或蜂蜜揉至面粉团状，不粘手即可，置于巢框上框梁上，供工蜂搬运饲喂。

处方3：抗生素饴糖

224 g热蜜加544 g糖粉，稍凉后加入7.8 g的红霉素粉，搓至硬，可喂50～60群中等群势的蜂群。重病群可连续喂 3～5 次，轻病群 5～7 d 喂 1 次，喂至不见病虫即可停药。

(二)防治措施

1. 选育抗病品系，更换蜂王：选择对欧洲幼虫腐臭病抗病能力强的蜂群培育蜂王。

2. 加强春繁期和秋繁期的饲养管理：打破群内育虫周期，给内勤蜂足够时间清除病虫和打扫巢房。

3. 加强预防工作，切断传染源：定期对场地和蜂具进行消毒；对重症病群将脾烧毁，对轻症病群用高效巢脾消毒剂洗刷、浸泡消毒。

二、美洲幼虫腐臭病

美洲幼虫腐臭病，简称美幼病，又称“烂子病”，是一种危害蜜蜂幼虫的细菌性、顽固性传染病。

因最早在美洲大陆发现而得名，西方蜜蜂易感染，东方蜜蜂有一定的抵抗力。本病由日本引进意大利蜂而传入，使当时新兴的中国养蜂业遭到极大损失。随着养蜂科学技术的发展，各地养蜂者基本掌握了本病发展规律，结合药物防治等措施，使本病逐年减少。

【诊断要点】

(一)流行病学

传染源：芽孢被蜜蜂幼虫取食后，就在幼虫的中肠萌发，然后穿过小肠组织，开始快速繁殖，最后杀死蜜蜂幼虫。被芽孢污染的饲料(花粉)和巢脾是病害传播的主要来源。

感染途径：幼虫芽孢杆菌在蜜蜂群内的传播可以是水平的，即通过错投和盗蜂传播，通过内勤蜂的清扫和饲喂活动，将病原菌传给健康幼虫，蜂群间通过调换带菌的蜂蜜或子脾传播，远距离传播是通过转地放蜂以及蜂群、蜂具、蜂蜜的交换活动所造成；也可以是垂直的，即通过分蜂传播。

易感动物：不同蜂种对本病的抵抗力有明显差异，中华蜜蜂对本病的抵抗力强，未见感染事例，在西方蜂种之间，东北黑蜂、卡尼鄂拉蜂较意大利蜂抗病力强；不同虫龄的蜜蜂幼虫对幼虫芽孢杆菌的敏感性差异非常大，1 日龄的幼虫对幼虫芽孢杆菌高度敏感，通常只要不足 10 个芽孢就能使之患病，但侵染 2 日龄以上的幼虫，则需要数以百计的芽孢，成虫蜜蜂对幼虫芽孢杆菌有抵抗作用。

流行特点：由于芽孢只要在适宜的环境下就能萌发，所以美洲幼虫腐臭病的发生没有一定的季节性，病害能在一年中的任何一个有幼虫的季节都有可能发生，但是一般在夏、秋季节发生得相对较多，气温高的夏季尤为严重，即蜂群繁殖盛期。气候和蜜源对其发生有一定的影响，病群在优质蜜源大流蜜期到来时，病情会减轻，有些甚至能“自愈”。

(二)症状与病变

被感染的蜜蜂幼虫平均在孵化后 12.5 d 表现出症状。

首先体色明显变化，从正常的珍珠白变黄、淡褐色、褐色甚至黑褐色，同时虫体不断失水干瘪，最后成紧贴于巢房壁的、黑褐色的、难以清除的鳞片状物。

病幼虫的死亡大多发生在封盖后的前蛹期，少数在幼虫期或蛹期。死亡的幼虫伸直，头部伸向巢房口，它们的吻常从鳞片状物前部穿出，形如伸出的舌。

典型表现是封盖房蜡盖颜色变深、湿润、下陷、穿孔，腐烂幼虫具有黏性，用火柴棒挑起可拉成 2～3 cm 的细长丝，有鱼腥臭味。

（三）实验室诊断

1. 病原学诊断

挑取可疑病尸少许，涂片，镜检。发现有大量的呈单个或链状的杆菌及芽孢时，再用孔雀绿芽孢染色法和石碳酸复红染色法进行检验，前者染色后芽孢呈绿色，菌体呈微红色；后者染色后芽孢呈红色，菌体呈蓝色。

2. 血清学诊断

用制备好的幼虫芽孢杆菌抗体血清，采用荧光抗体法或噬菌体法诊断。

3. 牛乳试验

用一根牙签蘸少许病虫体于试管中，加 3～4 mL 的脱脂牛乳，轻轻搅拌，微加热，经 10～20 min 牛乳发生凝固，很快又开始变清。这是因为幼虫芽孢杆菌在形成芽孢时可以产生高水平的蛋白水解酶，使牛乳由混浊变为澄清。

【防治要点】

（一）治疗措施

处方 1：

每框蜂饲喂磺胺噻唑 0.5 g，红霉素 0.25 g 或四环素 0.5 g，加入 1∶1 的糖水中，隔天给药一次，3～5 d 为一疗程。为避免产生抗药性，可交叉使用。

处方 2：

杀菌灵或保幼康，一包商品药粉用少量温水溶解后加入 4 kg 1∶1 的糖水中饲喂或喷脾，每 10 框蜂喂 250～500 g，隔天一次，3～4 次为一个疗程。

（二）防治措施

1. 严格检疫，对发病蜂场禁止其流动放蜂。

2. 蜂箱、巢脾消毒

对轻病群，可抽出患病子脾，用镊子逐一夹出烂幼虫，再用棉球蘸 70%酒精或 0.1%新洁尔灭或 4%的甲醛溶液，清洗、消毒巢房；对重病群(烂子率达 20%以上)，必须彻底换箱换脾，换下的蜂箱严格消毒，换下的脾进行化蜡或烧毁处理。病群换下的蜂箱用火焰喷灯灼烧消毒。

3. 对病群隔离治疗，同时对健康蜂群进行药物预防：

用 0.1%磺胺噻唑钠糖浆喷喂蜂群。

三、蜜蜂螺原体病

蜜蜂螺原体病是由蜜蜂螺旋体引起的成年蜂的一种细菌性传染病，1976 年在美国马里兰州首次发现，1980 年传入我国并广泛流行，是引起蜜蜂爬蜂病的主要致病菌之一。

【诊断要点】

（一）流行病学

传染源：在蜂群内，患病死亡的蜂尸是主要的传染源，被污染的饲料和蜂具也是该病的重要传染源。此外，有多种植物花表面也分离到了螺原体。

传播途径：该病原是通过消化道侵入蜂体引起发病的。

易感动物：目前仅发生于西方蜜蜂，主要危害青壮年蜂。

流行特点：发病季节明显，主要是在早春蜜蜂繁殖期。阴雨天、寒流后以及使用代用饲料或劣质饲料作为越冬饲料等不良因素都会使蜂群发病严重。此外，大转地放蜂，由南到北追采花蜜，把该病带到全国各地扩散蔓延。

本病常与其他病害如孢子虫病、麻痹病等混合发生，病情较重，死亡率较高，蜂群群势下降严重。

(二)症状与病变

患病蜜蜂爬出箱外，在地面上蹦跳、爬行，翅微卷、下垂，失去飞翔能力，三五只蜜蜂集聚在一起，行动缓慢，不久死亡。死蜂大多双翅展开，吻伸出，发病严重时，不仅青壮年蜂死亡，而且刚出房不久的幼年蜂也爬出箱外死亡，蜂群群势下降很快。

患病蜜蜂消化道变化不尽相同，有的中肠膨大呈灰白色，有的缩小呈褐色；后肠有的充满稀黄色粪便，有的充满混浊水状液。

蜂群的发病分为急性型和慢性型两种。

急性型：患病蜂群病情严重，在蜂箱周围可见大量失去飞翔能力的患病蜂和病蜂尸体，群势很快下降，蜂群的生产力严重下降。

慢性型：病情较轻，可见病蜂不断从巢内爬出，群内秩序正常，但群势增长极其缓慢。

该病不仅单独发生，而且与孢子虫病和麻痹病混合发生，此时病情更加严重。螺旋体病与孢子虫病混合感染的比例为78%，病蜂中肠膨大呈乳白色，失去弹性；与麻痹病混合感染的比例为32%，中肠无明显变化，后肠充满积水或黄色花粉粒。

(三)实验室诊断

1. 病原学诊断

取病蜂10只，用1%次氯酸钠做体表消毒后，再用无菌水冲洗几次，置于研钵，加蒸馏水10 mL，研磨，制备病蜂悬浮液，5 000 r/min离心5 min，取上清液少许涂片，置暗视野显微镜下1 500倍即可观察到螺旋体的形态及运动状态，若发现晃动的小亮点并拖有一条丝状体，即为蜜蜂螺旋体，从而可确诊此病。

2. 血清学诊断

螺旋体生长抑制试验、菌体变形试验、免疫琼脂双扩散试验。

【防治措施】

蜜蜂螺旋体对抗生素类药物敏感，但由于该病通常与孢子虫病、病毒病混合感染，因此单用抗生素防治效果较差，必须采取综合防治措施。

(一)治疗措施

春季在对蜂群进行奖励饲喂时，加入保蜂健、抗病毒一号和磺胺类药物预防。发病初期，根据有否混合感染而应用相应的药物治疗。如单一感染可用青霉素糖水饲喂数次，或青霉素、链霉素各300万单位溶于糖水中饲喂数天。病群箱脾换出用福尔马林熏蒸消毒。

处方1：

食用醋50 mL，灭滴灵1 g，氯霉素10万单位，研磨成粉状，加入1 000 mL糖水中，充分混匀，每10框蜂用药250 mL。

处方2：

大蒜100 g，甘草50 g，白酒200 mL，放在一起浸泡半个月，取上清液，加入1 000 mL糖水中，每10框蜂用药250 mL。

处方3：

红霉素0.4 g或氟哌酸0.2 g，研磨成粉状，加入1 000 mL糖水中，充分混匀，每10

框蜂用药 250 mL。

(二)防治措施

1. 加强饲养管理

经常保持蜂群内有充足的饲料贮备，越冬饲料要求优质、量足。在秋季培养出大量的越冬适龄蜂，以强群越冬。

适时开繁，不可过早，开繁后保持蜂略大于脾，并进行奖励饲喂，以保证蜂子发育所需的最适温度。早春繁殖前期，采用子脾前后对调，边内脾交换，割开封盖蜜等方法，在不加脾的情况下扩大产卵面积，不可盲目加脾扩巢。

春季注意对蜂群保温并做到通气良好，以防止巢内湿度过大，秋季对巢脾和蜂具进行4%甲醛溶液消毒或5%漂白粉浸泡蜂箱消毒。

2. 选育抗病蜂种

淘汰抗病力差的蜂种，选育抗病力强的蜂群培育新蜂王，保持蜂群群势，增强抗病力，更换陈旧巢脾和老弱蜂王。

3. 清理病死蜜蜂

发病季节应及时清扫蜂巢门前的死蜂，并集中烧毁或深埋，以减少传染源。

四、蜜蜂囊状幼虫病

蜜蜂囊状幼虫病又叫囊雏病、囊状蜂子，是由囊状幼虫病病毒引起幼虫的一种病毒性传染病。

特征是病毒侵入蜜蜂幼虫体内并在其体内繁殖，患病幼虫呈囊状，头部上翘；死亡幼虫最后干枯呈龙船状。受害蜂群群势下降，生产能力降低，严重时还会造成全群死亡。

1972 年，首先在广东省暴发中蜂囊状幼虫病，并迅速传播蔓延至福建、广西、江西、江苏、安徽、四川、甘肃、青海等省、区。许多蜂场遭到严重危害，在全国造成近百万群中蜂死亡，死亡率高达 50%～60%。到 20 世纪 70 年代中期，本病已基本上得到控制。

【诊断要点】

(一)流行病学

传染源：患病的幼虫以及被病毒污染的饲料是主要的传染源，隐性感染者是危险的传染源。病毒大量积累于头部，特别是脑内病毒含量最高，其次是喉下腺。

传播途径：主要通过消化道侵入。病害在群内传播主要是工蜂，在搬运病虫尸体的过程中，吞下了含有大量病毒的病虫体内容物，并通过饲喂活动将病毒传染给健康的幼虫；蜂群间的传播是通过蜜蜂在采集活动中的相互接触将病毒带给健康蜂群。此外，养蜂人员在发病季节随意调换子脾，合并蜂群，不严格消毒蜂具等都可引起群间传播。盗蜂、迷巢蜂等也可引起蜂群间的传播。

易感动物：主要感染幼虫使其致病死亡，2 日龄幼虫对病毒最敏感，也可在成蜂体内繁殖，但不表现症状。不同蜂种间，抗病性差异很大，如西方蜜蜂较东方蜜蜂抗病力强，就是在东方蜜蜂同一品种之间，也存在抗病性不同的种群。

流行特点：本病呈地方性流行和暴发性流行，死亡率高。

囊状幼虫病的发生与气候、蜜源和蜂种有关。一年中的任何育雏季节都会发生，常有明显的季节性，南方每年一般有两个高峰期，出现在 4 月和 11 月；而北方则较晚，一般出现在 6 月。蜂群的贮蜜充足，蜂数密集，发病率低，病情轻；反之，发病率高，病情严重。外界温度低，幼虫蛋白质饲料缺乏时，更容易发病，强群和抵抗力较强的蜂种可以耐过，但到秋后和第二年春季，有些蜂群还会再度发病。

(二)症状与病变

病毒一般在1～2日龄小幼虫阶段侵入，潜伏期4～7 d，而在5～6日龄大幼虫阶段出现明显的症状，头部离开巢房壁翘起，形成钩状幼虫。

虫体由苍白色逐渐变为淡褐色；丰满的体型变成软瘪的状态；由于虫体后部皮下渗出液增多，虽与健康幼虫产生的脱皮液相似但不能使很厚的内表皮溶解，所以皮不能被脱下，呈现典型的囊状袋。患病幼虫多在8～9 d封盖时死亡。

体色由淡褐色变为深褐色或黑色；皮囊内部的液体内含有许多颗粒，以后逐渐干涸，后期呈一干片贴于巢房的一边，头尾略上翘，似龙船状。死虫无臭味，也无黏性，很容易被工蜂清理。

死亡幼虫封盖呈暗黑色，下凹并伴有穿孔，少数病死幼虫被工蜂清理后，蜂王又在其中产卵，造成同一脾上卵、幼虫和蛹错杂在一起的“花子现象”。患病蜂群群势下降，生产力低下，严重的可引起全群覆没。

蜂群发病常有两种类型：一种是蜂群中通常出现近百只死亡幼虫，工蜂采集活动正常，称为“慢性型”。另一种是早春或晚秋，蜂群繁殖时患病，蜂群内出现大批幼虫死亡，工蜂表现不安，采集力明显下降，甚至整群飞逃，称为“急性型”。

(三)实验室诊断

1. 初步检查

当蜜蜂开始采集活动时，可以看到从巢内拖出的病死幼虫，在蜂箱前也可观察到零散的死亡幼虫，尤其是中蜂，可疑为本病。

2. 检查幼虫和封盖子脾

死亡幼虫比健康幼虫多，且出现虫、卵相间的所谓“花子脾”现象；用镊子打开封盖夹取幼虫提起，若虫体内液下沉，形如水囊，可做出初步诊断。

3. 电镜观察

取患病幼虫若干，加等量0.03%的磷酸缓冲液和1/4体积的四氯化碳，研磨匀浆，经超速离心机差速离心和蔗糖密度梯度离心提取并纯化、制片、镜检。观察到许多球形状病毒颗粒。

4. 血清学诊断

患病雄蜂一个头部的0.05 mL生理盐水粗提取物中即含有足量的病毒，易用免疫扩散法检测。

【防治要点】

(一)治疗措施

处方1：

华千金藤(海南金不换)干块根10 g；

半枝莲(狭叶韩信草)50 g；

七叶一枝花0.3 g，五加皮0.5 g，甘草0.2 g；

五加皮30 g，金银花15 g，桂枝9 g，甘草6 g；

贯众30 g，金银花30 g，甘草6 g。

将上述中草药配方，煎煮后，过滤，取滤液，按1∶1的比例加白糖，配成药液糖浆喂蜂。

处方2：

病毒灵和抗病毒862(金刚烷胺和中草药的混合制剂)，每克研成粉末加入300～500 mL糖水(1∶1)中喂蜂。

应用抗病毒862结合巢脾消毒和更换蜂王等综合措施，防治效果可达90%以上。

(二)防治措施

1. 加强饲养管理

(1)早春和晚秋，外界气温较低，应注意蜂群保温。调整蜂群内蜂脾关系，使蜂数略多于巢脾或保持蜂脾相称。

(2)当蜂群内饲料不足时，要及时补充营养物质、花粉、维生素等，以保证蜂群正常生活需要，增强蜜蜂对疾病的抵抗能力。

(3)断子清巢是控制该病发展的有效措施。将病群内的蜂王用笼扣起，暂时断子。巢脾上的病死幼虫被工蜂清除，减少病原的积累，打断传染链，减轻病情。

(4)蜂箱可用1%～2%氢氧化钠水溶液洗刷消毒，空脾可用4%甲醛溶液浸泡消毒24 h，花粉脾可用冰醋酸蒸气密闭熏蒸消毒。

2. 选育抗病品种

从发病蜂场选择抗病力强的蜂群，培育蜂王，同时淘汰病群中的雄蜂。培育的蜂王用于替换病群中的蜂王，这样经过几代选育，可降低中蜂囊状幼虫病的发病率。

五、慢性蜜蜂麻痹病

蜜蜂麻痹病，又称"瘫痪病"或"黑蜂病"，是一种危害成年蜂的病毒性传染病，以腹部膨大或头部发黑，不能飞翔为特征。本病以慢性麻痹病和急性麻痹病为常见。

慢性麻痹病是由多态型的慢性麻痹病病毒引起的，感病蜜蜂出现腹部膨大即大肚型或黑蜂型症状，失去飞翔能力，翅和身体颤抖，在蜂箱前面缓慢爬行，不久死亡；急性麻痹病是由急性麻痹病病毒引起，病蜂无明显症状表现，但死亡很快。

该病在我国发生十分普遍。同一个地区，甚至同一个蜂场发病情况差异也较大，重者每日每群死蜂数百只至数千只，甚至造成整群蜂死亡，导致蜂场破产。发病轻微的病群，有时仅有少数病蜂出现，蜂群经转地后，遇到较好的蜜源条件，病情往往可以得到暂时控制，但遇到适宜的发病条件时，仍会复发。

【诊断要点】

(一)流行病学

传染源：患麻痹病的病蜂是主要的传染源。

传播途径：病蜂蜜囊及头部、胸部、腹部神经节、上颚和咽下腺细胞内含有大量病毒粒子，通过饲料、花粉和蜜蜂的饲喂活动将病毒传染给健康蜜蜂；或与病蜂接触使健康群受到感染(伤口感染)。有经卵传播的可能。

易感动物：只感染成虫而对幼虫不感染。注射接种比喷雾和经口接种更易发病，30℃～35℃下，无论哪种方式接种后，5～7 d出现不飞翔、颤抖等症状，再过1 d死亡。

流行特点：麻痹病发生与气候关系较密切，发病时间由南向北，由东向西逐渐推迟。在我国南方出现时间为1月至2月；东北、西北地区为5月至6月；在北京地区4月至5月为春季发病高峰期，适宜发病的温度为 14℃～21℃，相对湿度为 45%～50%；9 月至 10 月为秋季发病高峰期，适宜发病的温度为 14.5℃～19.5℃，相对湿度为 60%～70%。在麻痹病流行季节，若蜂场有患麻痹病蜂群，只要经过一场盗蜂之后，就会迅速传染到全场。

(二)症状与病变

病蜂症状表现出两种类型。

大肚型：病蜂腹部膨大，蜜囊内充满液体，内含大量病毒颗粒，身体和翅颤抖，不能飞翔，在地面缓慢爬行或集中在巢脾框梁上、巢脾边缘和蜂箱底部，病蜂反应迟钝，行动缓慢。常在 5～7 d 死亡。

黑蜂型：病蜂初期能飞翔，身体瘦小，头部和腹部末端油光发亮，有些病蜂身体发黑。由于病蜂常常受到健康蜂的驱逐和拖咬，身体绒毛几乎脱落，油光发亮，翅常出现缺刻，几天后身体和翅颤抖，失去飞翔能力，不久衰竭死亡。

在一群蜂内有时出现两种症状，但往往以一种症状为主，一般情况下，春季以“大肚型”为主，秋季以“黑蜂型”为主。

(三)实验室诊断

1. 病原学诊断

电镜观察：取病蜂若干，加等量 0.03%的磷酸缓冲液和 1/4 体积的四氯化碳，研磨匀浆，经超速离心机差速离心和蔗糖密度梯度离心提取并纯化，滴于电镜铜网，镜检，观察病毒颗粒。

2. 血清学实验

(1)对流免疫电泳。

(2)酶联免疫吸附试验。

【防治要点】

对慢性蜜蜂麻痹病的防治，目前主要采取综合防治措施：采用药物防治，结合更换蜂王，辅以营养饲喂及淘汰病蜂的综合措施，可以有效地控制麻痹病的发生和危害。

(一)治疗措施

处方 1：升华硫

升华硫对病蜂有驱杀作用，对患病蜂群每群每次用 10 g 升华硫，撒在蜂路、框梁或箱底，可有效地控制麻痹病的发展。注意，升华硫对未封盖幼虫有毒性。

处方 2：抗蜂病毒一号(酞丁胺)

浓度为 10%，每群 10～20 mL，喷治，每日一次，连续 7 d 为一个疗程。对慢性麻痹病病毒具有显著抑制效果，对健康蜜蜂有明显保护作用，防治效果可达 90%以上。

处方 3：胰核糖核酸酶

喷成年蜂体，或加入糖浆饲喂。必须在幼年敏感蜂的食物里连续加入才能提供保护。

(二)防治措施

1. 更换蜂王

对患病蜂群的蜂王，可选用由健康群培育的蜂王更换，以增强蜂群的繁殖力和抗病力。

2. 杀死和淘汰病蜂

采用换箱方法，将蜜蜂抖落，健康蜂迅速进入新蜂箱，而病蜂由于行动缓慢，留在后面，可集中收集将其杀死，以减少传染源。

3. 选育抗病品种

曾经从美国的抗美洲幼虫腐臭病的“褐系”蜜蜂中选育出抗慢性麻痹病的抗性品系，相对容易，绝大多数在三到四代后即可完成选育。

4. 补充营养饲料

对于患病蜂群可喂以奶粉、玉米粉、黄豆粉，并配合多种维生素，以提高蜂群的抗病力。

六、蜜蜂蛹病

蜜蜂蛹病又称“死蛹病”，是由蜜蜂蛹病病毒引起的危害我国养蜂生产的一种新的传染病。

特征是患病群常出现见子不见蜂，造成蜂蜜和蜂王浆产量明显降低，严重者全群死亡。

1982 年在南方数省的意大利蜂中突然暴发，很快全国流行。患病蜂群中见子不见蜂，群势下降，蜂蜜和蜂王浆产量明显降低，给养蜂业造成极大的损失。目前仅有我国报道发生。

【诊断要点】

(一)流行病学

传染源：蜂群中的病死蜂蛹和患病的蜂王是主要传染源，隐性感染的蜂王是危险的传染源。病毒主要存在于工蜂的头部和肠细胞中，蜂王的卵巢细胞中也可见到病毒颗粒。

传播途径：主要通过消化道感染，被污染的饲料、巢脾以及蜂具等是主要的传播媒介。

易感动物：蜂种不同，其抗病性有差异。意蜂发生较普遍，受害较重，而喀尼阿兰蜂和东北黑蜂发病较轻，中蜂则很少发生。蜂王年龄不同，其易感性也存在差异，一般来说，老蜂王群易感染，年轻蜂王群发病较少。

流行特点：蜜蜂蛹病的发生与温度关系密切。发病的适宜温度为 10～21℃，早春寒潮过后，气温低而不稳，易诱发蛹病。外界蜜粉源相对缺乏，没有充足的优质饲料贮备，使蜜蜂处于饥饿状态，营养不良，易发生蛹病。

(二)症状与病变

发病幼虫失去自然光泽和正常饱满度，体色呈灰白色，并逐渐变为浅褐色至深褐色，死亡的工蜂蛹和雄蜂蛹多呈干枯状，也有的呈湿润状，呈暗褐色或黑色，尸体无臭味，无黏性，多数巢房盖被工蜂咬破，露出死蛹头部，呈“白头蛹”状。

在患病蜂群中也有少数病蛹发育为成年蜂，但由于体质衰弱，不能出房而死于巢房内，有的虽然勉强出房，由于发育不健全，出房后不久即死亡。

患病蜂群，群势减弱，工蜂行动疲软，采集力明显下降，分泌蜂王浆和哺育幼虫能力降低，所以对蜂蜜和蜂王浆产量影响很大，病情严重的蜂群出现蜂王自然交替或飞逃。

各地区和各蜂场之间发病程度差异较大，轻者仅有个别蜂群少量蜂蛹死亡；严重病群，由于大量蜂蛹死亡，采集蜂数量减少，蜂群生产力下降，蜂蜜和蜂王浆的产量大幅度降低，发病率高达 30%～50%时蜂群完全失去生产能力，并且很难维持蜂群的生存，最终导致整群蜂死亡。

（三）实验室诊断

1. 病原学诊断

(1)蜂箱外观察

患病蜂群工蜂表现疲软，出巢采集率下降，在蜂箱前场地上可见到被工蜂拖出的死蜂蛹或发育不健全的幼蜂，可疑为患蜂蛹病。

(2)蜂群内检查

提取封盖巢脾，抖落蜜蜂，若发现封盖子脾不平整，有穿孔或被咬开封盖露出死蜂蛹，并伴有“花子”现象，即可初步诊断为患蜂蛹病。

(3)电镜观察

取病死蛹制备悬浮液，滴于电镜铜网，置电镜下观察，若发现大量均匀球形病毒颗粒，可确诊为蜜蜂蛹病。

2. 血清学实验

琼脂免疫扩散或对流免疫电泳试验检测，若出现明显沉淀线者为阳性，无沉淀线者为阴性。

（四）鉴别诊断

蜜蜂蛹病的病状易与蜂螨、巢虫危害造成的死蛹以及囊状幼虫病、美洲幼虫腐臭病病状相混淆，可根据其特征加以区分。

(1)蜂螨

在巢门前可出现翅膀残缺的幼蜂或拖出的死蛹，开箱检查时也常有封盖子脾“花子”现象，但蛹和幼虫体上可检查到大量的大、小蜂螨。

(2)巢虫

一般为弱群受害，封盖、巢房盖被打开，露出死蛹头部，呈“白头蛹”状，但拉出死蛹后可见有巢虫或茧衣。

(3)囊状幼虫病

大多数在大幼虫阶段死亡，用镊子夹起形似囊袋状，而死蛹病则无此症状。

(4)美洲幼虫腐臭病

也会出现死蛹，但死蛹吻伸出，有腥臭味，有黏性。

【防治要点】

（一）治疗措施

处方1：蛹泰康(酚丁胺)

每包药加水500 mL，每脾喷10～20 mL药液，每周2次，连续3周为一个疗程，可控制该病流行。

处方2：病毒灵

0.1 g研磨成末加入到300～500 mL糖水中喂蜂，每日或隔日一次，连续3～5次为一疗程。

处方3：中药制剂

柴胡、板蓝根、金银花、贯众等，煎煮后与糖浆按1∶1配制，饲喂蜂群。

（二）防治措施

1. 培育抗病品种，更换蜂王

选择无病蜂群作为育种基础，培育健康蜂王，以增强对蜂蛹病的抵抗力。

2. 加强饲养管理，创造适宜蜂群发展的环境条件

保持蜂群内蜂脾相称或蜂多于脾，蜂数密集，加强蜂巢内保温，经常保持蜂群内有充足的蜜粉饲料，及时补喂优质蛋白饲料。同时注意禁止互调子脾、合并蜂群、混用蜂具等，避免造成人为传染。

3. 消毒措施

每年秋末冬初患病蜂场应对换下的蜂箱及蜂具用火焰喷灯灼烧消毒。对巢脾用高效巢脾消毒剂浸泡消毒，100 片药加水 2 000 mL，浸泡巢脾 20 min，用摇蜜机将药液摇出，换清水 2 次，每次 10 min，摇出清水后晾干备用。

七、白垩病

白垩病又称"石灰质"病，是由蜜蜂球囊菌引起的一种顽固性真菌传染病，主要危害西方蜜蜂幼虫。

最早在德国报道，目前主要分布于欧洲、北美洲、亚洲及新西兰。在我国，20 世纪 80 年代初个别蜂场开始发现白垩病，但未造成流行，80 年代末首先在浙江蔓延流行，随着蜂场转地放蜂，该病迅速传播至全国各地，给养蜂生产造成极大威胁。

【诊断要点】

(一)流行病学

传染源：被污染的饲料(尤其花粉)、死亡幼虫尸体或病脾是病害传播的主要来源。

传播途径：主要是通过孢子传播，群内传播主要由于内勤蜂的饲喂活动，当蜜蜂幼虫吞食了混入饲料中的孢子或菌丝后，孢子即在消化道中萌发，长出菌丝，穿透肠壁，破坏消化道，幼虫表现明显症状。此外，菌丝体也能直接侵染幼虫。

群间传播是由于盗蜂和迷巢蜂将污染的饲料喂给健康幼虫。此外，养蜂员不遵守卫生操作规程，随意将病群中的巢脾调入健康群而传染。

易感动物：仅发生于西方蜜蜂。工蜂及雄蜂幼虫均可感病，雄蜂幼虫尤为严重。

流行特点：白垩病的发生与温湿度关系密切，当巢内温度下降到 30℃，相对湿度 80％以上时，适于孢子生长，春夏季多雨潮湿季节易流行。流行季节，蜂群的发病率可高达 80％～100％。

(二)症状

感染幼虫，前 3 d 无明显症状表现，少数幼虫体表长出白色菌丝，多数幼虫在第 5 天死亡。

发病初期，病虫成为无头白色幼虫，体色与健康幼虫相似，体表尚未形成菌丝；中期，幼虫柔软膨胀，腹面长满白色菌丝；后期，整个幼虫体布满白色菌丝，虫体萎缩并逐渐变硬，似粉笔状或木乃伊状。

死虫尸体有白色、黑色两种(当只有一个株系感染幼虫时，死亡的幼虫残体为白色，当两个株系共同在幼虫上生长时，死亡的幼虫体表形成孢囊，干尸呈深墨绿色至黑色)。

工蜂将虫体由巢房内拖出到巢门前的地面上和蜂箱底部。大幼虫阶段感病，巢房盖被工蜂咬破，挑开后可见死亡幼虫。

在重病群中，可能留下封盖房，但为零散的，封盖房中有结实的僵尸，当摇动巢脾时能发出撞击声响。

(三)病变

在蜜蜂幼虫体内病变分为6个阶段。

1. 孢子静止期(3～48 h)

在幼虫中肠内可发现孢囊，孢子球已散布于食物中，孢子黏结在孢子球上呈静止状态。

2. 孢子萌发期(3～72 h)

孢子在肠道内开始萌发，孢子萌发时膨大为球形，然后伸出发芽管，此时中肠组织未遭侵染，仍属正常。

3. 菌丝增殖期(24～72 h)

孢子萌发后，在中肠内食物团里形成菌丝，并有孢子产生，此时中肠组织仍无病变出现，接种48～72 h，菌丝由肠道内壁穿透围食膜侵入真皮细胞。

4. 穿透肠壁期(72～96 h)

菌丝体生长旺盛，且有菌丝团穿透肠壁，中肠外壁真皮细胞有孔，部分细胞受破坏，4～5 d后，中肠受到破坏并发现整团菌丝自马氏管穿出。

5. 体腔增殖期(72～120 h)

菌丝穿透肠壁或马氏管后，即在体内不断增殖，引起脂肪体、气管和肌肉发生病变。

6. 穿透体壁期(96～120 h)

菌丝在体腔内大量繁殖，同时侵染体壁，体表充满菌丝，雌雄菌丝在体外交配产生孢囊。

(四)实验室诊断

病原学诊断：

若发现死亡幼虫呈白色或黑色，表面覆盖白色菌丝或黑色孢子粉时，挑取幼虫尸体表层物涂于载玻片上，滴一滴蒸馏水，在低倍显微镜下观察，发现大量白色菌线和孢囊及孢囊孢子或用真菌培养基分离白霉菌时，则可确诊为白垩病。

【防治要点】

(一)治疗措施

处方1：优白净

将药液稀释100倍，抖落巢脾上的蜜蜂喷脾，每脾约10 mL，每天喷一次，用药两次停一日，再用药两次为一个疗程，间隔4～5 d，再作第二个疗程防治，病幼虫可得到治愈。

处方2：灭白垩一号

取药1包(3 g)用少量温水溶解，加50%的糖水1 L，充分搅匀，喷喂40脾蜂，每3 d一次，连续用药4～5次为一个疗程。

处方3：

左旋咪唑6片，制霉菌素2片，或甲苯咪唑2片，研磨成末掺入花粉饲喂，每天一次，连续7 d。

处方4：

山梨酸和丙酸钠或两性霉素B掺入花粉中饲喂病群，连续7 d。

处方5：

大黄苏打片5片，兽用氧氟3 g，碾碎后加入到2 kg糖浆(1∶1)中，每天每群100～150 mL，每天一次，连用7 d为一疗程，停药期3～4 d。

处方 6：

金银花、红花、黄连、大青叶、苦参各 15 g，大黄、甘草各 10 g，煎成药汁 500 mL，加入 500 mL 糖浆(1∶1)中，每天每群 100 mL，连续 3～5 d。

(二)防治措施

1. 换箱换脾

取出病群内所有病虫脾及发霉变质的蜜粉脾，换以清洁的蜂箱和巢脾供蜂王重新产卵；换下的巢脾用二氧化硫(燃烧硫黄)密闭熏蒸消毒 4 h 以上，可按每 10 张巢脾放入硫黄 3～5 g 计算，也可用 4%甲醛溶液消毒巢脾，浸泡 24 h 或喷脾再密闭 48 h。

2. 加强饲养管理

蜂群应安置于干燥通风向阳的地方，避免在箱底积累潮气，时常扩大巢门，帮助蜂群通风，尤其是雨后帮助蜂箱干燥更为重要；坚持饲养强群；不使用来源不明的花粉饲喂蜂群；选育抗病能力强的蜂群蜂王，更换病群蜂王。

八、蜜蜂黄曲霉菌病

黄曲霉菌病又名"石蜂病""结石病"，主要是由黄曲霉菌或烟曲霉菌引起的危害蜜蜂幼虫的真菌性传染病。该病不仅可以引起蜜蜂幼虫死亡，而且也能使蛹和成年蜂致病。

1906 年在德国首发，目前分布较广泛，世界上养蜂国家几乎都有发生，温暖湿润的地区尤易发病，主要分布于欧洲、北美、委内瑞拉、中国等地。

【诊断要点】

(一)流行病学

传染源：黄曲霉菌的孢子广泛存在于大自然中，甚至巢脾上的粉房就可能是真菌最先繁殖的地方。蜂尸和被污染的饲料是主要的传染源。

传播途径：主要是借助空气流动感染蜂群。

落入蜂蜜或花粉中的黄曲霉菌孢子和菌丝，当蜜蜂吞食被污染的饲料时，分生孢子进入体内，在消化道中萌发，穿透肠壁，破坏组织，引起成年蜜蜂发病；当蜜蜂将带有孢子的饲料饲喂幼虫时，孢子和菌丝进入幼虫消化道萌发，引起幼虫发病。

此外，当黄曲霉菌孢子直接落到蜜蜂幼虫体时，如遇适宜条件，即可萌发，长出菌丝，穿透幼虫体壁，致幼虫死亡。

易感动物：仅发生于西方蜜蜂。幼虫、蛹和成年蜂均易感染。

流行特点：黄曲霉菌病发生的基本条件是高温潮湿，所以该病多发生于夏季和秋季多雨季节。

(二)症状与病变

患病幼虫初期变软，呈苍白色，以后虫体逐渐变硬，表面长满黄绿色的孢子和白色菌丝，充满巢房的一半或整个巢房，轻轻振动，孢子便会四处飞散。气生菌丝会将虫尸与巢房壁紧连在一起。大多数受感染的幼虫和蛹死于封盖之后，尸体呈木乃伊状。

成蜂患病后，表现不安，身体虚弱无力，行动迟缓，失去飞翔能力，常常爬出巢门而死亡。腹部通常肿大，死蜂腹部变硬，不腐烂，在潮湿条件下，可长出菌丝和孢子。

(三)实验室诊断

病原学诊断：

若发现死亡的蜜蜂幼虫体上长满黄绿色粉状物，则可取表层物少许，涂片，在 400～

600倍显微镜下检验，若观察到有呈球形的孢子头和圆形或近圆形的孢子及菌丝时，即可确诊为黄曲霉菌病。或用真菌培养基分离到黄曲霉菌亦可确诊。

【防治要点】

(一)治疗措施

用0.1%两性霉素B喷脾或抗白垩一号药物治疗，方法及用量均同白垩病。

(二)防治措施

蜂场应选择干燥向阳的地方，避免潮湿，应时常加强蜂群通风，扩大巢门，尤其雨后应尽快使蜂箱干燥。

对患病蜂群的巢脾和蜂箱消毒，撤出蜂群内所有患病严重的巢脾和发霉的蜜粉脾，烧毁或用硫黄密闭熏蒸，消毒时间不少于4 h。

九、蜜蜂孢子虫病

蜜蜂孢子虫病又叫"微粒子病"、微孢子虫病，是由蜜蜂孢子虫寄生在蜜蜂中肠上皮细胞所引起的蜜蜂成虫的一种消化道寄生虫病。

孢子虫病在世界各养蜂发达国家都有发生，以欧美国家发生最为严重。国内流行亦较严重，以东北等地蜂群越冬时间长，发病较为普遍。

不仅西方蜜蜂发生，东方蜜蜂也发生。工蜂、母蜂和雄蜂都能感染蜜蜂孢子虫病，引起机体功能衰弱，产蜜及产蜂王浆能力明显下降，寿命缩短10%～40%，母蜂感染后寿命只能维持2～4个月。

【诊断要点】

(一)流行病学

传染源：患病蜜蜂是此病传播的根源。被病蜂污染的饲料和巢脾是病害传染的主要来源。

传播途径：蜜蜂孢子虫病传染的唯一途径是消化道感染。

病蜂体内孢子虫随粪便排出体外，污染巢脾、蜂蜜、花粉、蜂箱、蜂具和场地、水池等；当健康蜜蜂在吸取蜂蜜等食料或健康蜜蜂与病蜜蜂互相喂食时，孢子虫的孢子通过健康蜂的口器进入中肠，并在中肠上皮细胞内进行繁殖，经几个发育阶段又形成很多孢子，孢子与肠壁坏死脱落细胞一起随粪便排出体外，并继续传播蔓延。

蜂群间的传播，通常由迷巢蜂和盗蜂引起。将病群的蜂合并到健康群，或用病群中的饲料喂健康蜂，或将病群用过的巢脾蜂箱等未消毒就给健康群使用都能造成蜂群间的传播。

易感动物：蜜蜂孢子虫病仅危害蜜蜂成蜂，对幼虫和蛹都不致病。工蜂感染率最高，其次是蜂王，在工蜂中又以青壮年蜂感染率最高，而幼年蜂和老龄蜂较低。

在蜂种之间，存在抗病性差异，西方蜜蜂发生较普遍，而东方蜜蜂很少发病。

流行特点：孢子虫病的发生与外界环境关系密切。虽一年四季都可发生，但有明显的季节性，以早春最为多发，晚秋次之，夏季和秋季则发病较少。

蜂群越冬饲料不良，尤其是在蜂蜜中含有甘露蜜的情况下，易引起蜜蜂消化不良，促使孢子虫病发生。发病轻微的蜂群如遇丰富的蜜源条件，病情可暂时得到控制。

(二)症状

患孢子虫病的蜜蜂初期症状不明显，后期由于寄生的孢子虫破坏了中肠的消化作用，使病蜂得不到必需的营养物质，会出现衰弱，萎靡不振，行动缓慢，翅膀发颤，腹部膨大，飞翔无力，甚至完全失去飞行能力。病蜂常集中在巢脾下面边缘和蜂箱底部，也有的病蜂在巢脾框梁上爬或从巢脾上掉落下来。下痢症状明显。由于病蜂常受到健康蜂的驱逐，导致有些病蜂的翅边缘出现缺裂。也有的病蜂不断从巢门爬出，在蜂箱巢门前和场地上无力爬行，最后死亡。病蜂体色较正常蜂暗淡，以意大利蜂为例，病蜂腹部末端暗黑色，故又称"黑尾病"。蜂群群势下降。

(三)病理变化

蜜蜂孢子虫经口器进入中肠上皮细胞，在其中繁殖，吸取营养，引起中肠上皮细胞脱落死亡，消化及营养吸收功能下降，严重下痢而发病。病理变化集中于中肠，外观可见中肠浮肿，松弛，失去弹性，呈灰白色或乳白色，环纹消失。

病理切片经苏木精—伊红染色检查，显微镜下可见中肠上皮细胞严重破坏，细胞内充满孢子。

(四)实验室诊断

病原学诊断：

1. 蜜蜂的检验

取 10 只病工蜂，拉出消化道，剪取中肠，放入研钵内加 10 mL 蒸馏水研磨，制备悬浮液，取 1 滴涂于载玻片上加盖片，置 450～600 倍显微镜下观察。如发现长椭圆形孢子，则可确诊为孢子虫病。

2. 蜂王的检验

检验蜂王是否患病，采取活体检验法。抓取蜂王，将其扣在小玻璃杯内或纱笼中，下面铺张白纸，使蜂王排泄粪便，然后再将蜂王送回原群，取少许粪便涂片，加 1 滴蒸馏水盖片镜检。

3. 蜂蜜的检验

取待检样品蜜 1 份，用 9 份水稀释，混匀后，以 4 000 r/min 离心 5 min，取沉淀物涂片镜检。

4. 孢子虫孢子与其类似物的区分

用苏丹Ⅲ染色液处理，以区分孢子虫和真菌孢子、脂肪球及花粉粒：涂片制备液加几滴苏丹Ⅲ染色液，数分钟后镜检，结果是孢子虫孢子无色，真菌孢子染成浓淡不等的红色，脂肪球呈黄色，花粉粒呈蓝黑色。

【防治要点】

(一)治疗措施

处方 1：保蜂健粉剂

使用浓度为 0.2%，将药粉 1 包溶于 500 mL 糖浆内，傍晚对蜂群喷喂，隔日 1 次，3 次为一疗程，可防治 2～4 群(10 框群)。间隔 10～15 d 可再进行第二个疗程治疗。

处方 2：灭滴灵

使用浓度为 0.2%，即每千克糖浆内加入 10 片(每片 0.2 g)灭滴灵，每隔 3～5 d 喷喂一次，连续防治 3～4 次为一个疗程，即可治愈。

在欧美一些国家应用烟曲霉素防治孢子虫病，取得较好效果。每升饱和糖浆中加入 25 mg的烟曲霉素。

（二）防治措施

1. 加强饲养管理

蜂群越冬需要优质的饲料，越冬蜜中不能含有甘露蜜，秋季如发现蜂群内含有甘露蜜，必须彻底更换；北方蜂群越冬室温以2℃～4℃为宜，并具有干燥和通风的环境条件；早春应及时更换病蜂群中的蜂王。

2. 严格消毒

对养蜂用具、蜂箱及巢脾等，在春季蜂群陈列以后要彻底消毒；蜂箱及巢框用火焰喷灯灼烧或用2%氢氧化钠洗刷消毒；巢脾可用4%甲醛溶液或冰醋酸蒸汽消毒。

3. 药物预防

根据孢子虫在酸性溶液中受到抑制的特性，选择柠檬酸、米醋、山楂水，分别制成酸性糖浆，浓度是1 kg糖浆内加柠檬酸1 g、米醋50 mL、山楂水50 mL，早春结合对蜂群奖励饲喂，任选其中一种喂蜂。

十、蜂螨病

蜂螨不仅是中国养蜂生产上的重要寄生螨害，而且对世界养蜂业也是严重威胁。现已在蜂群中发现30种螨类，其中绝大多数对蜜蜂没有危害。在中国对蜜蜂造成危害的主要有雅氏瓦螨（大蜂螨）和亮热厉螨（小蜂螨），二者可以单独致病，也可以同时致病，给养蜂生产造成严重损失，甚至引起全群死亡。不同蜂种对蜂螨的抵抗力差异很大。西方蜜蜂和杂交种蜜蜂对蜂螨病的易感性远高于东方蜜蜂（中蜂）。

大蜂螨最早发现于印度，小蜂螨最早发现于菲律宾。大、小蜂螨现已遍布亚洲、欧洲、非洲和大洋洲，包括日本、德国、英国、法国、意大利、尼日利亚等三十余个国家都有本病发病记录。我国蜂螨病早期无准确记录，1956年前后在南方外来蜂种上首次报道大蜂螨病，1960年前后广东发现小蜂螨病，此后，大、小蜂螨迅速蔓延至全国。1962年以后，蜂螨病基本得以控制。

【诊断要点】

（一）流行病学

传染源：患病的蜜蜂是主要的传染源。

传播途径：主要是靠蜜蜂间接触、迷巢蜂、盗蜂等传播。其次，蜂群管理上人为子脾互换和摇蜜后子脾的混用也可造成场内螨害的迅速蔓延。另外，有螨群和无螨群的蜂具混用，采蜜时有螨工蜂与无螨工蜂通过花的媒介也可造成蜂群间的相互传播。远距离传播，主要是通过蜂种的交换和转地放蜂等做法所造成。

易感动物：寄主较广泛，已知可在蜜蜂属的东方蜜蜂、西方蜜蜂、大蜜蜂、黑色大蜜蜂、小蜜蜂上寄生。

流行特点：蜂螨的消长与蜂群群势、气温、蜜源及蜂王产卵时间均有较密切的关系。在北京地区，大蜂螨自春季蜂王开始产卵、蜂群内有封盖子脾时就开始繁殖，夏季蜜粉源充足，蜂王产卵力旺盛，蜂群进入繁殖盛期，这时蜂螨的寄生率保持相对稳定状态，到了秋季外界气温低，蜜源缺乏，蜂群群势下降，而蜂螨仍继续繁殖，并集中在少量的封盖子脾和蜂体上，则蜂螨的寄生率急剧上升；到秋季或初冬蜂王停止产卵，蜂群内无子脾时，蜂螨停止繁殖，以成螨形态在蜂体上越冬。因此，大蜂螨一年四季在蜂群中都可见到。

小蜂螨在南方出现较早。如广东、广西、云南等省区，2～3月便开始在蜂群中繁殖，

3～4月寄生率逐渐上升，5～6月达到高峰。在北方秋末冬初蜂王停止产卵，蜂群内无幼虫和蛹时，寄生率急剧下降。北京地区，每年6月可在蜂群内见到少量小蜂螨，7～8月寄生率急剧上升，到9月达到高峰。在受害严重蜂群的蜂箱附近，可见到大量爬行及残疾的幼蜂。

(二)症状与病变

受大蜂螨危害严重的蜂群，在蜂箱前可见到许多蜂体变形的幼蜂，翅不能伸展或残缺，工蜂体型变小，雄蜂的性功能降低，蜂王寿命缩短。幼虫在产生眼睛色素时如被2～3只大蜂螨寄生，体重将减少15%～20%，大蜂螨吸食蜜蜂体液，可使蜜蜂每2 h减轻体重0.1%～0.2%，飞行能力也降低。如在幼蜂羽化后1～10 d寄生大蜂螨，蜜蜂的寿命减短50%。此外，被大蜂螨危害的蜜蜂，由于身体被刺穿伤口，很容易造成蜜蜂麻痹病病毒的侵入，感染麻痹病。蜜蜂被大蜂螨寄生后，经常扭动身体，企图摆脱，结果造成蜜蜂筋疲力尽，虚脱死亡。正在发育的蜂群，因蜂螨的寄生，蜂群群势减弱。受害严重的蜂群，各龄期的幼虫或蛹出现死亡。巢房封盖不规则，死亡的幼虫，无一定形状，幼虫腐烂。

小蜂螨可以使蜜蜂的幼虫和蛹严重受害，它不但可以使幼虫大批死亡，腐烂变黑，而且也可使蛹和新出房的幼虫变得残缺不全，蜂群中可见子脾上有不少的巢房盖被咬破，有的幼虫未化成蛹就死去，有的化蛹后不能羽化，有的羽化出房时，翅膀残缺不全，幼蜂发育不良，在巢门前或场地上乱爬。蜂群群势迅速削弱，甚至造成蜂群死亡，蜂场覆灭。

(三)实验室诊断

病原学诊断：

1. 直接观察法

若在巢门前发现许多翅、足残缺的幼蜂爬行，并有死蜂蛹被工蜂拖出等情况，在巢脾上出现死亡变黑的幼虫和蜂蛹，并在蛹体上见到大蜂螨附着，即可确定为大蜂螨危害。

2. 封盖巢房检查法

检查工蜂胸部和腹部节间处是否有蜂螨寄生。用镊子挑开封盖巢房50个，用扩大镜仔细检查蜂体上及巢房内是否有蜂螨，根据检查的蜂数和蜂螨的数量，计算寄生率；或利用小蜂螨具有较强趋光性的特点，可迎着太阳光，仔细观察巢房内爬出的小蜂螨数量并计算其寄生率。公式如下：

寄生率＝有蜂螨数(或蜂房数)/检查的蜂数(或蜂房数)×100%

寄生密度＝螨数/检查的蜂数(或蜂房数)

3. 熏蒸检查法

用一小玻璃杯从巢脾中央抠取50～100只蜜蜂，其内放一个浸渍0.5～1 mL乙醚的棉球，熏蒸3～5 min，待蜜蜂昏迷后，轻轻振摇几下，再将其送回原群内，蜂螨则粘在玻璃杯壁上或掉落到下面，根据蜂数及落螨数计算寄生率。

【防治要点】

(一)治疗措施

1. 热处理

把蜜蜂抖落在金属制的网笼中，以特殊方法加热，并不断转动网笼，在41℃下维持5 min，可获得良好的杀螨效果。

2. 生物学特性的应用

利用大蜂螨喜欢雄蜂房的特性，制造特殊的雄蜂巢脾，诱使蜂王产雄蜂卵，孵化为雄蜂幼虫，待蜂螨向雄蜂房聚集后抽出烧毁。

3. 药物治螨

抓住春秋两季巢内无封盖子脾时实行治疗。

(1)常用药物

①速杀螨：使用 25 ppm 喷带螨的蜜蜂，每群 50 mL，4 h 内蜂螨全部被击落，杀螨效果达 100%。在非取蜜期使用，断子期治螨。

②敌螨一号：致死浓度为 218.6 ppm。在蜂群中使用浓度为 0.125%，即每个安瓿 0.5 mL药物加水 400 mL 稀释，于傍晚均匀喷洒蜂体，每群 60 mL，每周用药 1 次，连续用药两次，杀螨效果可达 100%。该药不仅可以杀死蜂体上的螨，而且可以杀死巢房内的蜂螨。

③萘：在傍晚蜜蜂回巢后，将萘粉均匀撒布在硬纸板上，上面用一层纱布盖上，然后推入箱底，关闭巢门，熏治一夜。第二天清晨取出纸板，将落下的蜂螨收集烧毁。使用剂量视温度高低有所不同，20℃～30℃时，每群(10 框)每次用药 5～7 g；30℃以上时，每群每次用药 3～5 g。每隔 3～4 d 治疗一次，连续 3～4 次为一疗程。

④草酸(二羧酸)：2%的草酸水溶液，温度在 16℃以上时，直接提脾喷雾蜂体，每脾 10～20 mL。严重时，过 12 d 再喷治一次。

⑤高效杀螨片(螨扑)：有效成分马扑立克(氟氨氰菊酯)。用木片或塑料片作载体浸渍药液而成，一般 20 片为一个密封包装。用图钉固定于蜂群内的第二个蜂路间，强群挂 2 片，呈对角线悬挂，弱群用一片，挂于蜂群中保持 3 周为一疗程。

⑥萘、升华硫合剂：由 30%的萘粉和 70%升华硫磺混合制成。均匀撒布于蜂路间，每条蜂路用 0.3 g 左右。继箱群上、下蜂箱按同样剂量撒布。一个月可撒布 2～3 次。

⑦萘、聚甲醛合剂(3 号杀螨剂)：萘与聚甲醛按 1∶3 比例混合制成。每群用 7～8 g，放入箱底熏蒸，使用方法同萘。

⑧升华硫：先将封盖子脾上的蜜蜂抖掉，然后用纱布将硫磺包住，均匀涂抹在封盖子脾表面，每群用药 3 g，每隔 7 d 涂抹一次，连续治疗 3～4 次，也可结合摇蜜进行。

⑨燃烧硫黄(SO_2)：将箱内的封盖子脾全部撤出来，将蜜蜂抖掉，装入另一个空继箱内，然后将 2～3 只继箱联在一起，下面加一个空巢箱，周围用纸糊严，每箱用药 5 g，将硫黄点燃后，从空巢箱中的纱窗口放入空箱，熏烟 3 min 后，立即将脾取出，再放回原箱内。每隔 5 d 熏治一次，可连续熏治 2 次。新蜂正在出房的蛹脾不能熏治。

⑩“灭螨特”合成熏烟剂：有效成分为对一氯苯基一甲基一苯磺酸酯。对大、小蜂螨均有很好的防治效果。

(2)两种杀螨剂联合使用

在蜂群内通常有大蜂螨和小蜂螨共同发生，为了提高防治效果，可将两种杀螨剂联合使用，悬挂高效杀螨片(螨扑)于蜂群内用以杀灭蜂体上和巢脾上的大蜂螨和小蜂螨，但不能杀灭封盖巢房内的螨，为了弥补这一不足，可结合使用升华硫涂抹封盖子脾，也可结合使用敌螨一号或速杀螨，可收到彻底防治的效果。

(二)防治措施

1. 蜂群内断子防治法

根据小蜂螨在蜂体上仅能存活 1～2 d，不能吸食成蜂体血淋巴，而在蛹体上最多也只能活 10 d 的生物学特性，采用割断蜂群内幼虫的方法防治小蜂螨。即采取幽闭蜂王 9 d，打开封盖幼虫房并将幼虫从巢脾内全部摇出，即可达到防治小蜂螨的目的。

2. 同巢分区断子防治法

在继箱与巢箱间采用一隔王板大小的细纱隔离板，平箱或卧式箱则用框式隔离板，一定要严密，不使蜂螨通过，每区各开一巢门，将蜂王留在一区继续产卵繁殖，将幼虫脾、封盖子脾全部调到另一区，造成有王区内 2～3 d 绝对无幼虫，待无王区子脾全部出房后，该区绝对断子 2～3 d，使小蜂螨全部死亡后，再将蜂群并在一起。

十一、甘露蜜中毒

甘露蜜中毒，可造成工蜂大量死亡，严重时幼虫也成片死亡，蜂群群势迅速下降。若越冬蜜中含有甘露蜜，则造成越冬蜂死亡，不仅关系到当年越冬的成败，而且影响到翌年蜂群群势及产量。

【诊断要点】

多发生于早春和晚秋，外界蜜源缺乏的季节。

(一)病因

甘露蜜与蜂蜜不同，它含有比蜂蜜高几倍的糊精和无机盐，蜜蜂取食后不易消化而引起中毒。

甘露色泽深暗，味涩，没有花蜜那种芳香气味，因此，蜜蜂一般不喜欢采集甘露。但在外界蜜源缺乏时，则去采集，将其运回蜂巢，酿制成甘露蜜。甘露蜜中含葡萄糖和果糖量较少，含蔗糖量较高，还含有大量糊精、无机盐和松三糖。甘露蜜的毒性成分主要是所含的无机盐，尤其是钾；糊精是蜜蜂不易消化的物质；松三糖则是使甘露蜜结晶的主要成分，结晶的甘露蜜，蜜蜂无法食用，从而造成越冬蜂的死亡。

(二)症状与病变

中毒蜂腹部膨大，下痢，排泄大量粪便于蜂箱壁、巢脾框梁及巢门前。中毒蜜蜂萎靡不振，有的从巢脾上和隔板上坠落于蜂箱底，有的在箱底和巢门附近缓慢爬行，失去飞翔能力，死于箱内和箱外。严重时幼虫和蜂王也会中毒死亡。

剖检可见，蜜囊膨大成球状，中肠黑色，内含黑色絮状沉淀物，后肠呈蓝色至黑色，其内充满暗褐色至黑色粪便。

(三)诊断

1. 根据临床症状和消化道剖检，观察中肠及后肠的异常变化可初步诊断。

2. 电导仪测定法

根据甘露蜜中无机盐含量比蜂蜜高而电导率也相应增高的原理。

(1)取待检蜜蜂 20 只研磨，加无菌水 10 mL，制备悬浮液，过滤后，取滤液 6 mL 置于小称量瓶中，用电导仪测定。如测得电导率在 1 200 μV/cm 以上时，则可确定为甘露蜜中毒。

(2)取病蜂酿成的蜜检测，若测得电导率在(80±20)μV/cm 以上时，即可证明含有甘露蜜。

3. 取待检蜜 3 mL，放于玻璃试管内，用等量蒸馏水稀释，再加入 95%酒精 10 mL，摇匀后若出现白色混浊或沉淀时，则表明含有甘露蜜。

【防治要点】

甘露蜜中毒的防治，以预防为主。

1. 在晚秋蜜源结束前，蜂群内除留足越冬饲料外，应将蜂群搬到无松树、柏树的地方。

2. 对于缺蜜、少蜜的蜂群要及时补充饲喂。

3. 对于已经采集甘露蜜的蜂群，发现蜂群中毒后，将其箱内含有甘露蜜的蜜脾全部撤出，换以优质蜜脾或喂以优质蜂蜜及白糖并应立即转移场地。

十二、蜜蜂茶花中毒

茶树是我国南方的主要经济作物，茶树在秋末冬初开花(通常为9月至11月)，花期长，流蜜量大，是很好的晚秋蜜源。但蜜蜂采集茶花后，能引起幼虫大批死亡，因此，不仅不能利用丰富的蜜源资源，而且成为养蜂生产的严重障碍。

【诊断要点】

(一)病因

茶花蜜中除含有微量的咖啡因和甙外，主要是含有较高的多糖成分。茶花蜜并非有毒，引起蜜蜂中毒的原因是蜜蜂不能消化利用茶花蜜中的低聚糖成分，特别是不能利用结合的半乳糖成分，引起生理障碍。

(二)症状

主要引起蜜蜂幼虫死亡。

死亡幼虫无一定形状，也无臭味，与病原微生物引起的幼虫死亡症状明显不同。

(三)诊断

根据临床表现可确诊。

【防治要点】

采用分区饲养管理结合药物解毒。

分区管理根据蜂群的强弱，分为继箱分区管理和单箱分区管理两种方法：

1. 继箱分区管理

适用于群势较强的蜂群(6框足蜂以上)。

先用隔离板将巢箱分隔成两个区，将蜜脾、粉脾和适量的空脾连同蜂王带蜂提到巢箱的任一区内，组成繁殖区；然后将剩下的脾连同蜜蜂提到巢的另一区和继箱内，组成生产区(取蜜和取浆在此区进行)。继箱和巢箱用隔王板隔开，使蜂王不能通过，而工蜂可自由进出。

此外，在繁殖区除了靠近生产区的边脾外，还应分别加一蜜粉脾和一框式饲喂器，以便人工补充饲喂并阻止蜜蜂把茶花蜜搬进繁殖区。

巢门开在生产区，繁殖区一侧的巢门则装上铁纱巢门控制器，使蜜蜂只能出不能进。

2. 单箱分区管理

将巢箱用铁纱隔离板隔成两个区，然后将蜜脾、粉脾和适量的空脾及封盖子脾同蜂王带蜂提到任一区内，组成繁殖区。另一区组成生产区。上面盖纱盖，注意在隔离板和纱盖之间应留出0.5～0.6 cm的空隙，使蜜蜂自由通过，而蜂王不能通过。

在繁殖区除在靠近生产区的边框加一蜜粉脾外，还在靠近隔板处加一框式饲喂器，以便用作人工补充饲喂和阻止蜜蜂将茶花蜜搬入繁殖区，但在远离生产区的一侧框梁上仍留出蜂路，以便蜜蜂能自由出入。

巢门开在生产区，将繁殖区一侧的巢门装上铁纱巢门控制器，使蜜蜂只能出不能进，而出来的采集蜂只能进生产区，这样就避免繁殖区的幼虫中毒死亡，达到解救的目的。

3. 喂药与饲养管理相结合

(1)繁殖区每天傍晚用含少量糖浆的解毒药物(0.1%的多酶片、1%乙醇以及0.1 g大黄苏打片)喷洒或浇灌；隔天饲喂1∶1的糖浆或蜜水，并注意补充适量的花粉。

(2)采蜜区要注意适时取蜜。在茶花流蜜盛期，一般3～4 d取蜜1次，并用解毒药物糖浆喷喂1次。

十三、蜜蜂枣花中毒

蜜蜂枣花中毒又称枣花病，是我国华北地区枣花流蜜期的一种地方性病害。发生在枣树开花流蜜期，大批采集蜂死亡，蜂群群势下降，严重影响枣花期蜂蜜的产量。

【诊断要点】

(一)病因

枣花中毒主要发生在华北地区5月至6月枣花流蜜期。由于枣花蜜中含有钾离子而引起蜜蜂中毒死亡。

枣花开花期气候干旱而炎热，花蜜黏稠，蜜蜂采集费力，在蜂群缺水的情况下，采集蜂中毒较为严重。在枣花流蜜即将结束，荆条蜜源开始流蜜时，中毒则逐渐减轻。

一般来说，在山区和沙质土壤地区中毒较重，在平原和湿润黏质土壤地区中毒较轻；气候干旱年份中毒较重，雨水充足、气候湿润年份中毒较轻；枣花期无辅助粉源的地区较重，有辅助粉源的地区较轻；枣树成片地区较重，零星地区较轻；西蜂较中蜂严重。

(二)症状

中毒蜜蜂身体发抖，肢体失去平衡，失去飞翔能力，两翅平伸或竖起，向前爬行跳跃，四肢抽搐，对外界刺激反应迟钝，腹部钩曲。在蜂场坑凹处可见较大数量的死蜂，大部分死蜂腹部空虚。

(三)诊断

根据临床表现可确诊。

【防治要点】

1. 在枣花期前，要选择蜜、粉源均较充足的场地放蜂，使蜂群有大量花粉，以备进入枣花期供蜂群食用，可减轻蜜蜂中毒程度。

2. 在蜂箱四周及箱底要经常洒些冷水，以保持地面潮湿，为蜂群架设凉棚遮荫，防止烈日直晒。

3. 人工补充饲喂，可减轻蜜蜂中毒程度。在枣花大流蜜期到来的时候，每天傍晚给蜂群喂酸性糖浆(在1∶1的糖浆中加入0.1%的柠檬酸或5%的醋酸)，也可用生姜水、甘草水灌脾，可起到预防和减轻中毒的作用。

十四、农药中毒

蜜蜂农药中毒，是养蜂生产中存在的一个严重问题，随着农业科学技术的发展，农药的品种和使用范围日益扩大，蜜蜂农药中毒的情况愈加严重。不少农药，特别是杀虫剂不仅本身对蜜蜂有不同程度的毒杀作用，而且蜜蜂在为喷洒过农药的农作物、果树、林木等传花授粉和采蜜的时候中毒死亡。轻者，大批采集蜂死亡，群势下降，影响采蜜，造成蜂蜜减产或绝产；重者，除采集蜂死亡外，巢内幼蜂和幼虫大量死亡，造成全群甚至全场覆没。

【诊断要点】

（一）病因

农药不仅可以直接杀死蜜蜂，而且还可以间接污染花蜜、花粉和水源等。蜜蜂在刚喷洒过农药的植物上采集花蜜和花粉，或在飞行途中遇到喷洒农药，经由气孔或呼吸系统作用于体内而引起中毒。

不同农药对蜜蜂有不同的毒性作用大体分为三类：

(1)高度毒性农药，如狄氏剂、敌敌畏、乐果等，应禁止在农作物开花期使用。

(2)中等毒性农药，如氯丹、三硫磷等，不宜在蜜蜂采蜜时使用，只能在早晚喷洒，避开蜜蜂活动时间。

(3)低度毒性农药，如敌百虫、除虫菊酯、杀螨酯等，可以在作物开花期使用，但也应避免与蜜蜂直接接触。

（二）症状

蜜蜂突然出现大量死亡，死亡蜜蜂多为采集蜂，强群死蜂数量大，弱群死蜂数量很少，交尾群几乎无死蜂。

中毒蜜蜂性情暴烈，常追逐人畜，中毒严重的蜂群，甚至在1～2 d内全部死亡。

中毒的蜜蜂，大多是在飞回蜂箱后死亡。病蜂蜜囊里饱含花蜜或后足花粉篮内携带有花粉团。巢门前有大量的中毒蜜蜂在地面上翻滚、打转、呈抽搐症状。

死亡蜜蜂两翅张开，腹部钩曲，吻伸出。拉取肠道，可见中肠缩至3～4 mm，环纹消失。

严重中毒的蜂群，幼虫也会中毒死亡。

（三）诊断

根据临床表现和病理变化可确诊。

开箱检查时，可发现箱底有很多死蜂。提起巢脾，工蜂纷纷坠落箱底，无力附脾。

【防治要点】

（一）治疗措施

1. 将蜂群迅速撤离毒物区，同时清除蜂群内所有的有毒饲料。将被农药污染的巢脾浸入2%的苏打溶液中浸泡10 h左右，使巢脾上的饲料软化，脱离巢房而流出，然后用水洗净，以摇蜜机将残留的饲料和水摇出，巢脾晾干后备用。

2. 饲喂1∶4的稀糖水或甘草水。

3. 饲喂解毒药物

(1)1605(对硫磷)、1059(内吸磷)、乐果等有机磷类农药引起的中毒，可用0.05%～0.1%的硫酸阿托品和0.1%～0.2%的解磷定喷脾解毒。

(2)有机氯农药引起的中毒，可在250 mL的蜜水中加入磺胺噻唑钠注射液3 mL或片剂1片用水溶解，搅拌均匀后喷喂中毒的蜂群。

（二）防治措施

1. 在农作物开花期间，应禁止喷洒对蜜蜂有高度毒性的农药。急需在开花期施药时，应选用高效低毒、残留期短的农药。

2. 必须在开花期大面积喷洒对蜜蜂有高度毒性的杀虫剂时，应事先通知 5 km 以内的养蜂场，蜂场应采取预防措施，在施药的前一天晚上关闭巢门，关闭时间长短依据喷洒药物种类而定。喷洒除虫菊、杀虫剂等需关闭 4～6 h，喷洒 1605 等需关闭 2 昼夜。幽闭期间，要保持蜂群内有充足的蜂蜜和花粉，并经常喂水，尤其是夏季气温高时，更应注意给蜂群喂水、降温和通风。

3. 在施药时间和方法上，最好在花前或花后施药。药效长的药物更应在花期以后喷洒，以减轻蜜蜂中毒的损害。

4. 培育抗病虫害的作物品种和抗农药的蜜蜂品种。

十五、蚕型多角体病

蚕型多角体病在临床上分为质型多角体病和核型多角体病两种。

质型多角体病(又称中肠型脓病，俗称干白肚)，是由质型多角体病毒寄生于蚕的中肠圆筒形细胞，并在细胞质内形成多角体而引起的一种病毒性传染病；临床上以空头、起缩和腹泻为特征。

核型多角体病(又称血液型脓病或体腔型脓病，欧洲称黄疸病或脂肪病)，是由核型多角体病毒寄生于蚕的血细胞和体腔内各组织细胞核内而引起蚕的一种病毒性传染病；临床上以狂躁爬行，体色乳白，躯体肿胀易破、流出血液呈乳白色脓汁状，泄脓后蚕体萎缩、死亡为特征。

【诊断要点】

(一)流行病学

传染源：病蚕是主要传染源，患本病的野外昆虫也可以成为传染源。病毒随吐出的消化液和粪便排出体外。

传播途径：主要经消化道感染，也可经体表伤口接触感染。病蚕流出的脓性体液及病昆虫的排泄物污染蚕室、蚕具、贮桑室及桑叶，被健蚕食入或接触即可感染发病。

易感动物：桑蚕、樗蚕、蓖麻蚕均可感染，尤以桑蚕最易感。各龄期蚕均可感染，且蚕龄越小易感性越强，同一龄期以起蚕最为易感。此外，桑螟、美国白蛾、赤腹舞蛾等野外昆虫也可感染。

流行特点：发病率与品种、蚕龄、季节和地理环境有关。

杂交一代比其亲本抵抗力强，杂交品种中夏秋蚕比春蚕抵抗力强；盛食期蚕比起蚕、脬眠期蚕抵抗力强；春季因温度、桑叶质量等条件较好，蚕抵抗力强，发病率相对较低，而夏秋季因气温高、桑叶失水萎谢、蚕室高温、蚕座潮湿蒸热等可致使发病率升高。

(二)症状

1. 质型多角体病的潜伏期较长，一般为 1～2 龄期。

初期症状不明显，随病情的发展，食欲减退，群体发育不齐，蚕体大小悬殊。体色失去光泽，呈白陶土色，胸部半透明呈“空头状”，行动迟缓。病情加剧后，常呆伏于蚕座四周，排出白色的黏粪，当挤压蚕胸部或尾部时，流出的肠液呈米汤状，黏粪带乳白色。死时吐出胃液。起蚕得病，皮肤多皱，体色灰黄，食桑逐渐停止，起缩、下痢。

剖检时，轻度的病蚕在第 8 环节背面撕开体壁，中肠后部有乳白横皱纹；后期则后中肠部位呈乳白色脓肿现象。

2. 核型多角体病的病程一般为雏蚕 3～4 d，壮蚕 4～6 d，根据蚕发育阶段不同，其症状表现为以下六种类型。

(1)起缩蚕型

多见于各龄起蚕。主要表现为体壁松弛皱缩、呈乳白色，体型缩小，不吃且狂躁爬行，最后皮破流脓而死。

(2)不眠蚕型

发生于各龄催眠期。主要表现为体壁绷紧发亮、呈乳白色，不吃且狂躁爬行，不能入眠。

(3)黑斑型

多发生于3～5龄蚕。主要表现为左右腹脚呈对称性焦黑色，成焦足蚕，有的在气门周围出现黑褐色环状病斑。

(4)高节蚕型

多发生于4～5龄盛食期。主要表现为体皮宽松，环节之间的节间膜肿胀、隆起呈竹节状，隆起部和腹足、有时在气门附近体壁呈明显乳白色，最后皮破流脓而死。

(5)脓蚕型

多发生于5龄后期至上簇前。主要表现为环节中央隆起呈算珠状，体色乳白，皮肤破裂流脓而死，或结薄皮茧死亡。

(6)蚕蛹型

多见于5龄后期。主要表现为发病迟缓，虽能营茧化蛹，但蛹体呈暗黄色，极易破裂，一经振动即可流出脓液而死。

(三)实验室诊断

1. 病原学诊断

取病蚕体液或中肠后部组织一小块制成涂片，置于显微镜低倍镜下观察，见到大量折光性强，大小不等的多角体(整齐的六角体或四角体)即可确诊。

2. 血清学诊断

双向扩散法和对流免疫电泳法。

【防治要点】

1. 湿度

冷湿、高温多湿、空气郁闷及不良气体、蚕座过密等，均易引起脓病，尤其夏秋蚕期高温及晚秋蚕期冷湿时，应通风导入新鲜空气，此外使用水叶时应避免多湿。

2. 温度

壮蚕期室内温度应控制好，防止温度忽高忽低，家蚕受过高或过低温度刺激极易感染发生脓病。稚蚕期温度过高，壮蚕期冷湿容易引起发病，因此在全龄中应注意适温饲育。

3. 清洁

蚕座不清洁能使细菌旺盛繁殖而产生不良气体，还会引起细菌和病毒的混合感染，因此蚕座内应勤撒新鲜石灰粉。发现病蚕要马上使用蚕座消毒剂，及时处理蚕沙，防止病毒蔓延。

4. 消毒

未经消毒的蚕具、蔟具等，不能进入饲育室，更不能使用。养蚕前3～4 d，用1%的有效氯漂白粉液或0.5%的新鲜石灰浆，将蚕室、蚕具等彻底喷雾消毒，喷药后保持湿润半小时以上；也可用福尔马林消毒，蚕室用喷雾法，蚕具用喷雾或浸渍法消毒，一般于养蚕前 7 d 左右消毒，消毒后封闭蚕室，温度保持 23℃以上，经一昼夜后打开门窗，待药味散发后再养蚕。

5. 桑叶

避免厚饲，给予新鲜充实的桑叶，5 龄初期不要给桑过多；避免饲以药叶，粘着农药、消毒药的桑叶被蚕采食后，易导致脓病发生。

6. 饲育

饲育过程应按养蚕技术要点进行，促使蚕体发育齐全；蚕期饲育过程要严格分批，防止混批饲育；切勿损伤熟蚕的皮肤，改手捉熟蚕为聚乙烯蚕网搜集，上蔟动作要轻；发现病蚕及早除去，及时淘汰弱小蚕，选拔培育抗病的蚕品种。

十六、蚕白僵病

蚕僵病种类很多，分别由不同科、不同属的真菌寄生蚕体引起死亡，死亡后因蚕尸体硬化不易腐败而称为僵病或硬化病。通常以僵化尸体上大量分生孢子的颜色来命名，如白僵病、绿僵病、黄僵病、赤僵病、灰僵病、草僵病等。其中以白僵病最常见。

白僵病是由白僵菌侵入蚕体引起的一种真菌性传染病。

临床上以病死蚕尸体干涸、硬化，并被白色分生孢子覆盖为特征。

【诊断要点】

(一)流行病学

传染源：覆盖于白僵蚕尸体上白色的分生孢子是重要的传染源。

传播途径：主要通过直接接触或经伤口感染。分生孢子随风飞散，当落入蚕座并附于蚕体壁后，在适宜的温湿度下经 6～8 h 发芽，并穿透体壁进入体内寄生。

易感动物：不同品种、龄期的蚕均易感染，野生昆虫，如蛹和蛾也可感染。

流行特点：各养蚕季节均可发生，但以温暖潮湿季节和地区多发。

(二)症状

呕吐和排软便，病蚕体表散在暗褐色或油渍状病斑，有的从尾部开始呈现桃红色或全身酱红色。死后尸体逐渐硬化，1～2 d 自硬化尸体的气门、口器及节间膜等处先长出气生菌丝，继而布满全身。最后在菌丝上生出无数分生孢子，状似白粉。

(三)实验室诊断

病原学诊断：

取蚕血液在显微镜下观察，有圆筒形成卵圆形的短菌丝及营养菌丝即可确诊。

【防治要点】

(一)治疗措施

1. 使用漂白粉或毒消散防僵粉、灭菌丹、多菌灵等防僵剂，每天早晚各进行一次蚕体、蚕座消毒，也可用 2 000 倍液抗菌剂 402 喷洒蚕体，直至不见僵病为止。墙壁、地面及蚕室周围环境(傍晚喷药)可用 1%有效氯漂白粉液进行消毒，以杀灭僵病孢子。

2. 发生白僵病后，要隔离病蚕，严格处理白僵病的尸体及蚕鞘、蚕粪等。在 4 龄饷食前逐匾拣除病死蚕，将其放入盛有浓漂白粉液的罐中，浸泡一段时间后，远离蚕室深埋。

(二)防治措施

1. 温湿度

饲养中控制好蚕室的温湿度，特别是湿度，要控制在 75%以下，以抑制白僵菌分生孢子发芽；还应注意通风换气，壮蚕期要注重开启门窗，排除室内湿气及不良气体；要控制蚕座覆盖薄膜时间，待蚕食去桑叶 70%左右，应揭去薄膜通气，适当降低蚕座湿度，并增加除沙次数，勤用焦糠、新鲜石灰粉等吸湿材料撒于蚕座。

2. 消毒

每晚给桑前 1 h，待蚕食净桑叶，用柏树枝和干羊粪熏烟 0.5 h，然后开启门窗，驱散烟雾，再行给桑；凡是 3 龄前用过的蚕具，全面洗刷消毒一次，蚕匾、蚕架洗后晒干，用抗菌剂 402 喷洒，蚕网洗后蒸煮半小时，蚕网和塑料薄膜用 500 倍液的抗菌剂 402 浸泡。

3. 饲育

在共育室二眠或三眠起蚕消毒后，加网进行饷食，饷食 1 h 后除沙，结合除沙进行分蚕，送到养蚕户经过消毒的蚕匾中，用有关防僵药剂再进行一次蚕体蚕座消毒，而后给桑；做好蛹期防僵工作，可适当推迟削茧鉴蛹的时期，一般在复眼着色后进行，在老熟上蔟前，进行蚕体和蚕蔟消毒，在削茧鉴蛹时进行蛹体消毒，在裸蛹保护过程中，可用硫磺熏烟消毒；此外，每次除沙动作要轻，倒蚕沙时动作轻缓，勿使灰尘飞扬，否则会使僵病孢子飞落于蚕座，增加蚕感病机会。

十七、蚂蚁绿僵病

蚂蚁绿僵病由绿僵菌引起蚂蚁的一种真菌性传染病。

临床上以消瘦、皮肤上有云状，或轮状黑褐色病斑、死后僵硬发绿为特征。

【诊断要点】

(一)流行特点

秋季发病较多。

(二)临床症状

患病初期症状不明显，食欲不振，行动迟缓；病重时身体颜色变为灰白，皮肤上常有云状或轮状的黑褐色大形病斑，病斑在胸部前几环节的腹侧或胸脚基部较多，最终因拒绝取食消瘦而死亡，死后僵硬发绿。

病程一般为 7～10 d。

(三)诊断

根据临床症状可做出诊断。

【防治要点】

(一)治疗措施

处方 1：

干酵母片 0.6 g，土霉素 0.25 g。氯霉素 0.25 g，研磨成末后拌入饲料 400 g，投喂至痊愈。

处方 2：

金霉素粉 0.25 g，拌入 1 kg 饲料中喂食。

处方 3：

硫酸铜 1 g，加水 1.5 kg 溶解后，喷洒饲养池。

(二)防治措施

1. 注意环境卫生，及时清除霉变食物，供给新鲜的活食，经常擦洗饲养池、箱架、餐具等，增强蚂蚁体质。

2. 调节养殖池内的温湿度，注意通风散湿、透光等。

3. 发现绿僵菌危害，将染菌的窝泥全部挖出，换进新土。

4. 用少量的氯霉素片(0.5%)研碎拌入饲料中喂饲。

5. 用漂白粉防治，每天撒一次，见不到病死蚂蚁为止。

十八、蚂蚁黑腹病

多因饲料腐败、变质和饮用不洁水引起的感染黑腐霉的一种疾病。临床上以腹部膨胀发黑为特征。

【诊断要点】

(一)临床症状

初期症状为腹部呈黑色，腹胀，活动减少，食欲减退。病重时腹部出现黑色腐败性溃疡性病斑，并有黑色黏液流出。当黑色病斑形成时即死亡。

(二)诊断

根据病史、临床症状可做出诊断。

【防治要点】

(一)治疗措施

处方1：

红霉素0.5 g，干酵母1 g，分别拌入500 g糖类食物中，交替饲喂至痊愈。

处方2：

土霉素或长效磺胺0.5 g，大黄苏打片2.5 g，拌入糖类食物0.5 kg中饲喂至痊愈。

处方3：

青霉素40万单位溶入1 kg水中自由饮用，或拌入500 g食物中饲喂至痊愈。

(二)防治措施

1. 调节好湿度，养殖环境不能过于潮湿；定期清洁消毒。

2. 要按时清除残存食物，保证饲料、饮水新鲜，防止饲料变质、霉烂。

3. 发现病蚂蚁后，用1%～2%福尔马林水溶液喷洒饲养池、箱；把病蚂蚁转出后烧死。

4. 将土霉素、金霉素各0.5 g配制成溶液，放在海绵上，让其舔吸至病愈为止。

计 划 单

<table>
<tr><td>学习情境4</td><td colspan="4">特种昆虫病防治</td><td>学时</td><td></td></tr>
<tr><td>计划方式</td><td colspan="6">小组讨论，设计对某特种昆虫病诊断步骤，制定防治措施</td></tr>
<tr><td>序　号</td><td colspan="4">实施步骤</td><td>使用资源</td><td>备注</td></tr>
<tr><td></td><td colspan="4"></td><td></td><td></td></tr>
<tr><td></td><td colspan="4"></td><td></td><td></td></tr>
<tr><td></td><td colspan="4"></td><td></td><td></td></tr>
<tr><td></td><td colspan="4"></td><td></td><td></td></tr>
<tr><td></td><td colspan="4"></td><td></td><td></td></tr>
<tr><td></td><td colspan="4"></td><td></td><td></td></tr>
<tr><td></td><td colspan="4"></td><td></td><td></td></tr>
<tr><td></td><td colspan="4"></td><td></td><td></td></tr>
<tr><td></td><td colspan="4"></td><td></td><td></td></tr>
<tr><td></td><td colspan="4"></td><td></td><td></td></tr>
<tr><td>制定计划说明</td><td colspan="6"></td></tr>
<tr><td rowspan="3">计划评价</td><td>班　　级</td><td></td><td>第　　组</td><td>组长签字</td><td colspan="2"></td></tr>
<tr><td>教师签字</td><td colspan="2"></td><td>日　　期</td><td colspan="2"></td></tr>
<tr><td colspan="6">评语：</td></tr>
</table>

决策实施单

<table>
<tr><td>学习情境 4</td><td colspan="7">特种昆虫病防治</td></tr>
<tr><td colspan="8">讨论小组制定的计划书，做出决策</td></tr>
<tr><td rowspan="7">计划对比</td><td>组号</td><td>工作流程的正确性</td><td>知识运用的科学性</td><td>步骤的完整性</td><td>方案的可行性</td><td>人员安排的合理性</td><td>综合评价</td></tr>
<tr><td>1</td><td></td><td></td><td></td><td></td><td></td><td></td></tr>
<tr><td>2</td><td></td><td></td><td></td><td></td><td></td><td></td></tr>
<tr><td>3</td><td></td><td></td><td></td><td></td><td></td><td></td></tr>
<tr><td>4</td><td></td><td></td><td></td><td></td><td></td><td></td></tr>
<tr><td>5</td><td></td><td></td><td></td><td></td><td></td><td></td></tr>
<tr><td>6</td><td></td><td></td><td></td><td></td><td></td><td></td></tr>
<tr><td colspan="8">制定实施方案</td></tr>
<tr><td>序号</td><td colspan="6">实施步骤</td><td>使用资源</td></tr>
<tr><td>1</td><td colspan="6"></td><td></td></tr>
<tr><td>2</td><td colspan="6"></td><td></td></tr>
<tr><td>3</td><td colspan="6"></td><td></td></tr>
<tr><td>4</td><td colspan="6"></td><td></td></tr>
<tr><td>5</td><td colspan="6"></td><td></td></tr>
<tr><td>6</td><td colspan="6"></td><td></td></tr>
<tr><td colspan="8">实施说明：</td></tr>
</table>

<table>
<tr><td>班　　级</td><td></td><td>第　　组</td><td>组长签字</td><td></td></tr>
<tr><td>教师签字</td><td colspan="2"></td><td>日　　期</td><td></td></tr>
<tr><td></td><td colspan="4">评语：</td></tr>
</table>

作　业　单

<table>
<tr><td>学习情境 4</td><td colspan="6">特种昆虫病防治</td></tr>
<tr><td>作业完成方式</td><td colspan="6">以学习小组为单位，课余时间独立完成，在规定时间内提交作业</td></tr>
<tr><td>作业题 1</td><td colspan="6">欧洲幼虫腐臭病、美洲幼虫腐臭病与蜜蜂囊状幼虫病的鉴别诊断</td></tr>
<tr><td>作业解答</td><td colspan="6"></td></tr>
<tr><td>作业题 2</td><td colspan="6">蚕型多角体病不同类型间的鉴别诊断</td></tr>
<tr><td>作业解答</td><td colspan="6"></td></tr>
<tr><td>作业题 3</td><td colspan="6">请制定一份蜜蜂养殖场的疾病综合防治措施</td></tr>
<tr><td>作业解答</td><td colspan="6"></td></tr>
<tr><td rowspan="4">作业评价</td><td>班　　级</td><td></td><td>第　　组</td><td>组长签字</td><td colspan="2"></td></tr>
<tr><td>学　　号</td><td></td><td>姓　　名</td><td colspan="3"></td></tr>
<tr><td>教师签字</td><td></td><td>教师评分</td><td></td><td>日期</td><td></td></tr>
<tr><td colspan="6">评语：</td></tr>
</table>

效果检查单

<table>
<tr><td>学习情境 4</td><td colspan="6">特种昆虫病防治</td></tr>
<tr><td>检查方式</td><td colspan="6">以小组为单位，采用学生自检与教师检查相结合，成绩各占总分(100 分)的 50%</td></tr>
<tr><td>序号</td><td colspan="2">检查项目</td><td colspan="2">检查标准</td><td>学生自检</td><td>教师检查</td></tr>
<tr><td>1</td><td colspan="2">资讯问题</td><td colspan="2">是否准确、回答是否正确</td><td></td><td></td></tr>
<tr><td>2</td><td colspan="2">计划书质量</td><td colspan="2">综合评价结果</td><td></td><td></td></tr>
<tr><td>3</td><td colspan="2">现场诊断</td><td colspan="2">方法是否正确、操作是否规范、结论是否正确、剖检后动物尸体处理是否正确</td><td></td><td></td></tr>
<tr><td>4</td><td colspan="2">实验室诊断</td><td colspan="2">方法是否正确、材料准备是否齐备、操作是否规范、结论是否正确</td><td></td><td></td></tr>
<tr><td>5</td><td colspan="2">治疗方法</td><td colspan="2">方法是否正确；一般性用药是否合理、是否应用药敏试验选择用药</td><td></td><td></td></tr>
<tr><td>6</td><td colspan="2">预防措施</td><td colspan="2">是否具有较强的完整性、可行性</td><td></td><td></td></tr>
<tr><td>7</td><td colspan="2">团队合作</td><td colspan="2">团队中是否分工明确、合作密切</td><td></td><td></td></tr>
<tr><td rowspan="3">检查评价</td><td>班　级</td><td></td><td colspan="2">第　组</td><td>组长签字</td><td></td></tr>
<tr><td>教师签字</td><td colspan="3"></td><td>日　期</td><td></td></tr>
<tr><td colspan="6">评语：</td></tr>
</table>

评价反馈单

<table>
<tr><td>学习情境 4</td><td colspan="5">特种昆虫病防治</td></tr>
<tr><td>评价类别</td><td>项目</td><td>子项目</td><td>个人评价</td><td>组内评价</td><td>教师评价</td></tr>
<tr><td rowspan="14">专业能力
(60%)</td><td rowspan="2">资讯(10%)</td><td>查找资料，自主学习(5%)</td><td></td><td></td><td></td></tr>
<tr><td>资讯问题回答(5%)</td><td></td><td></td><td></td></tr>
<tr><td rowspan="2">计划(5%)</td><td>计划制定的科学性(3%)</td><td></td><td></td><td></td></tr>
<tr><td>用具材料准备(2%)</td><td></td><td></td><td></td></tr>
<tr><td rowspan="5">实施(25%)</td><td>各项操作正确(10%)</td><td></td><td></td><td></td></tr>
<tr><td>完成的各项操作效果好(6%)</td><td></td><td></td><td></td></tr>
<tr><td>完成操作中注意安全(4%)</td><td></td><td></td><td></td></tr>
<tr><td>使用工具的规范性(3%)</td><td></td><td></td><td></td></tr>
<tr><td>操作方法的创意性(2%)</td><td></td><td></td><td></td></tr>
<tr><td rowspan="2">检查(5%)</td><td>全面性、准确性(2.5%)</td><td></td><td></td><td></td></tr>
<tr><td>生产中出现问题的处理(2.5%)</td><td></td><td></td><td></td></tr>
<tr><td>结果(10%)</td><td>提交成品质量(10%)</td><td></td><td></td><td></td></tr>
<tr><td>作业(5%)</td><td>及时、保质完成作业(5%)</td><td></td><td></td><td></td></tr>
<tr style="display:none"></tr>
<tr><td rowspan="4">社会能力
(20%)</td><td rowspan="2">团队协作
(10%)</td><td>小组成员合作良好(5%)</td><td></td><td></td><td></td></tr>
<tr><td>对小组的贡献(5%)</td><td></td><td></td><td></td></tr>
<tr><td rowspan="2">敬业、吃苦精神
(10%)</td><td>学习纪律性(4%)</td><td></td><td></td><td></td></tr>
<tr><td>爱岗敬业和吃苦耐劳精神(6%)</td><td></td><td></td><td></td></tr>
<tr><td rowspan="2">方法能力
(20%)</td><td>计划能力
(10%)</td><td>制定计划合理(10%)</td><td></td><td></td><td></td></tr>
<tr><td>决策能力
(10%)</td><td>计划选择正确(10%)</td><td></td><td></td><td></td></tr>
<tr><td colspan="6">意见反馈</td></tr>
<tr><td colspan="6">请写出你对本学习情境教学的建议和意见</td></tr>
</table>

<table>
<tr><td rowspan="3">评价评语</td><td>班　级</td><td></td><td>姓　名</td><td></td><td>学　号</td><td></td><td>总　评</td><td></td></tr>
<tr><td>教师签字</td><td></td><td>第　组</td><td>组长签字</td><td colspan="2"></td><td>日　期</td><td></td></tr>
<tr><td colspan="8">评语：</td></tr>
</table>